中等职业教育课程改革国家规划新教材
全国中等职业教育教材审定委员会审定

机械制图

胡建生 主编

人民邮电出版社
北京

图书在版编目（C I P）数据

机械制图 ： 少学时 / 胡建生主编. -- 北京 ： 人民邮电出版社，2010.8（2023.8 重印）
中等职业教育课程改革国家规划新教材
ISBN 978-7-115-22523-8

Ⅰ. ①机… Ⅱ. ①胡… Ⅲ. ①机械制图－专业学校－教材 Ⅳ. ①TH126

中国版本图书馆CIP数据核字(2010)第066949号

内 容 提 要

本书依据教育部 2009 年 5 月颁布的《中等职业学校机械制图教学大纲》，并参考国家《CAD 技能等级考评大纲》对制图基础理论的要求，按照立体化教材建设思路编写而成。全书共 8 章。主要内容包括：制图的基本知识和技能，投影基础，组合体，轴测图，物体的表达方法，螺纹、齿轮及常用的标准件，零件图，装配图等。

本书配有“机械制图多媒体课件”，免费供任课教师使用。课件内容与本书内容一一对应，完全可以替代教学模型和挂图，并可实现人机互动，灵活教学的立体化教学目标。全书插图用计算机绘制、润饰，并采用双色印刷，插图精美清晰。

本书按 72～90 学时编写，可作为中等职业学校机械类及工程技术类相关专业的教学用书，也可作为岗位培训教程。

◆ 主　　编　胡建生
责任编辑　刘盛平

◆ 人民邮电出版社出版发行　　北京市丰台区成寿寺路 11 号
邮编　100164　　电子邮件　315@ptpress.com.cn
网址　http://www.ptpress.com.cn
北京隆昌伟业印刷有限公司印刷

◆ 开本：787×1092　1/16
印张：11.5　　2010 年 8 月第 1 版
字数：288 千字　　2023 年 8 月北京第 18 次印刷

ISBN 978-7-115-22523-8

定价：22.00 元

读者服务热线：(010) 81055256　印装质量热线：(010) 81055316
反盗版热线：(010) 81055315

中等职业教育课程改革国家规划新教材
出版说明

为贯彻《国务院关于大力发展职业教育的决定》(国发〔2005〕35号)精神，落实《教育部关于进一步深化中等职业教育教学改革的若干意见》(教职成〔2008〕8号)关于“加强中等职业教育教材建设，保证教学资源基本质量”的要求，确保新一轮中等职业教育教学改革顺利进行，全面提高教育教学质量，保证高质量教材进课堂，教育部对中等职业学校德育课、文化基础课等必修课程和部分大类专业基础课教材进行了统一规划并组织编写，从2009年秋季学期起，国家规划新教材将陆续提供给全国中等职业学校选用。

国家规划新教材是根据教育部最新发布的德育课程、文化基础课程和部分大类专业基础课程的教学大纲编写，并经全国中等职业教育教材审定委员会审定通过的。新教材紧紧围绕中等职业教育的培养目标，遵循职业教育教学规律，从满足经济社会发展对高素质劳动者和技能型人才的需要出发，在课程结构、教学内容、教学方法等方面进行了新的探索与改革创新，对于提高新时期中等职业学校学生的思想道德水平、科学文化素养和职业能力，促进中等职业教育深化教学改革，提高教育教学质量将起到积极的推动作用。

希望各地、各中等职业学校积极推广和选用国家规划新教材，并在使用过程中，注意总结经验，及时提出修改意见和建议，使之不断完善和提高。

教育部职业教育与成人教育司

2010年6月

前　言

本书是为了满足职业教育教学改革需求，以适应中等职业学校学生就业需求为出发点，以教育部2009年5月颁布的《中等职业学校机械制图教学大纲》为依据，按照中等职业教育国家规划教材的编写要求组织编写的，书中标“*”的内容为选学内容。同时还编写了与本书配套的《机械制图习题集（少学时）》。

本书按72～90学时编写，适用于中等职业学校机械类及工程技术类相关专业的机械制图课教学。

教材的编写着重考虑了以下几点。

（1）突出职业教育特色。为了拓宽中等职业教育的服务方向，实行学历教育与职业资格证书培训并举，并与国家实行的就业准入制度相配套，本书将“工业产品类CAD技能一级”职业资格认证对制图基础理论的要求融入进来。通过本书的学习，既能使中等职业学校在校学生达到教育部最新颁布大纲的教学目标，又能基本掌握“工业产品类CAD技能一级”考试应具备的制图理论知识，满足学生获得“双证”的需求，提升学生职业能力。

（2）新编教材充分考虑中等职业学校的教学需求，按照立体化教材建设思路编写。在编写本书的同时，自行开发了两套多媒体课件，免费提供给任课教师使用。“机械制图多媒体课件”根据讲课思路设计制作，课件内容与教材内容一一对应，完全可以替代教学模型和挂图，并可实现人机互动、灵活教学的立体化教学目标。“机械制图解题指导”课件是依照《机械制图习题集（少学时）》设计制作的。课件中包含各习题的三维实体模型，可以实现不同角度的浏览、不同视图的切换、不同方向的剖切、立体模型与线条图的转换、装配体的爆炸和装配等功能，使本书成为真正意义上的立体化制图教材，为学生学习机械制图和任课教师辅导提供极大帮助，大大减轻学生的学习负担。

（3）在本书的编写过程中，充分考虑中等职业学校学生的知识基础和学习特点，教材版式设计采取较为生动的体例、图文并茂，适合中等职业学校学生的认知特点。本书的插图全部用计算机绘制完成，以确保图例正确、清晰，使人一目了然，增强内容的直观性。在语言表达上更贴近中职学生的年龄特征，文字叙述力求通俗易懂。同时，根据编者的教学体会，对一些重点、难点或需提示的内容，进行必要的图示或文字说明，并采用双色印刷，既便于教师讲课、辅导，又便于学生自学。

（4）在本书的每一章都设计了一些“课堂活动”内容，旨在提醒任课教师在讲解相应知识点的过程中要充分调动学生的学习积极性，让学生在活动中探索，在活动中感悟，既形成师生之间的友好互动，又培养学生的团队意识，有些课堂活动中的习题来自于与本书配套的习题集，这样可以达到边讲边练的目的。有条件的学校，任课教师可充分利用“机械制图多媒体课件”和“机械制图解题指导”课件。任课教师也可根据本校的具体情况，对课堂活动内容进行适当调整，不要受“课堂活动”内容的限制。

（5）积极贯彻新国家标准和行业标准，充分体现教材的先进性。凡在定稿前搜集到的制图新国家标准和行业标准，全部纳入到本书和习题集中。无论是正文还是插图，均按新标准进行编写、绘制，以适应新的需求，充分体现教材的先进性。

任课教师在使用本书教学时，要注意把握以下几点。

- 在处理读图与画图关系时，以读图为主、以画图为辅；
- 在手工绘图时，以徒手画图为主、以尺规绘图为辅，并可适当降低尺规绘图的质量要求；
- 有条件的学校，也可将计算机绘图的内容，穿插在前面各章中进行。

本书各章参考学时如下表(供参考)。

课时分配参考表

序　号	课程内容	建议学时数	备　注
1	绪论	0.5	—
2	第一章 制图的基本知识和技能	5.5	—
3	第二章 投影基础	14	含截交线
4	第三章 组合体	10 ~ 14	含相贯线
5	第四章 轴测图	2 ~ 6	—
6	第五章 物体的表达方法	8 ~ 10	—
7	第六章 螺纹、齿轮及常用的标准件	8 ~ 10	—
8	第七章 零件图	10 ~ 14	含零件测绘
9	第八章 装配图	6 ~ 8	—
10	机动	8	—
	合计	72 ~ 90	—

本书由胡建生教授主编。参加编写工作的有：胡建生（编写绪论、第一章、第二章、第三章、第四章及附录）、刘爽（编写第五章、第六章）、范梅梅（编写第七章、第八章）。参加“机械制图多媒体课件”制作的有：曾红、胡建生、刘淑芬、史彦敏、刘昱等。在本书的编写过程中，董国耀、徐玉华、张贵社等专家提出许多宝贵的修改意见和建议，在此表示感谢。

本教材经全国中等职业教育教材审定委员会审定通过，由青岛大学沈精虎教授、滁州职业技术学院张信群副教授审稿，在此表示诚挚的谢意。

由于编者的水平所限，书中难免存在错误和不妥之处，敬请读者批评指正。

编　者

2010 年 6 月

目　录

绪　论

一、图样及其作用

根据投影原理、制图标准或有关规定绘制的，表示工程对象并有必要技术说明的图，称为图样。

在现代工业生产中，无论是机器设备的设计、制造、维修，还是机电、冶金、化工、航空航天、汽车、船舶、桥梁、土木建筑、电气等工程的设计与施工，都必须依赖图样才能进行。由此可见，图样与文字、语言一样，是人类表达和交流技术思想的重要工具，是指导生产的技术文件，被比喻为工程技术界的“语言”。

二、本课程的主要任务

“机械制图”是中等职业学校机械类及工程技术类相关专业的一门基础课程。其主要任务是：使学生掌握机械制图的基本知识，获得读图和绘图能力；培养学生分析问题和解决问题的能力，使其形成良好的学习习惯，具备继续学习专业技术的能力；对学生进行职业意识培养和职业道德教育，使其形成严谨、敬业的工作作风，为今后解决生产实际问题和职业生涯的发展奠定基础。

三、本课程的教学目标

（1）掌握正投影法的基本原理和作图方法，能绘制简单的零件图，识读中等复杂程度的零件图和简单的装配图。

（2）学习和执行机械制图国家标准及相关行业标准中的基本规定，能适应制图技术和标准变化的需要。

（3）具备一定的空间想象和思维能力，形成由图形想象物体、以图形表现物体的意识和能力，养成规范的制图习惯。

（4）通过制图实践培养制订并实施工作计划的能力、团队合作与交流的能力，以及良好的职业道德和职业情感，提高适应职业变化的能力。

四、学习本课程的注意事项

本课程是一门既有理论又注重实践的基础课程，其主要内容必须通过绘图和读图的反复实践才能掌握。因此，在学习本课程时应注意以下几点。

（1）在听课和复习过程中，要重点掌握正投影法的基本原理和绘图方法，学习时不能死记硬背，要通过由空间到平面、由平面到空间的一系列循序渐进的训练，不断提高空间思维能力和表达能力。

（2）本课程的特点是实践性较强，其主要内容需要通过一系列的练习和作业才能掌握。及时完成练习和作业，是学好本课程的重要环节。只有通过反复训练，才能不断提高画图与读图的能力。

（3）要重视学习和严格遵守制图方面的国家标准和行业标准，对常用的标准应该牢记并能熟练地运用。

第一章 制图的基本知识和技能

生活中，我们见到过各种各样的机械产品，比如，修汽车用的千斤顶、手表里面的齿轮等，它们都是工人师傅根据“图纸”在专用的加工设备上制造出来的。这时你可能会问，这些“图纸”是根据什么画出来的呢？答案其实很简单，这些“图纸”叫机械图样，是按照国家标准的要求绘制的。图 1-1 所示的三本“白皮书”，就是与机械图样有关的部分制图国家标准。下面，就一起来学习学习里面的内容吧。

图 1-1 制图国家标准样本

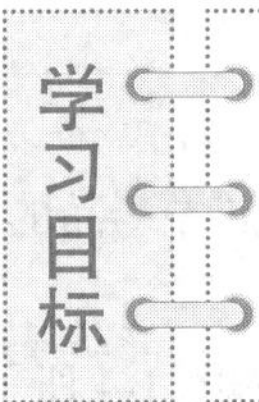

- 熟悉国家标准《技术制图》与《机械制图》的一些基本规定。
- 掌握常用的几何作图方法及简单平面图形的画法。
- 基本掌握手工绘图技术，能正确地使用绘图仪器和工具，绘制尺规图和草图。

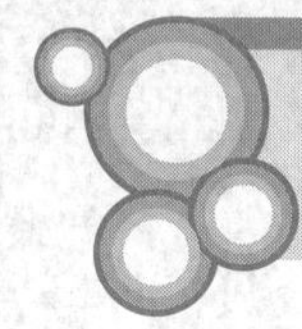

第一节　制图国家标准简介

一、标准编号的含义

图样作为技术交流的共同语言，必须有统一的规范，否则会给生产和技术交流带来混乱。国家质量监督检验检疫总局发布了《技术制图》和《机械制图》等一系列国家标准，对图样的内容、格式、表达方法等都作了统一规定。国家标准《技术制图》是一项基础技术标准，在内容上具有统一性和通用性，在制图标准体系中处于最高层次；国家标准《机械制图》是机械专业制图标准，它们是图样绘制与使用的准绳。因此，工程技术人员必须严格遵守这些有关规定。

例如，“GB/T 14689—2008”称为标准编号，“GB/T”称为“推荐性国家标准”，简称“国标”。其中 G 是“国家”一词汉语拼音的第一个字母，B 是“标准”一词汉语拼音的第一个字母，T 是“推”字汉语拼音的第一个字母。“14689”是该标准的顺序号。“2008”表示该标准发布的年号，标注时可省略。

二、图纸幅面及格式（GB/T 14689—2008）

1．图纸幅面

图纸幅面代号由“A”和相应的幅面号组成，即 A0 ~ A4。绘制机械图样时，应优先采用表 1-1 中所规定的基本幅面。基本幅面共有 5 种，其尺寸关系如图 1-2 所示。

幅面代号的几何含义，实际上就是对 0 号幅面的对开次数。如 A1 中的“1”，表示将全张纸（A0 幅面）长边对折裁切 1 次所得的幅面；A4 中的“4”，表示将全张纸长边对折裁切 4 次所得的幅面。

表 1-1　　图纸的基本幅面　　单位：mm

<table>
<tr><th>代号</th><th>B×L</th><th>a</th><th>c</th><th>e</th></tr>
<tr><td>A0</td><td>841 × 1189</td><td rowspan="5">25</td><td rowspan="3">10</td><td rowspan="2">20</td></tr>
<tr><td>A1</td><td>594 × 841</td></tr>
<tr><td>A2</td><td>420 × 594</td><td rowspan="3">10</td></tr>
<tr><td>A3</td><td>297 × 420</td><td rowspan="2">5</td></tr>
<tr><td>A4</td><td>210 × 297</td></tr>
</table>

注：a、c、e 为留边宽度，参见图 1-3 和图 1-4。

整张纸为A0
A2 (420x594)
A1 (594x841)
A3 (297x420)
A4 (210x297)
A4 (210x297)
841
1189

图 1-2　基本幅面的尺寸关系

2．图框格式

在图纸上必须用粗实线画出图框，其格式分为不留装订边和留装订边两种，但同一产品的图样只能采用一种格式。优先采用不留装订边的格式。

不留装订边的图纸，其图框格式如图 1-3 所示，留有装订边的图纸，其图框格式如图 1-4 所示。基本幅面的图框及留边宽度 a、e、c 等尺寸，按表 1-1 中的规定绘制。

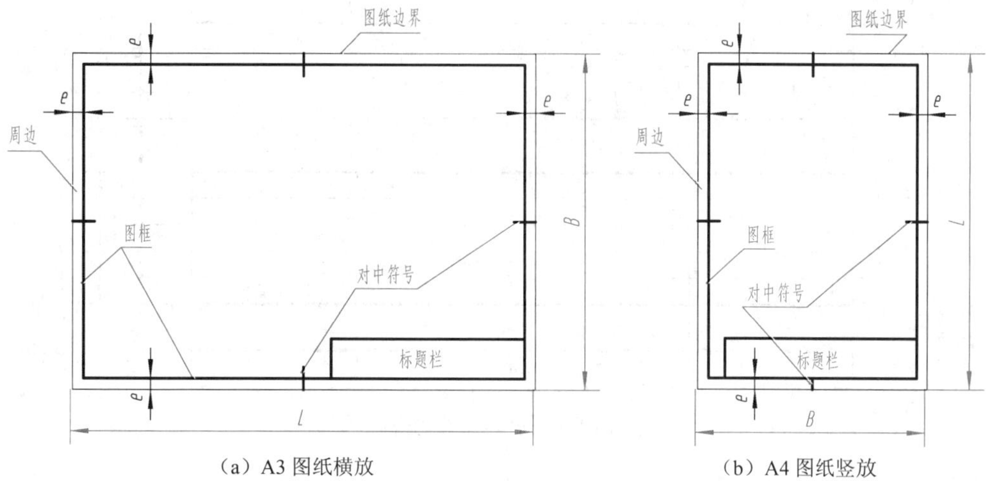

（a）A3 图纸横放　　（b）A4 图纸竖放

图 1-3　不留装订边的图框格式

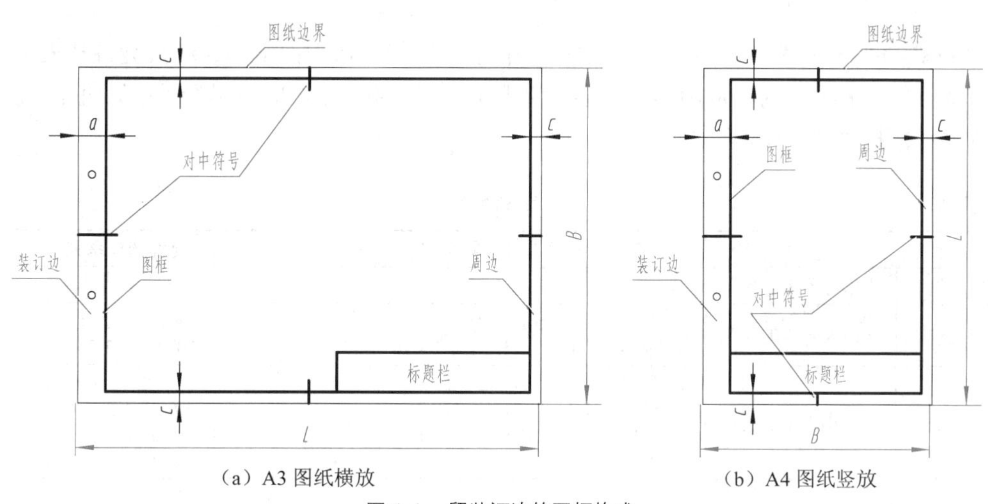

（a）A3 图纸横放　　（b）A4 图纸竖放

图 1-4　留装订边的图框格式

3．标题栏格式及方位

在机械图样中必须画出标题栏。标题栏的内容、格式和尺寸，应按国家标准《技术制图　标题栏》（GB/T 10609.1—2008）的规定绘制。

在学校的制图作业中，为了简化作图，建议采用图 1-5 所示的简化标题栏。填写标题栏时，小格中的内容用 3.5 号字（字高 3.5 mm），大格中的内容用 7 号字。在明细栏的项目栏中，文字用 7 号字，表中的内容用 3.5 号字。

标题栏一般应置于图样的右下角，如图 1-3 和图 1-4 所示。标题栏中的文字方向为看图方向。

4．对中符号

为了使图样复制和缩微摄影时定位方便，对基本幅面的各号图纸，均应在图纸各边的中点处分别画出对中符号。对中符号用粗实线绘制，线宽不小于 0.5 mm，长度从图纸边界开始至伸入图框内约 5 mm。当对中符号处在标题栏范围内时，则伸入标题栏部分省略不画，如图 1-3（b）和图 1-4（b）所示。

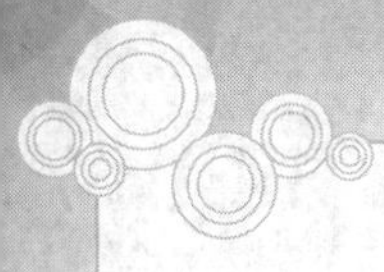

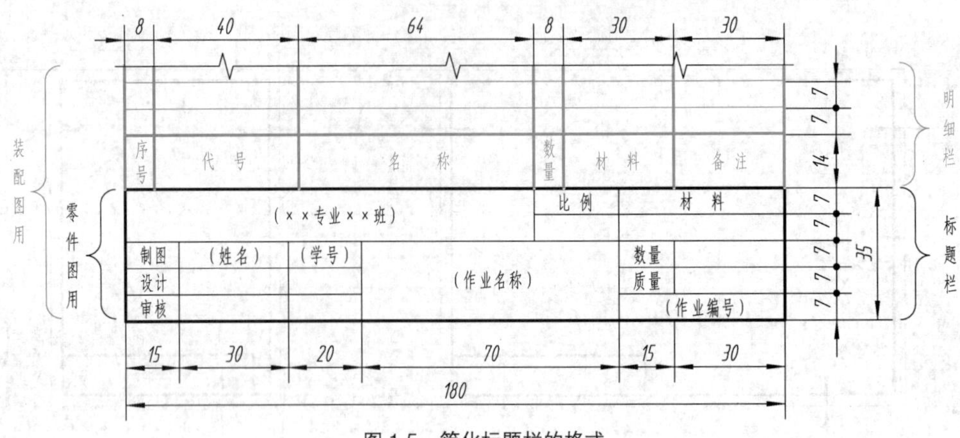

图 1-5　简化标题栏的格式

三、比例（GB/T 14690—1993）

图样中图形与其实物相应要素的线性尺寸之比，称为比例。

绘制图样时，应由表 1-2“优先选择系列”中选取适当的绘图比例。必要时，允许从表 1-2“允许选择系列”中选取。为了从图样上直接反映出实物的大小，绘图时应尽量采用原值比例。比例一般应在标题栏中的“比例”一栏内填写。

表 1-2　　**比例系列**

种　　类	定　　义	优先选择系列	允许选择系列
原值比例	比值等于 1 的比例	1:1	—
放大比例	比值大于 1 的比例	5:1　2:1 5×10^n:1　2×10^n:1　1×10^n:1	4:1　2.5:1 4×10^n:1　2.5×10^n:1
缩小比例	比值小于 1 的比例	1:2　1:5　1:10 1:2×10^n　1:5×10^n　1:1×10^n	1:1.5　1:2.5　1:3　1:4 1:6　1:1.5×10^n 1:2.5×10^n　1:3×10^n 1:4×10^n　1:6×10^n

注：n 为正整数。

注意

图样中所标注的尺寸数值必须是实物的实际大小，与绘制图形时所采用的比例无关，如图 1-6 所示。

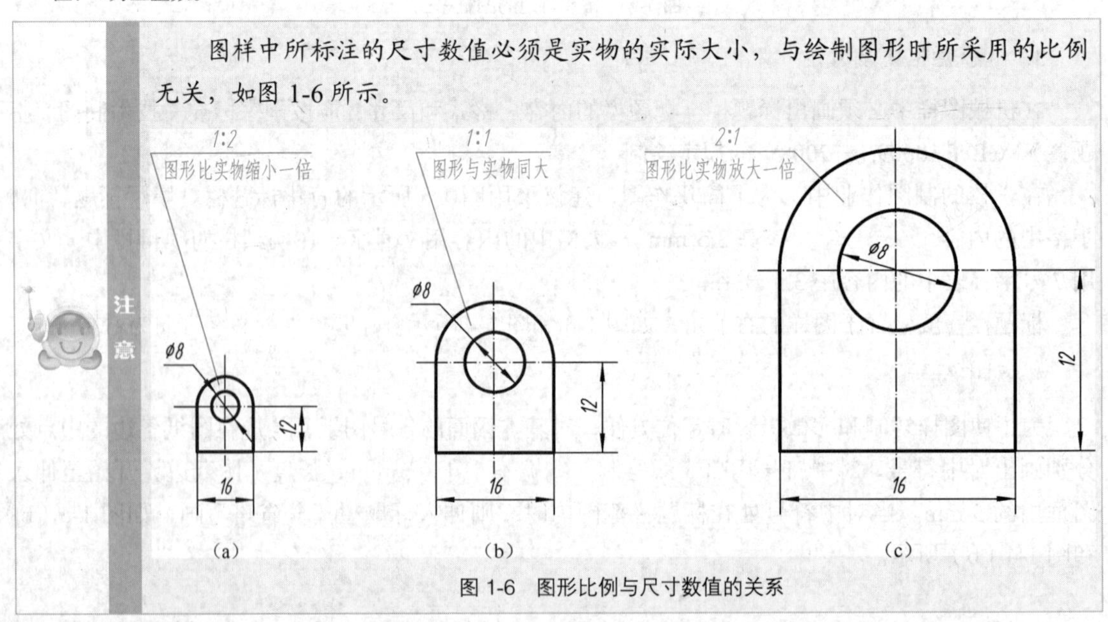

图 1-6　图形比例与尺寸数值的关系

四、字体（GB/T 14691—1993）

1. 基本规定

（1）在图样和技术文件中书写的汉字、数字和字母，都必须做到：字体工整、笔画清楚、间隔均匀、排列整齐。

（2）字体高度（用 h 表示）代表字体的号数。字体高度的公称尺寸系列为：1.8 mm、2.5 mm、3.5 mm、5 mm、7 mm、10 mm、14 mm、20 mm。如需要书写更大的字，其字体高度应按 $\sqrt{2}$ 的比率递增。

（3）汉字应写成长仿宋体字，并应采用国家正式公布的简化字。汉字的高度 h 应不小于 3.5 mm，其字宽一般为 $h/\sqrt{2}$。

（4）字母和数字分 A 型和 B 型。A 型字体的笔画宽度 $d=h/14$，B 型字体的笔画宽度 $d=h/10$。在同一图样上，只允许选用一种型式的字体。

（5）字母和数字可写成斜体或直体。斜体字字头向右倾斜，与水平基准线成 75°。

2. 字体示例

汉字、数字和字母的示例见表 1-3。

表 1-3　　字　体

字　体		示　例
长仿宋体汉字	5 号	学好机械制图，培养和发展空间想象能力
	3.5 号	计算机绘图是工程技术人员必须具备的绘图技能
拉丁字母	大写斜体	*ABCDEFGHIJKLMNOPQRSTUVWXYZ*
	小写斜体	*abcdefghijklmnopqrstuvwxyz*
阿拉伯数字	斜体	*0123456789*
	正体	0123456789
字体应用示例		10JS5(±0.003)　M24-6h　R8　10^3　S^{-1}　5%　D_1　T_d　380kPa　m/kg $\phi 20^{+0.010}_{-0.023}$　$\phi 25\frac{H6}{f5}$　$\frac{II}{1:2}$　$\frac{3}{5}$　$\frac{A}{5:1}$　$\sqrt{Ra\ 6.3}$　460r/min　220V　l/mm

五、图线（GB/T 4457.4—2002）

国家标准《机械制图　图样画法　图线》（GB/T 4457.4—2002）规定了在机械图样中使用的 9 种图线，其代码、型式、名称、宽度以及应用示例，如表 1-4 和图 1-7（b）所示。

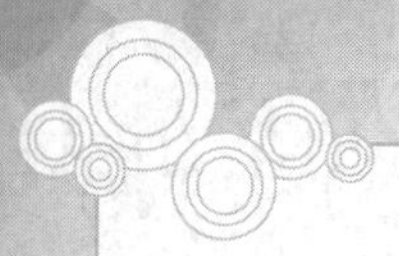

表 1-4　　　　常用的图线（摘自 GB/T 4457.4—2002）

名　称	线　型	线　宽	一 般 应 用
细实线		$d/2$	过渡线、尺寸线、尺寸界线、指引线和基准线、剖面线、重合断面的轮廓线、短中心线、螺纹牙底线、尺寸线的起止线、表示平面的对角线、零件成形前的弯折线、范围线及分界线、重复要素表示线、锥形结构的基面位置线、叠片结构位置线、辅助线、不连续同一表面连线、成规律分布的相同要素连线、投影线、网格线
波浪线		$d/2$	断裂处边界线、视图与剖视图的分界线
双折线	4d　24d　6d　30°	$d/2$	
粗实线	d	d	可见棱边线、可见轮廓线、相贯线、螺纹牙顶线、螺纹长度终止线、齿顶圆（线）、表格图和流程图中的主要表示线、系统结构线（金属结构工程）、模样分型线、剖切符号用线
细虚线	12d　3d	$d/2$	不可见棱边线、不可见轮廓线
粗虚线		d	允许表面处理的表示线
细点画线	6d　24d	$d/2$	轴线、对称中心线、分度圆（线）、孔系分布的中心线、剖切线
粗点画线		d	限定范围表示线
细双点画线	9d　24d	$d/2$	相邻辅助零件的轮廓线、可动零件的极限位置的轮廓线、重心线、成形前轮廓线、剖切面前的结构轮廓线、轨迹线、毛坯图中制成品的轮廓线、特定区域线、延伸公差带表示线、工艺用结构的轮廓线、中断线

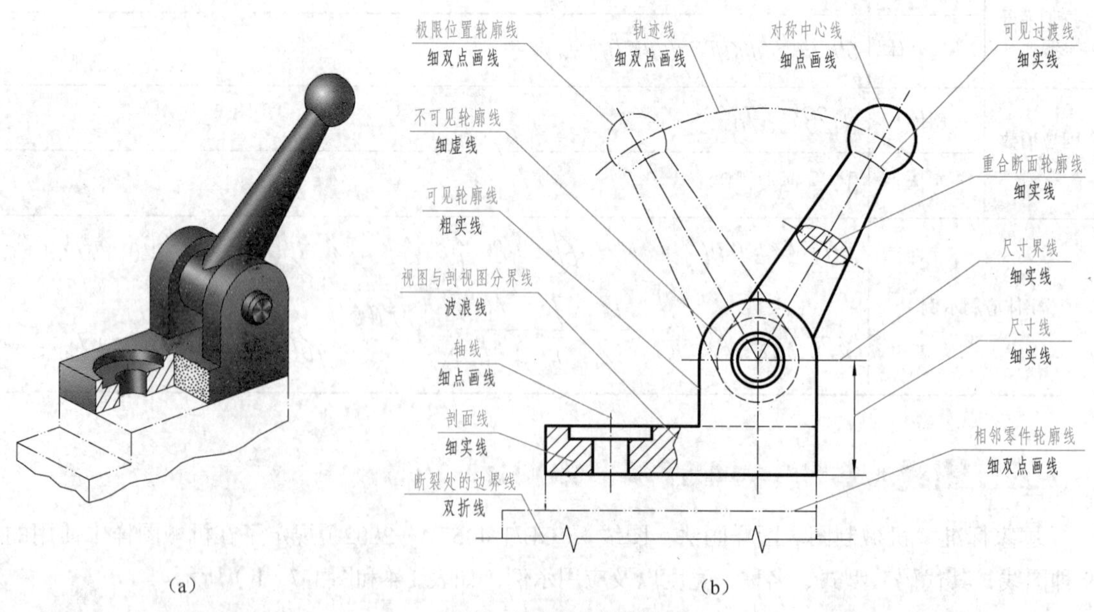

图 1-7　图线的应用示例

在机械图样中采用粗细两种线宽，粗细的比例为2:1。例如，当粗实线（粗虚线、粗点画线）的宽度为0.7 mm时，与之对应的细实线、波浪线、双折线、细虚线、细点画线、细双点画线的宽度为0.35 mm。

在同一图样中，同类图线的宽度应基本一致。细（粗）虚线、细（粗）点画线及细双点画线的线段长度和间隔应各自大致相等。

跟我学

【活动内容】绘制常用的几种线型。

【活动目的】掌握几种常用线型（特别是粗实线、细虚线、细点画线）的绘制要求及绘制技巧。

【活动方法】教师利用绘图软件或在黑板上进行示范，带领学生绘制粗实线、细虚线、细点画线，发现问题及时讨论并纠正。

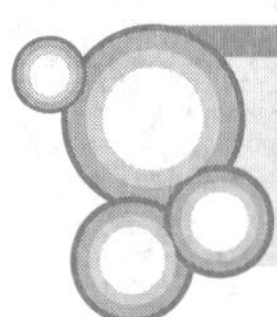

第二节　尺寸注法

在机械图样中，图形只能表达零件的结构形状，若要表达它的大小，则必须在图形上标注尺寸。尺寸是加工制造零件的主要依据，也是图样中指令性最强的部分。如果尺寸注法错误、不完整或不合理，将给生产带来困难，甚至生产出废品而造成经济损失。

一、标注尺寸的基本规则

（1）零件的真实大小应以图样上所注的尺寸数值为依据，与图形的大小及绘图的准确度无关。

（2）图样中（包括技术要求和其他说明）的尺寸，以mm为单位时，不需标注单位的符号或名称。如采用其他单位，则必须注明相应的单位符号。

（3）图样中所标注的尺寸，为该图样所示零件的最后完工尺寸，否则应另加说明。

（4）零件的每一尺寸，一般只标注一次，并应标注在反映该结构最清晰的图形上。

（5）标注尺寸时，应尽可能使用符号或缩写词。常用的符号或缩写词见表1-5。

表1-5　　常用的符号和缩写词（摘自GB/T 4458.4—2003）

名　称	符号或缩写词	名　称	符号或缩写词	名　称	符号或缩写词
直　径	ϕ	厚　度	t	沉孔或锪平	⌴
半　径	R	正方形	□	埋头孔	⌵
球直径	$S\phi$	45° 倒角	C	均　布	EQS
球半径	SR	深　度	↧	弧　长	⌒

二、尺寸的组成

每个完整的尺寸一般由尺寸数字、尺寸线和尺寸界线组成，通常称为尺寸的三要素，如图 1-8 所示。图样中的尺寸线终端有箭头、斜线两种形式，其画法如图 1-9 所示。在同一张图样上，尺寸线终端只能采用一种形式，不可交替使用。

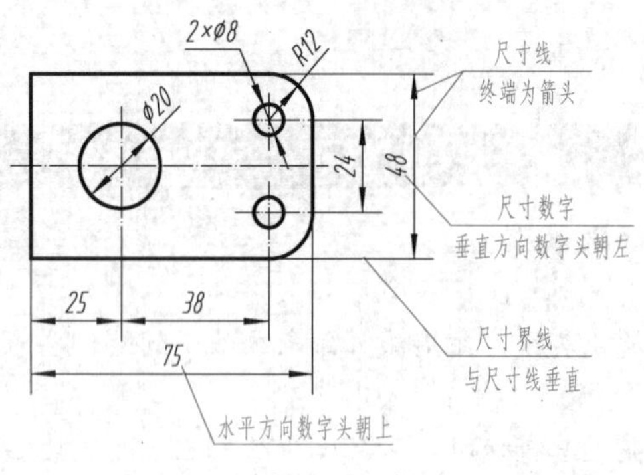

图 1-8 尺寸的标注示例

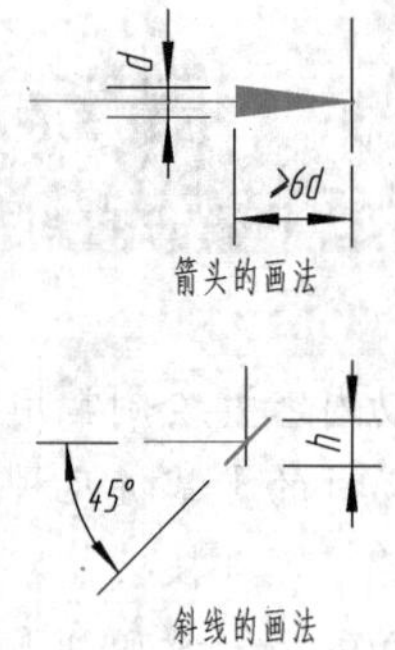

图 1-9 尺寸线终端的形式和画法

注意 在机械图样中一般采用箭头作为尺寸线的终端。

1. 尺寸数字

尺寸数字表示尺寸度量的大小。线性尺寸的数字，一般应注在尺寸线的上方，如图 1-10（a）所示；也允许注写在尺寸线的中断处，如图 1-10（b）所示。

（1）线性尺寸的数字方向，一般应按图 1-10（c）所示的方向注写，即水平方向字头朝上，竖直方向字头朝左，倾斜方向字头保持朝上的趋势，并尽量避免在图示 30° 范围内标注尺寸。当无法避免时，可按图 1-10（d）所示的形式标注。

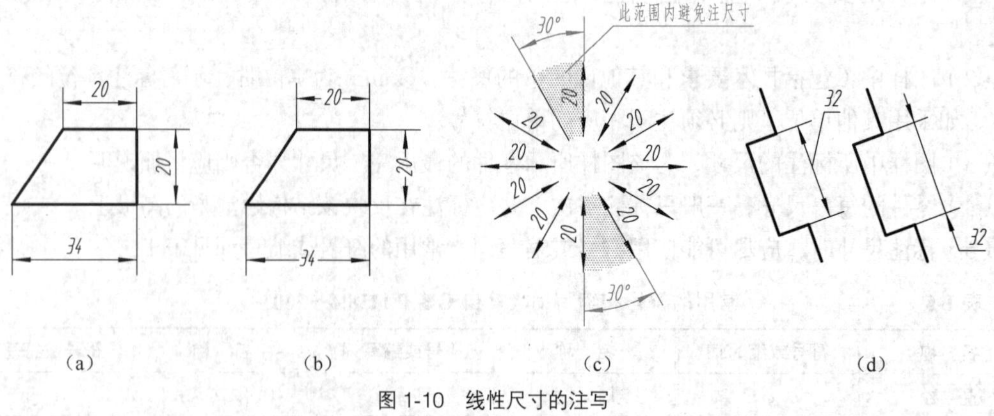

图 1-10 线性尺寸的注写

（2）对于非水平方向的尺寸，其数字可水平注写在尺寸线的中断处，如图 1-11 所示。尺寸数字不可被任何图线所通过，否则应将该图线断开，如图 1-12 所示。

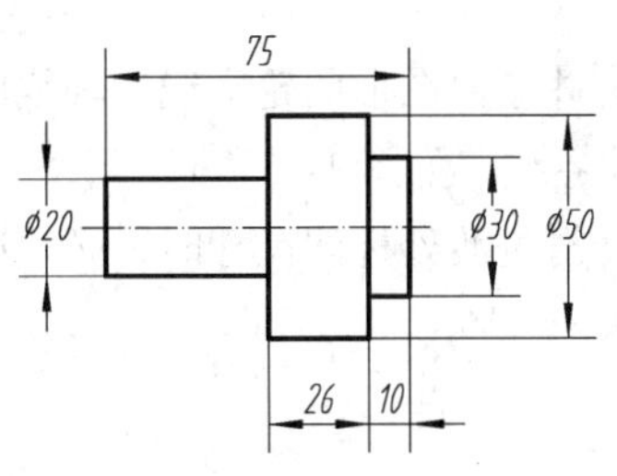

图 1-11　非水平方向尺寸的注写

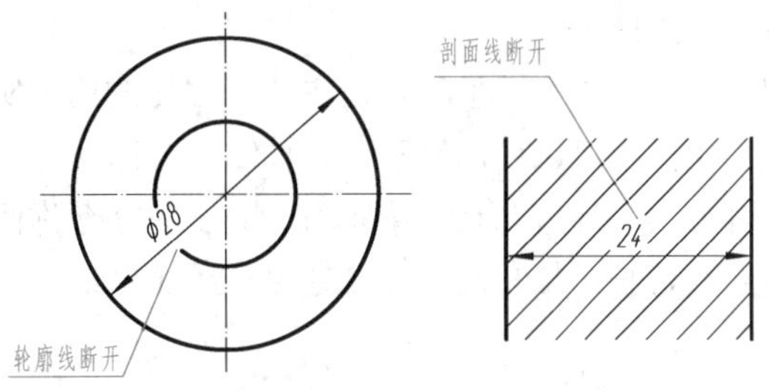

图 1-12　尺寸数字不可被任何图线穿过

（3）标注角度时，角度的尺寸界线必须沿径向引出，尺寸线应画成圆弧，其圆心是该角的顶点。角度的数字一律写成水平方向，一般注写在尺寸线的中断处，如图 1-13（a）所示。必要时允许写在外面或引出标注，如图 1-13（b）所示。

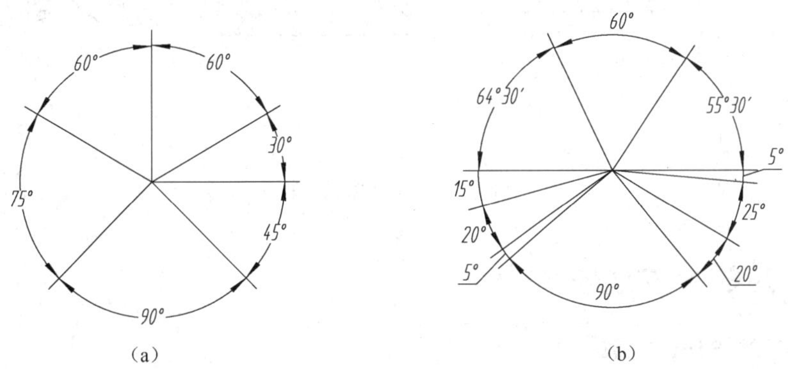

图 1-13　角度尺寸的注写

2．尺寸线

尺寸线表示尺寸度量的方向。尺寸线必须用细实线单独画出，不能用其他图线代替，也不得与其他图线重合或画在其延长线上。标注线性尺寸时，尺寸线必须与所标注的线段平行，如图 1-14 所示。

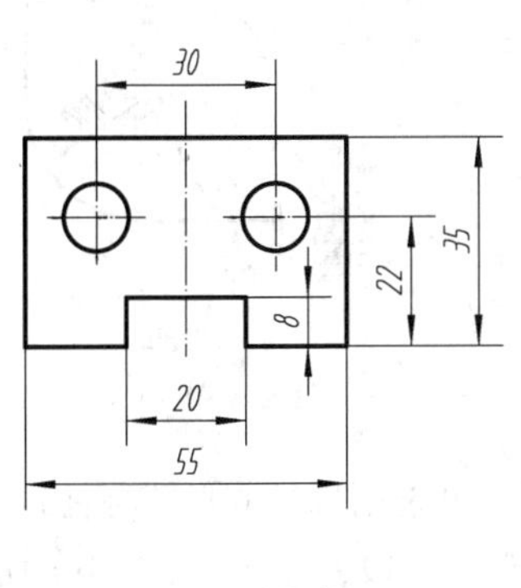

（a）正确注法

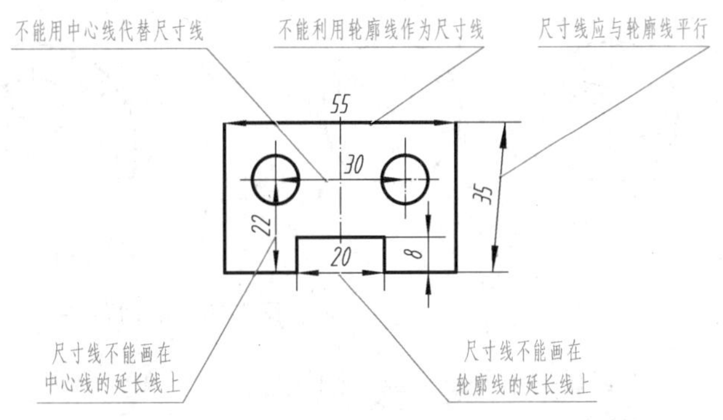

（b）错误注法

图 1-14　尺寸线的画法

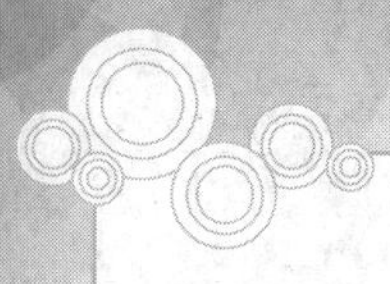

3．尺寸界线

尺寸界线表示尺寸的度量范围。尺寸界线用细实线绘制，并应由图形的轮廓线、轴线或对称中心线引出。也可以利用轮廓线、轴线或对称中心线作为尺寸界线，如图 1-15（a）所示。

尺寸界线一般应与尺寸线垂直，必要时才允许倾斜。在光滑过渡处标注尺寸时，必须用细实线将轮廓线延长，从它们的交点处引出尺寸界线，如图 1-15（b）所示。

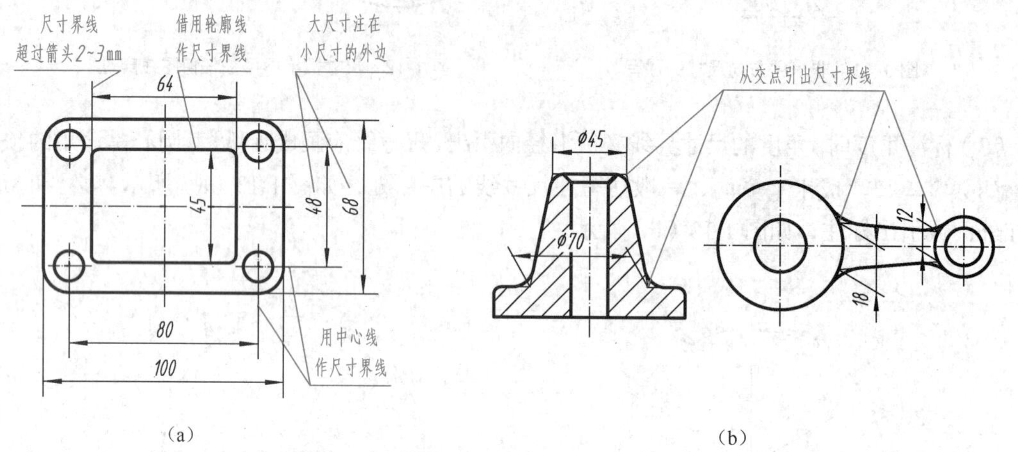

（a）　（b）

图 1-15　尺寸界线的画法

三、常用的尺寸注法

1．直径与半径的尺寸注法

圆的直径和圆弧半径的尺寸线终端应画成箭头。

（1）标注整圆的直径时，以圆周为尺寸界线，尺寸线通过圆心，并在尺寸数字前加注直径符号“ϕ”，如图 1-16（a）和图 1-16（b）所示。标注大于半圆的圆弧直径，其尺寸线应画至略超过圆心，只在尺寸线一端画箭头指向圆弧，如图 1-16（c）所示。标注小于或等于半圆的圆弧半径时，尺寸线应自圆心出发引向圆弧，只画一个箭头，并在尺寸数字前加注半径符号“R”，如图 1-16（d）所示。

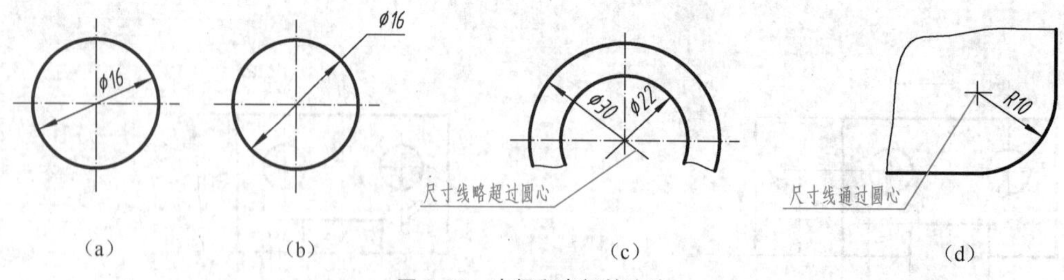

（a）　（b）　（c）　（d）

图 1-16　直径和半径的注法

（2）当圆弧的半径过大或在图纸范围内无法标出圆心位置时，可采用折线的形式标注，如图 1-17（a）所示。当不需标出圆心位置时，则尺寸线只画靠近箭头的一段，如图 1-17（b）所示。标注球面的直径或半径时，应在尺寸数字前加注球直径符号“$S\phi$”或球半径符号“SR”，如图 1-17（c）所示。

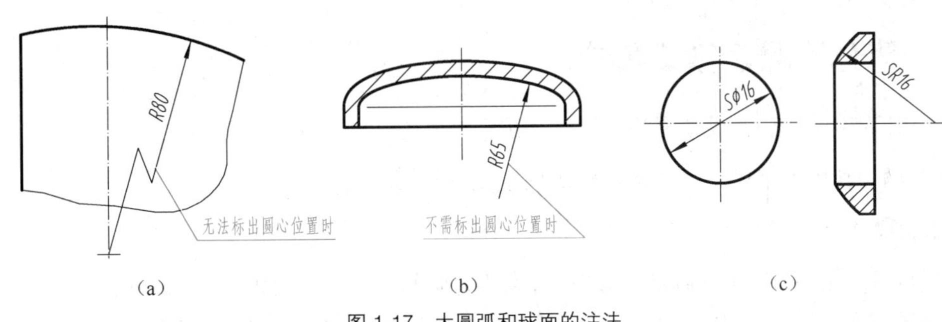

图 1-17　大圆弧和球面的注法

2．小尺寸的尺寸注法

在没有足够的位置画箭头或注写数字时，允许用圆点或斜线代替箭头，但最外两端箭头仍应画出。当直径或半径尺寸较小时，箭头和数字都可以布置在圆弧外面，如图 1-18 所示。

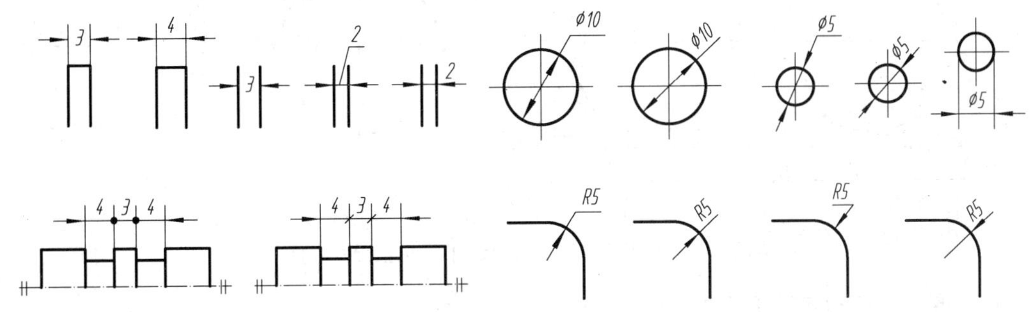

图 1-18　小尺寸的注法

看图改错

【活动内容】看尺寸标注的错误图例，纠正初学者常犯的错误。

【活动目的】掌握尺寸标注的基本规则。

【活动方法】1. 由学生看尺寸标注的错误图例（见配套习题集中的习题1-6），讨论错误所在。

2. 给简单图形标注尺寸（见配套习题集中的习题1-7和习题1-8），发现问题及时纠正。

第三节　几何作图

零件的轮廓形状基本上都是由直线、圆弧和其他平面曲线所组成的几何图形。掌握常见几何图形的作图方法，是正确绘制机械图样的重要基础。

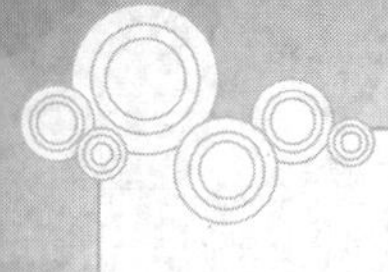

一、等分圆周及作正多边形

1．利用丁字尺、三角板作圆的内接正六边形

【例 1-1】 利用丁字尺、三角板作圆的内接正六边形。

作图步骤

① 过点 *A*，用 60º 三角板画斜边 *AB*；过点 *D*，画斜边 *DE*，如图 1-19（a）所示。

② 翻转三角板，过点 *D* 画斜边 *CD*；过点 *A* 画斜边 *AF*，如图 1-19（b）所示。

③ 用丁字尺连接两水平边 *BC*、*FE*，即得圆的内接正六边形，如图 1-19（c）和图 1-19（d）所示。

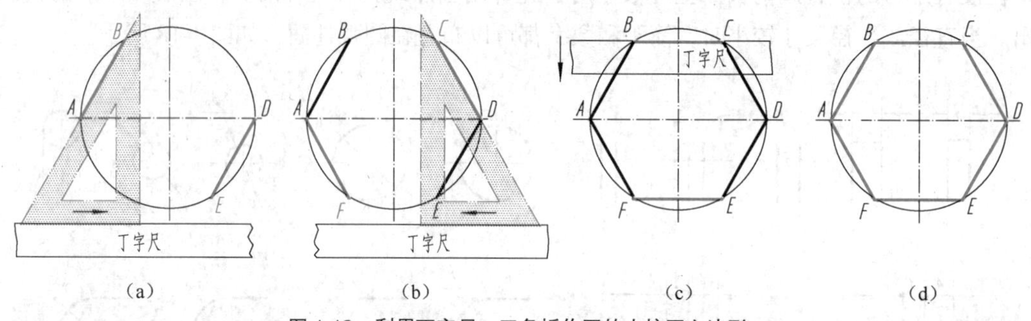

图 1-19　利用丁字尺、三角板作圆的内接正六边形

2．用圆规作圆的内接正三角形和正六边形

【例 1-2】 利用圆规作圆的内接正三角形和正六边形。

作图步骤

① 以点 *B* 为圆心，*R* 为半径作弧，交圆周得 *E*、*F* 两点，如图 1-20（a）所示。

② 依次连接 *D*、*E*、*F*，即得到圆的内接正三角形，如图 1-20（b）所示。

③ 如欲作圆的内接正六边形，则再以点 *D* 为圆心、*R* 为半径画弧，交圆周得 *H*、*G* 两点，如图 1-20（c）所示。

④ 依次连接 *D*、*H*、*E*、*B*、*F*、*G* 各点，即得到圆的内接正六边形，如图 1-20（d）所示。

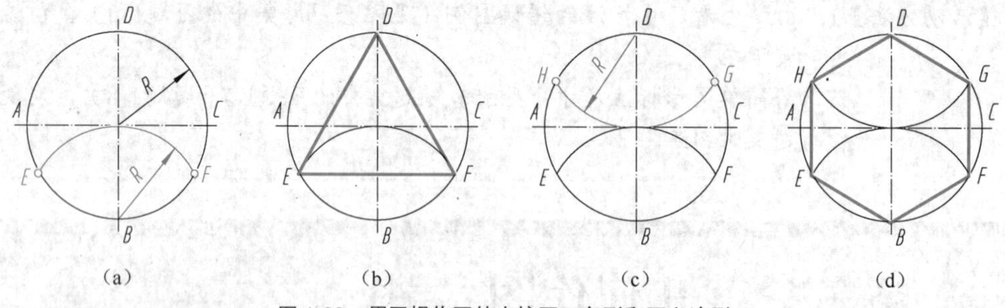

图 1-20　用圆规作圆的内接正三角形和正六边形

二、圆弧连接

用一圆弧光滑地连接相邻两线段（直线或圆弧）的作图方法，称为圆弧连接。圆弧连接在零

件轮廓图中经常可见，如图 1-21 所示。

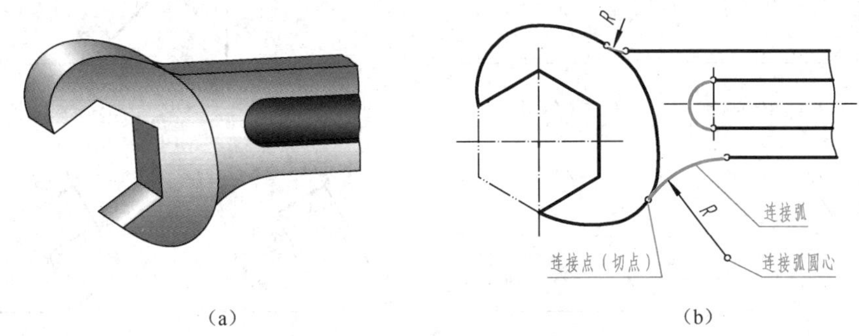

图 1-21　圆弧连接示例

1．圆弧连接的作图原理

圆弧连接实质上就是圆弧与直线、圆弧与圆弧相切。因此，作图时必须先求出连接弧圆心及连接点（切点）。圆弧连接的作图原理见表 1-6。

表 1-6　　圆弧连接的作图原理

类　别	圆弧与直线连接（相切）	圆弧与圆弧连接（外切）	圆弧与圆弧连接（内切）
图例	圆心轨迹 R　O R K 连接弧　已知直线	圆心连线　已知弧 R　O 连接弧 K　R_1 O_1 R_1+R 圆心轨迹	已知弧　圆心轨迹 R_1　R_1-R O_1 O　R K 连接弧　圆心连线
作图原理	① 连接弧圆心的轨迹是平行于已知直线的直线，两直线间的垂直距离为连接弧的半径 R ② 由圆心向已知直线作垂线，其垂足即为切点	① 连接弧圆心的轨迹是与已知圆弧同心的圆，该圆的半径为两圆弧半径之和（R_1+R） ② 两圆心的连线与已知圆弧的交点即为切点	① 连接弧圆心的轨迹是与已知圆弧同心的圆，该圆的半径为两圆弧半径之差（R_1-R） ② 两圆心连线的延长线与已知圆弧的交点即为切点

2．圆弧连接示例

【例 1-3】 如图 1-22（a）所示，用圆弧连接锐角和钝角的两边。

作图步骤

① 作与已知角两边分别相距为 R 的平行线，交点 O 即为连接弧圆心，如图 1-22（b）所示。

② 自点 O 分别向已知角两边作垂线，垂足 M、N 即为切点，如图 1-22（c）所示。

③ 以点 O 为圆心、R 为半径，在两切点 M、N 之间画连接圆弧，即完成作图，如图 1-22（d）所示。

【例 1-4】 如图 1-23（a）所示，用圆弧连接直角的两边。

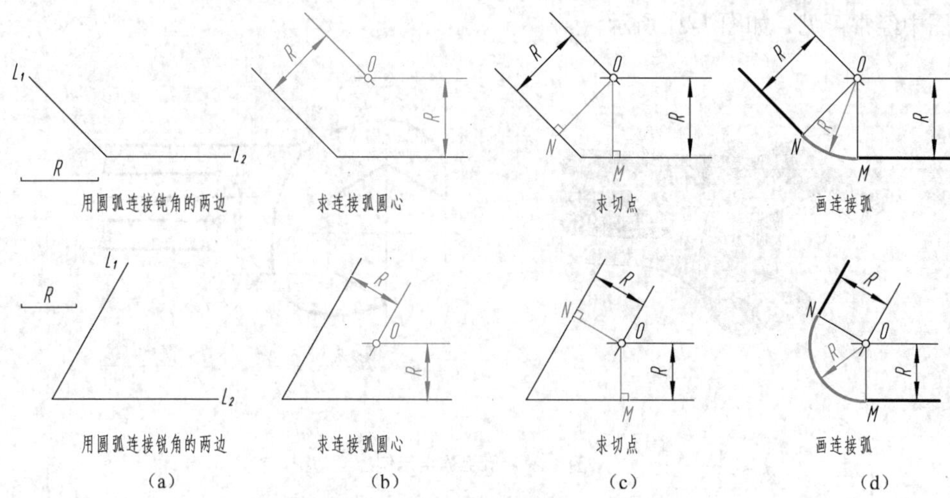

图 1-22　用圆弧连接锐角和钝角的两边

作图步骤

① 以角顶为圆心、R 为半径画弧，交直角两边于点 M、N，如图 1-23（b）所示。

② 分别以点 M、N 为圆心、R 为半径画弧，两圆弧的交点 O 即为连接弧圆心，如图 1-23（c）所示。

③ 以点 O 为圆心、R 为半径，在点 M、N 之间画连接圆弧，即完成作图，如图 1-23（d）所示。

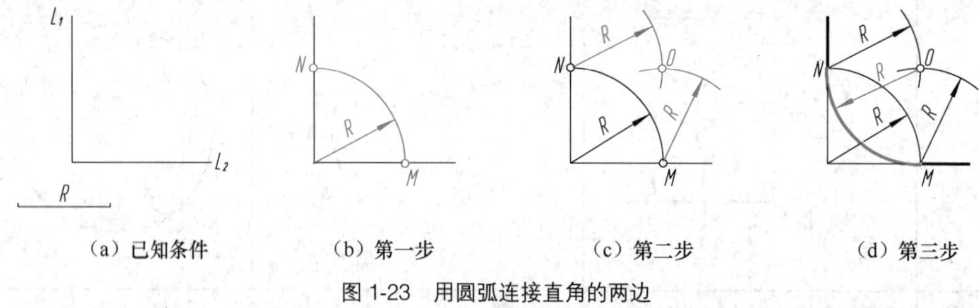

图 1-23　用圆弧连接直角的两边

【例 1-5】 如图 1-24（a）所示，用半径为 R 的圆弧连接直线和圆弧。

作图步骤

① 作直线 L_2 平行于直线 L_1（其间距为 R）；再作已知圆弧的同心圆（半径为 R_1+R）与直线 L_2 相交于点 O，点 O 即为连接弧圆心，如图 1-24（b）所示。

② 作 OM 垂直于直线 L_1；连接 OO_1 与已知圆弧交于点 N，M、N 即为切点，如图 1-24（c）所示。

③ 以点 O 为圆心、R 为半径画圆弧，连接直线 L_1 和圆弧 O_1 于点 M、N，即完成作图，如图 1-24（d）所示。

【例 1-6】 如图 1-25（a）所示，用半径为 R 的圆弧与两已知圆弧外切。

作图步骤

① 分别以点 O_1、O_2 为圆心，R_1+R 及 R_2+R 为半径，画弧交于点 O（即连接弧圆心），如图 1-25（b）所示。

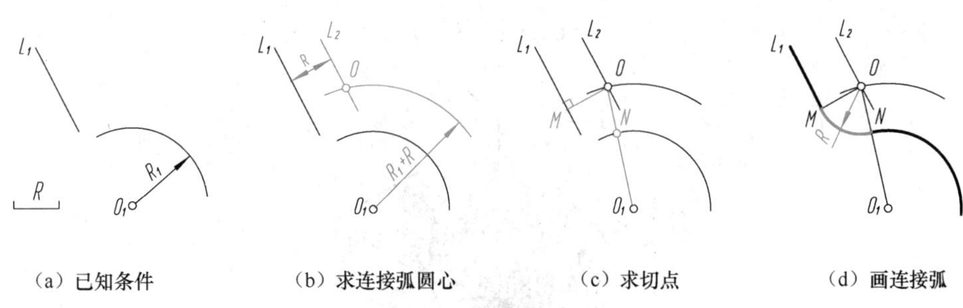

（a）已知条件　（b）求连接弧圆心　（c）求切点　（d）画连接弧

图 1-24　用圆弧连接直线和圆弧

② 连接 OO_1 与已知弧交于点 M，连接 OO_2 与已知弧交于点 N，M、N 即切点，如图 1-25（c）所示。

③ 以点 O 为圆心，R 为半径画圆弧，连接两已知圆弧于点 M、N，即完成作图，如图 1-25（d）所示。

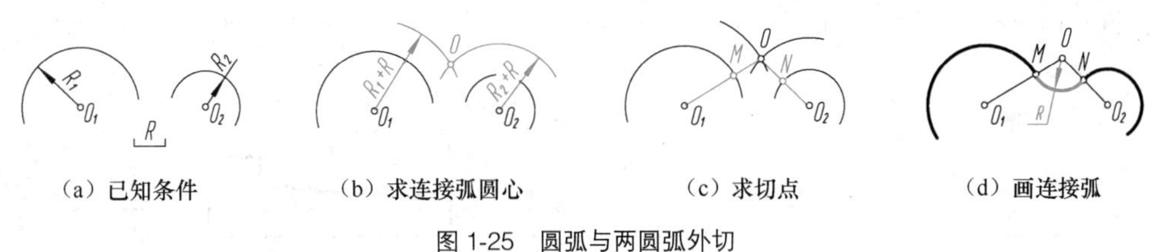

（a）已知条件　（b）求连接弧圆心　（c）求切点　（d）画连接弧

图 1-25　圆弧与两圆弧外切

【例 1-7】 如图 1-26（a）所示，用半径为 R 的圆弧与两已知圆弧内切。

作图步骤

① 分别以点 O_1 和 O_2 为圆心，$R-R_1$ 和 $R-R_2$ 为半径，画弧交于点 O（即连接弧圆心），如图 1-26（b）所示。

② 连接 OO_1、OO_2 并延长，分别与已知弧交于点 M、N（M、N 即切点），如图 1-26（c）所示。

③ 以点 O 为圆心，R 为半径画圆弧，连接两已知圆弧于点 M、N，即完成作图，如图 1-26（d）所示。

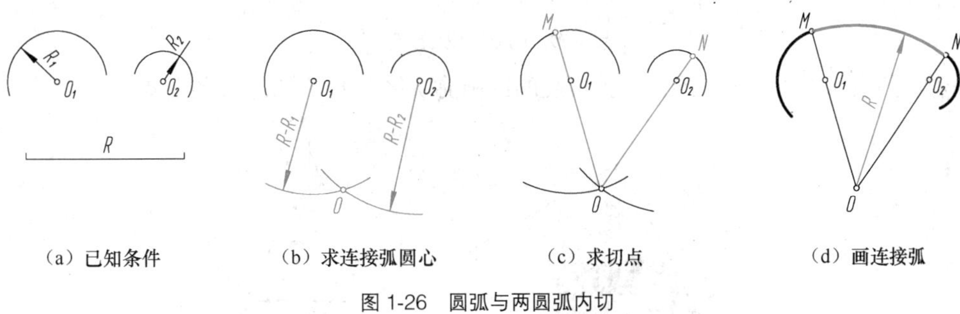

（a）已知条件　（b）求连接弧圆心　（c）求切点　（d）画连接弧

图 1-26　圆弧与两圆弧内切

三、斜度和锥度（GB/T 4458.4—2003）

1．斜度

棱体高之差与平行于棱并垂直一个棱面的两个截面之间的距离之比，称为斜度（见图 1-27），代号为“S”。如最大棱体高 H 与最小棱体高 h 之差，对棱体长度 L 之比，用关系式表示为

$$S=\tan\beta=(H-h)/L$$

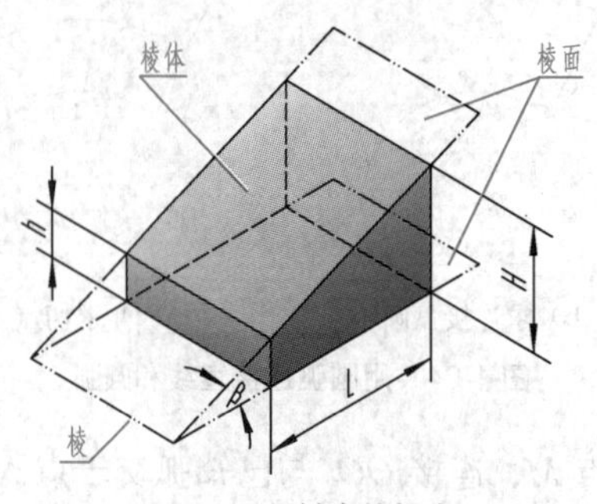

图 1-27 斜度的概念

通常把比例的前项化为 1，而以简单分数 1: *n* 的形式来表示。

过已知点作斜度线的步骤、标注方法如图 1-28（a）、图 1-28（b）和图 1-28（c）所示。斜度符号的底线应与基准面（线）平行，符号的尖端方向应与斜面的倾斜方向一致。斜度符号的画法，如图 1-28（d）所示。

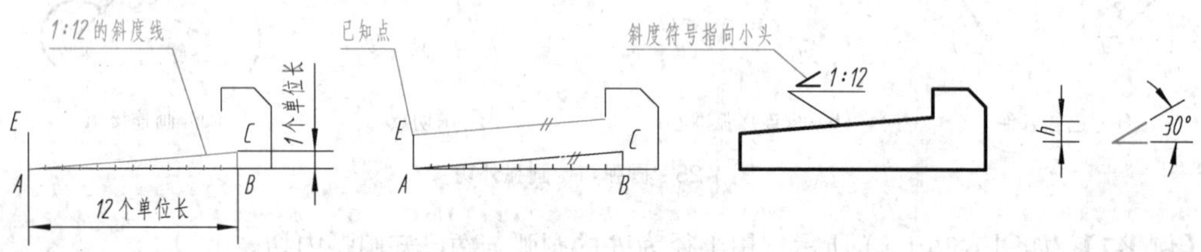

（a）画直角三角形求斜度线 （b）过已知点作斜度线的平行线 （c）完成作图并标注 （d）斜度符号的画法

图 1-28 斜度的画法及标注

2．锥度

两个垂直圆锥轴线的圆锥直径差与该两截面间的轴向距离之比，称为锥度，代号为“*C*”。

由图 1-29（b）所示可知，α 为圆锥角，D 为大端圆锥直径，d 为小端圆锥直径，L 为圆锥长度，即

$$C=(D-d)/L=2\tan(\alpha/2)$$

与斜度的表示方法一样，通常也把锥度的比例前项化为 1，写成 1:*n* 的形式。

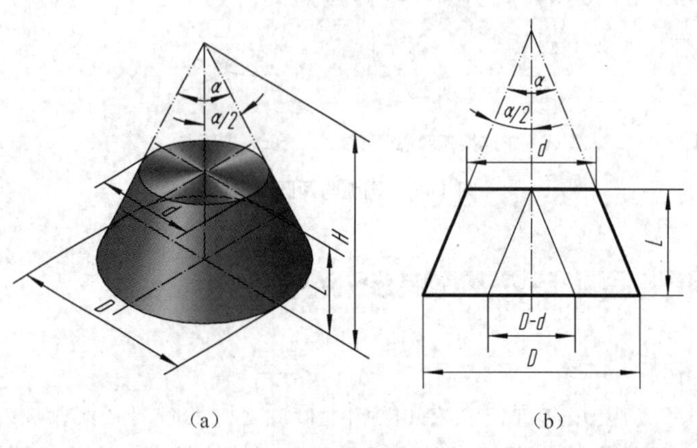

（a） （b）

图 1-29 锥度的定义

【例 1-8】 画出图 1-30 所示具有 1:5 锥度的图形。

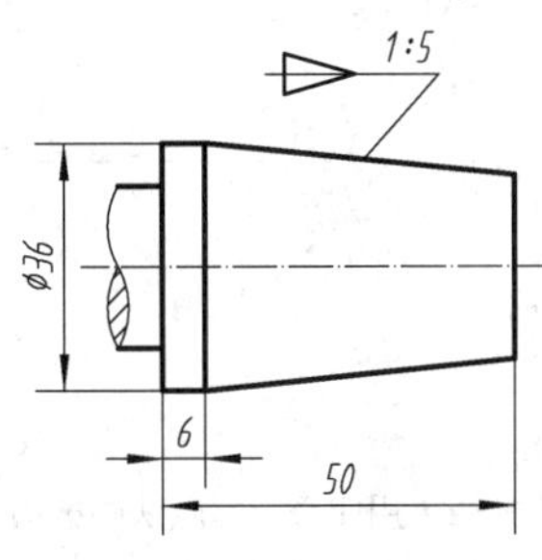

图 1-30 1:5 锥度图例

作图步骤

① 根据图中的尺寸，画出已知的直线部分；任意确定等腰三角形的底边 *AB* 为 1 个单位长度，高为 5 个单位长度，画出等腰三角形 *ABC*，如图 1-31（a）所示。

② 分别过已知点 *D*、*E*，作 *AC* 和 *BC* 的平行线，如图 1-31（b）所示。

③ 描深加粗图形，标注锥度代号，如图 1-31（c）所示。

标注锥度时用引出线从锥面的轮廓线上引出，锥度符号的尖端指向锥度的小头方向。锥度符号的画法，如图 1-31（d）所示。

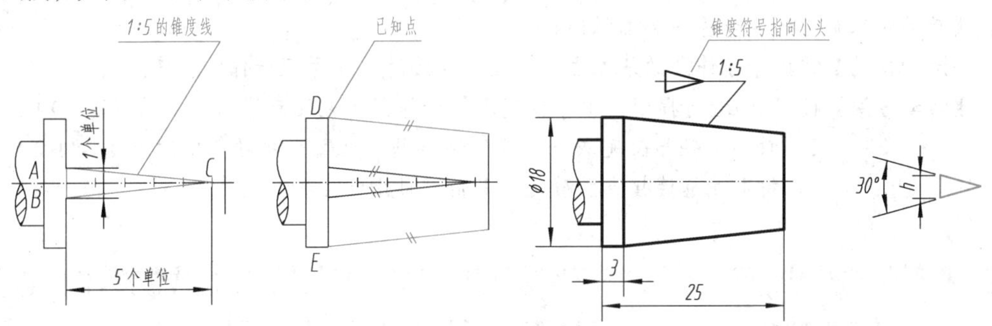

（a）画等腰三角形求锥度线 （b）过已知点作锥度线的平行线 （c）完成作图并标注 （d）锥度符号的画法

图 1-31 锥度的画法及标注

＊四、椭圆的画法

椭圆是常见的非圆曲线。已知椭圆长轴和短轴，可以用四心近似画法画出椭圆。

【例 1-9】 已知椭圆长轴 *AB* 和短轴 *CD*、用四心近似画法画椭圆。

作图步骤

① 连接 *A*、*C* 两点；以点 *O* 为圆心，*OA* 为半径画弧得点 *E*；再以点 *C* 为圆心，*CE* 为半径画弧交 *AC* 于点 *F*，如图 1-32（a）所示。

② 作 *AF* 的垂直平分线，与 *AB* 交于点 *1*，与 *CD* 交于点 *2*；量取 *1*、*2* 两点的对称点 *3* 和点 *4*（点 *1*、*2*、*3*、*4* 即为圆心），如图 1-32（b）所示。

③ 连接点 *2*→点 *3*、点 *3*→点 *4*、点 *4*→点 *1*、点 *1*→点 *2* 并延长，得到一菱形，如图 1-32（c）所示。

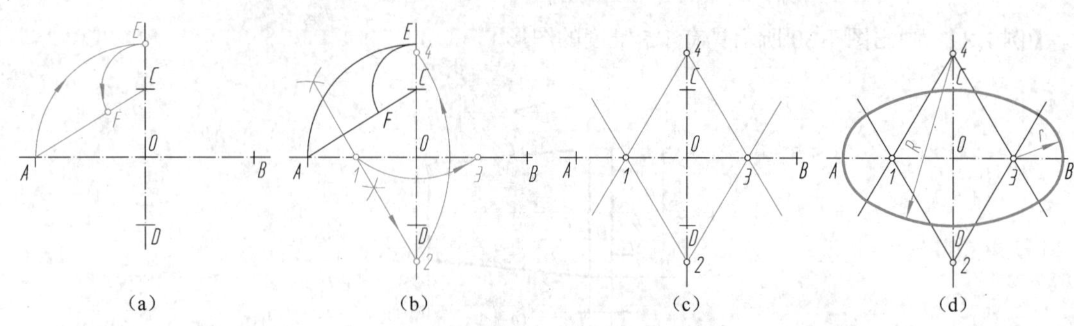

图 1-32 用四心近似画法画椭圆

④ 分别以点 2、点 4 为圆心，R（R=2C=4D）为半径画弧，与菱形的延长线相交，即得两条大圆弧；分别以点 1、点 3 为圆心，r（r=1A=3B）为半径画弧，与所画的大圆弧连接，即得到椭圆，如图 1-32（d）所示。

练练手

【活动内容】进行等分作图和圆弧连接。

【活动目的】掌握等分作图的基本方法、圆弧连接的作图原理和作图技巧。

【活动方法】1. 教师进行提示，由学生完成等分作图（见配套习题集中的习题1-9）。

2. 教师带领学生完成一道圆弧连接题（见配套习题集中的习题1-11-2），特别注意连接点的确定，其他题目由学生独立完成。

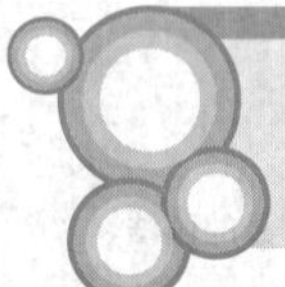

第四节　平面图形分析及作图

平面图形是由许多线段连接而成，这些线段之间的相对位置和连接关系，靠给定的尺寸来确定。画平面图形时，只有通过分析尺寸和线段之间的关系，才能掌握正确的作图方法和步骤。

一、尺寸分析

平面图形中的尺寸，按其作用可分为定形尺寸和定位尺寸两类。

1. 定形尺寸

确定平面图形上几何元素形状大小的尺寸称为定形尺寸。例如，线段长度、圆及圆弧的直径和半径、角度大小等。图 1-33 所示手柄平面图中的 ϕ5、ϕ20、R10、R15、R12 等都为定形尺寸。

2. 定位尺寸

确定几何元素位置的尺寸称为定位尺寸。如图 1-33 中的 8 确定了 ϕ5 的圆心位置；75 确定

了 $R10$ 的圆心位置；45 确定了 $R50$ 圆心的一个坐标值。这些尺寸都为定位尺寸。

确定尺寸位置的几何元素（点、线、面）称为尺寸基准。平面图形有长度和高度两个方向，每个方向至少应有一个尺寸基准。定位尺寸通常以图形的对称中心线、轴线、较长的底线或边线作为尺寸基准，如图 1-33 所示的 A 基准和 B 基准。

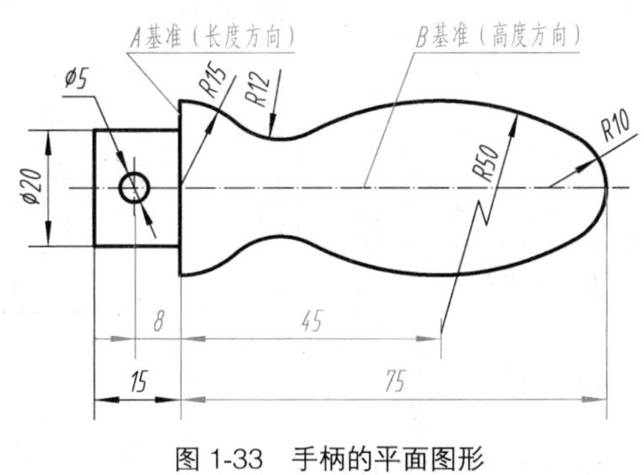

图 1-33　手柄的平面图形

二、线段分析

在平面图形中，有些线段具有完整的定形尺寸和定位尺寸，绘图时，可根据标注的尺寸直接绘出；而有些线段的定形尺寸和定位尺寸并未完全注出，这就要根据已注出的尺寸和该线段与相邻线段的连接关系，通过几何作图才能画出。

1．已知弧

给出半径大小及圆心两个方向定位尺寸的圆弧，称为已知弧。如图 1-33 所示的 $R10$、$R15$ 圆弧即为已知弧，此类圆弧可直接画出。

2．中间弧

给出半径大小及圆心一个方向的定位尺寸的圆弧，称为中间弧。如图 1-33 所示的 $R50$ 圆弧，圆心的左右位置由定位尺寸 45 确定，但缺少确定圆心上下位置的定位尺寸，画图时，必须根据它和 $R10$ 圆弧相切这一条件才能将它画出。

3．连接弧

已知圆弧半径，而缺少两个方向定位尺寸的圆弧，称为连接弧。如图 1-33 所示的 $R12$ 圆弧，只能根据和它相邻的 $R50$、$R15$ 两圆弧的相切条件，才能将其画出。

画图时，应先画已知弧，再画中间弧，最后画连接弧。

三、平面图形的绘图方法和步骤

1．准备工作

分析平面图形的尺寸及线段，拟定作图步骤→确定比例→选择图幅→固定图纸→画出图框、对中符号和标题栏，如图 1-34（a）所示。

2．绘制底稿

合理、匀称地布图，画出基准线→先画已知弧→再画中间弧→最后画连接弧，如图 1-34（b）、

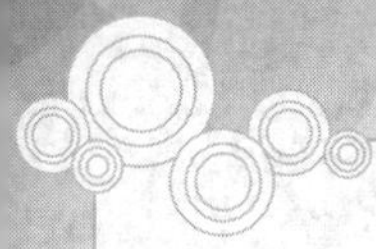

图 1-34（c）、图 1-34（d）和图 1-34（e）所示。

(a) 画图框、对中符号和标题栏

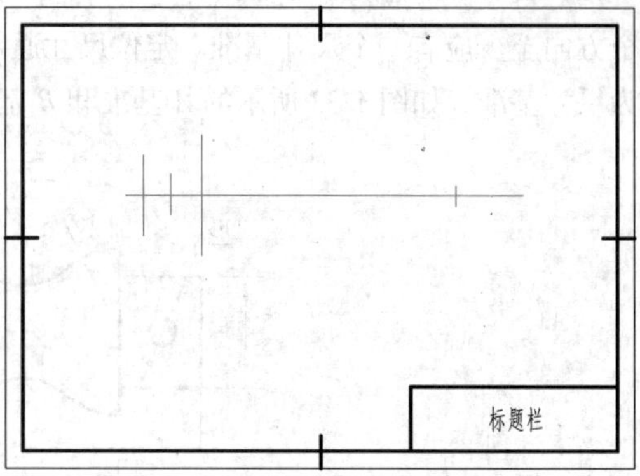

(b) 画出基准线

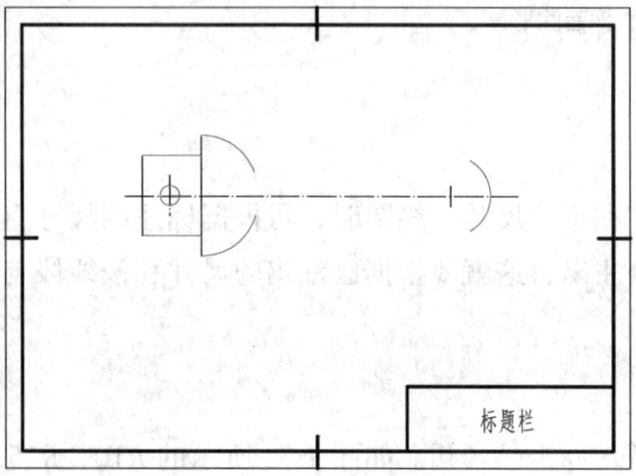

(c) 画已知弧

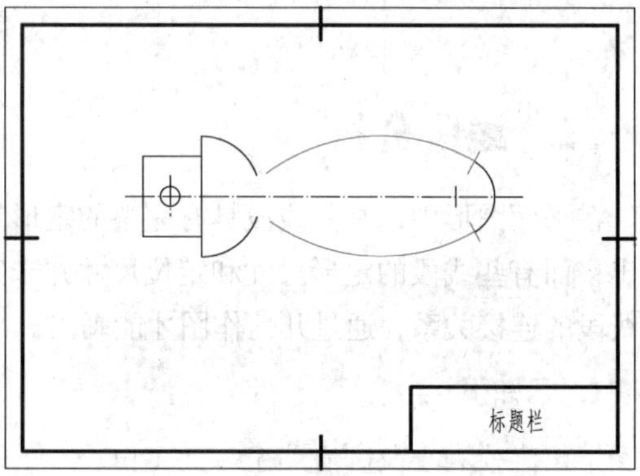

(d) 画中间弧

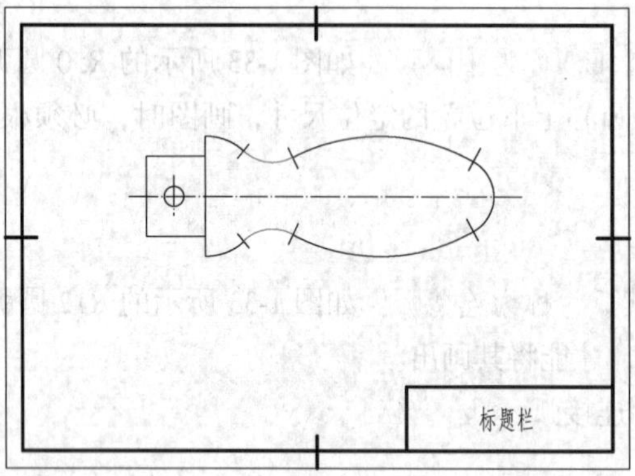

(e) 画连接弧

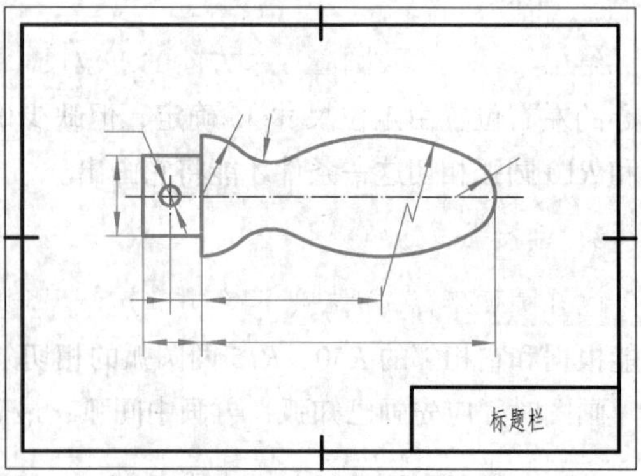

(f) 加深描粗、画尺寸界线、尺寸线

图 1-34　平面图形的画图步骤

提示

绘制底稿时，图线要清淡，准确，并保持图面整洁。

3．加深描粗

加深描粗前，要全面检查底稿，修正错误，擦去画错的线条及作图辅助线。加深描粗的步骤如下。

（1）先粗后细。先加深全部粗实线，再加深全部细虚线、细点画线及细实线等。

（2）先曲后直。在加深同一种线（特别是粗实线）时，应先画圆弧或圆，后画直线。

（3）先水平、后垂斜。先用丁字尺自左向右画出水平线，再用三角板自上而下画出垂直线，最后画倾斜的直线。

加深描粗时，应尽量使同类图线粗细、浓淡一致，连接光滑，字体工整，图面整洁。

4．标注尺寸

画出尺寸界线、尺寸线和箭头，如图 1-34（f）所示。最后将图纸从图板上取下来，填写尺寸数值和标题栏。

作图计划A、B、C

【活动内容】绘制平面图形。

【活动目的】1. 了解绘制平面图形时的分析方法和过程。

2. 能将圆弧连接的作图原理在绘图过程中灵活应用。

【活动方法】1. 教师提出具体项目。

2. 学生讨论，制定具体作图计划。期间教师要审查并给予指导。

3. 学生们分头实施计划。

4. 学生自我评估及教师评价。

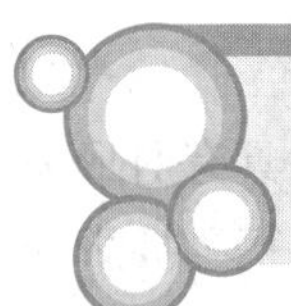

第五节 常用绘图工具的使用方法

正确地使用和维护绘图工具，对提高绘图质量和绘图速度是十分重要的。本节介绍几种常用的绘图工具和用品的使用方法。

一、图板、丁字尺和三角板

图板是供铺放、固定图纸用的矩形木板，一般用胶合板制成，板面比较平整光滑，左侧为丁字尺的导边。丁字尺由尺头和尺身构成，尺身的上边为工作边，主要用来画水平线。使用丁字尺时，尺头内侧必须靠紧图板的导边，用左手推动丁字尺上、下移动，沿尺身的上边、由左至右画出一系列水平线，如图 1-35（a）所示。

三角板由 45° 和 30° （60° ）各一块组成一副。三角板与丁字尺配合使用时，可画垂直线，也可画 30° 、45° 、60° 的斜线，如图 1-35（b）所示。

如将两块三角板配合使用，可以画出已知直线的平行线和垂直线，如图 1-36（a）和图 1-36（b）所示；利用两块三角板，还可以画出任意方向的垂直线，如图 1-36（c）所示。

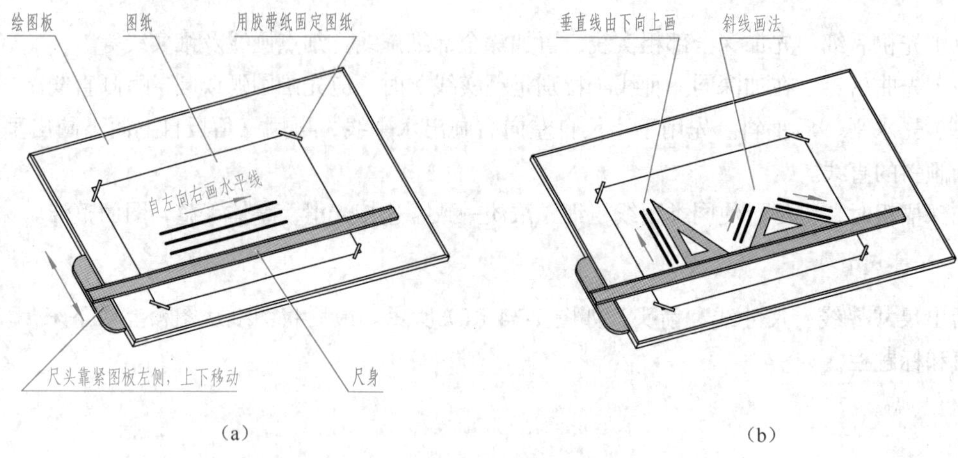

（a）　（b）

图 1-35　丁字尺和三角板的使用方法

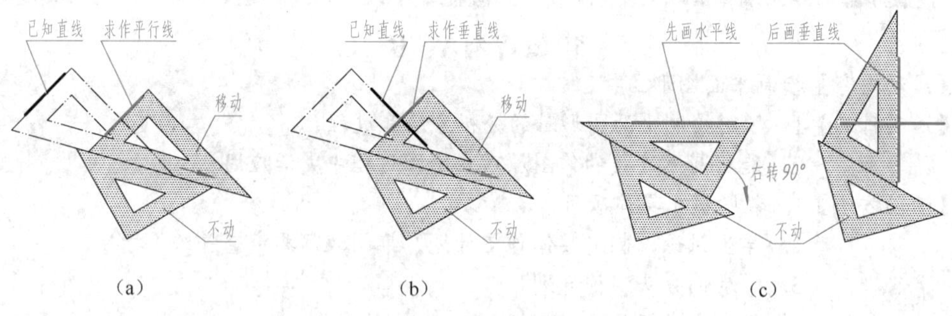

（a）　（b）　（c）

图 1-36　作已知直线的平行线和垂直线

二、圆规和分规

（1）圆规是用来画圆或圆弧的工具。圆规的一条腿上装有钢针，另一条腿上除具有肘形关节外，还可以根据作图需要装上不同的附件。圆规的附件有钢针插脚、铅芯插脚、鸭嘴插脚和延伸插杆等。

圆规的钢针一端为圆锥形，另一端为带有肩台的针尖。画图时应使用有肩台的一端，以防止圆心针孔的扩大。同时还应使肩台与铅芯尖平齐，针尖及铅芯与纸面垂直，如图 1-37（a）所示。为了画出各种图线，应备有各种不同硬度和形状的铅芯。加深圆弧时用的铅芯，一般要比画粗实线的铅芯软一些，圆规铅芯的削法如图 1-37（b）所示。

画圆时，先将两腿分开至所需的半径尺寸，借左手食指把针尖放在圆心位置，将钢针扎入图纸和图板，如图 1-38（a）所示。按顺时针方向稍微倾斜地转动圆规，转动时用力和速度要均匀，如图 1-38（b）所示。

（2）分规是用来量取尺寸和等分线段或圆周的工具。分规的两条腿均安有钢针，当两条腿并拢时，分规的两个针尖应对齐，如图 1-39（a）所示；调整分规两脚间距离的手法，如图 1-39（b）

所示；分规的使用方法，如图 1-39（c）所示。

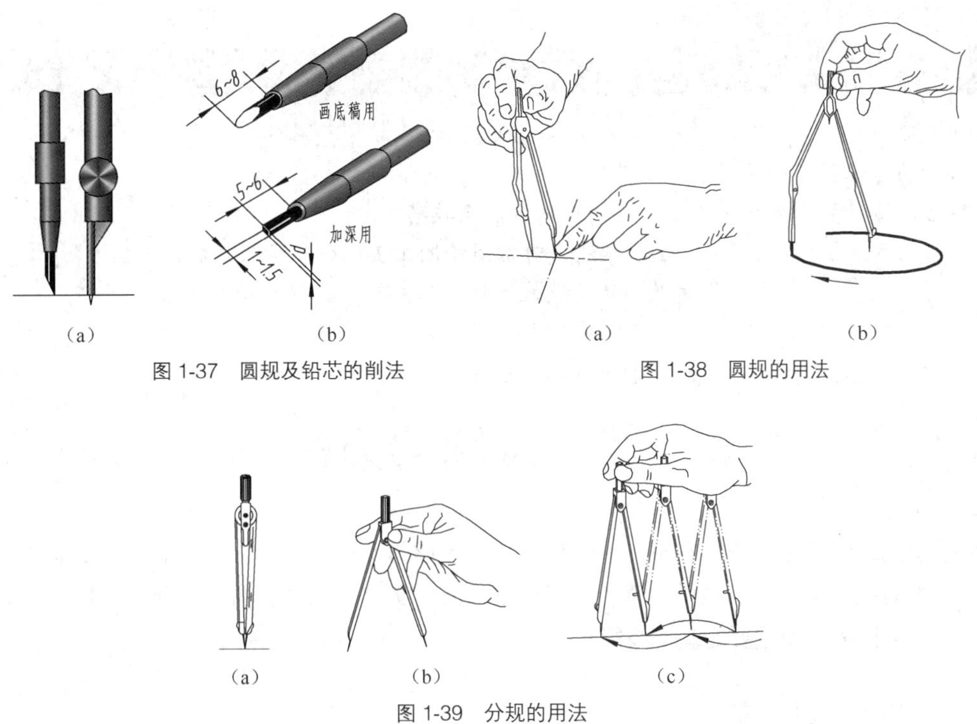

图 1-37　圆规及铅芯的削法

图 1-38　圆规的用法

图 1-39　分规的用法

三、铅笔

绘图铅笔的铅芯有软硬之分，用代号 H、B 和 HB 来表示。B 前的数字越大，表示铅芯越软，绘出的图线颜色越深；H 前的数字越大，表示铅芯越硬；HB 表示软硬适中。

画粗实线常用 2B 或 B 的铅笔；画细实线、细虚线、细点画线和写字时，常用 H 或 HB 的铅笔；画底稿线常用 2H 的铅笔。

铅笔应从没有标号的一端开始使用，以便保留软硬的标号。画粗实线时，应将铅芯磨成铲形（扁平四棱柱），如图 1-40（a）所示。其余的线型铅芯磨成圆锥形，如图 1-40（b）所示。

除上述常用工具外，绘图时还要备有削修铅笔的小刀、固定图纸的胶带纸、清理图纸的小刷子，以及橡皮、擦图片等工具和用品。

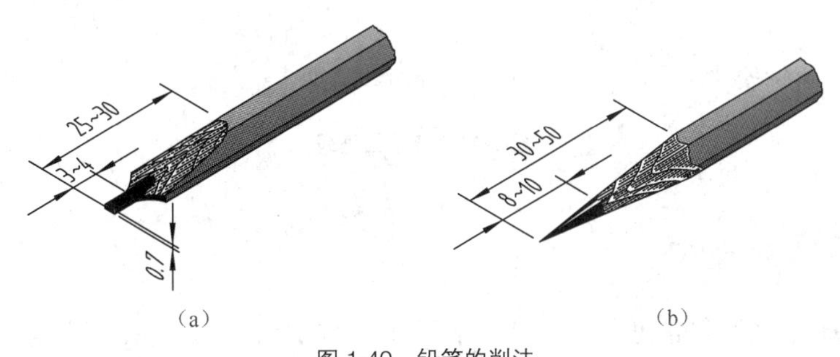

图 1-40　铅笔的削法

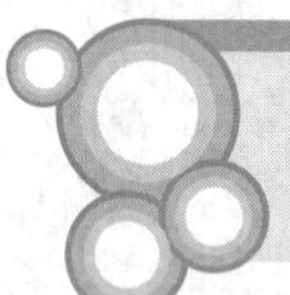

课堂活动

跟我学

【活动内容】正确使用绘图工具。

【活动目的】掌握常用绘图工具的使用方法及技巧。

【活动方法】1. 教师用演示教学法，对常用绘图工具的使用方法进行演示。

2. 学生模仿教师的示范性操作，从中学习正确的使用方法。

*第六节　徒手画图的方法

徒手绘制的图又称草图。它是一种以目测估计图形与实物的比例，按一定画法要求徒手（或部分使用绘图仪器）绘制的图样。草图是工程技术人员交流、记录、构思的有力工具，是工程技术人员必须掌握的一项重要的基本技能。

一、直线的画法

徒手画直线时，执笔要自然，手腕抬起，不要靠在图纸上，眼睛朝着前进的方向，注意画线的终点。同时小手指可与纸面接触，以作为支点，保持运笔平稳。

短直线应一笔画出，长直线则可分段相接而成。画水平线时，可将图纸稍微倾斜放置，从左到右画出；画垂直线时，由上向下较为顺手；画斜线时最好将图纸转动到适宜运笔的角度。图 1-41 所示为画水平线、垂直线、倾斜线的手势。

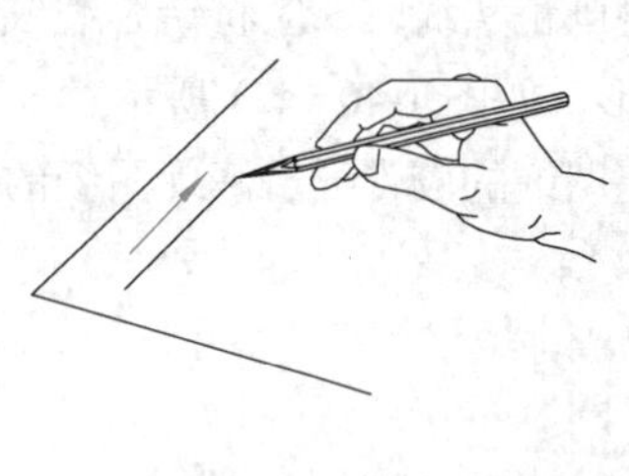

（a）画水平线

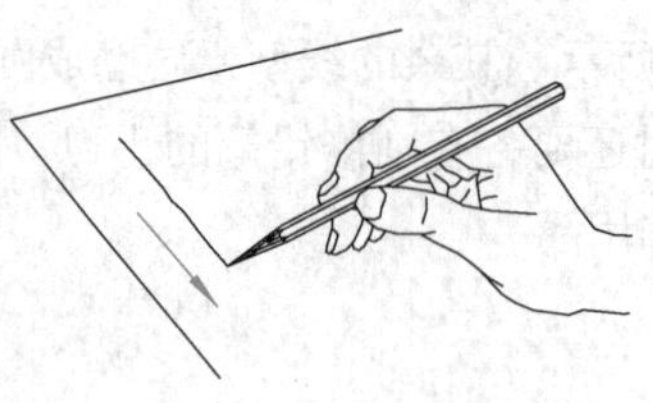

（b）画垂直线

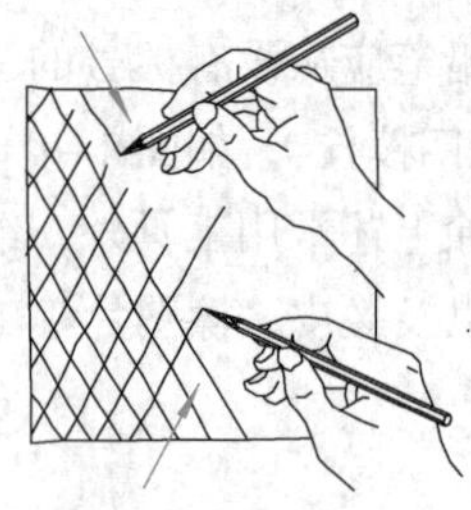

（c）画倾斜线

图 1-41　徒手画直线

二、常用角度的画法

画 45°、30°、60° 等常见角度，可根据两直角边的比例关系，在两直角边上定出两端点，然后连接而成，如图 1-42 所示。

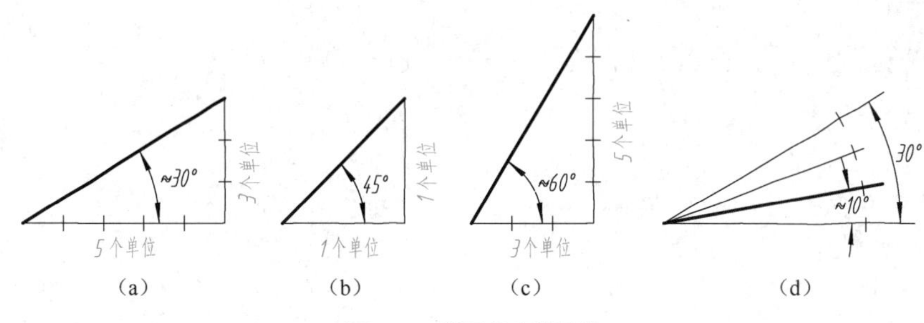

图 1-42　常用角度的画法

三、圆的画法

画小圆时，先画中心线，在中心线上按半径大小，目测定出四点，然后过四点分两半画出，如图 1-43（a）所示。画直径较大的圆时，可过圆心加画一对十字线，按半径大小，目测定出八点，然后分段画出，如图 1-43（b）所示。

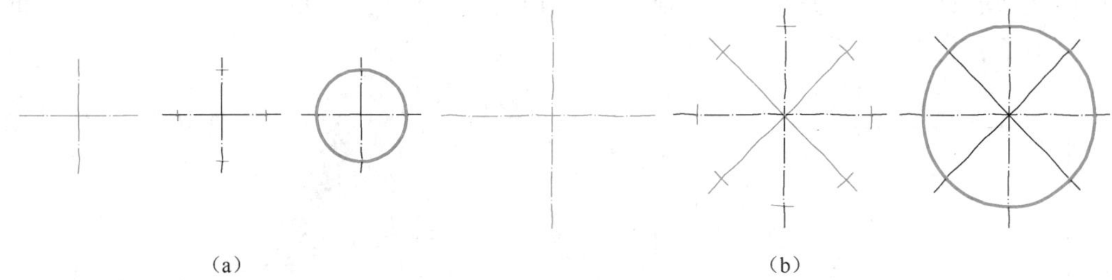

图 1-43　圆的画法

四、椭圆的画法

画椭圆时，先根据长短轴定出四点，画出一个矩形，然后作出与矩形相切的椭圆，如图 1-44（b）所示。也可先画出椭圆的外接菱形，然后作出椭圆，如图 1-44（d）所示。

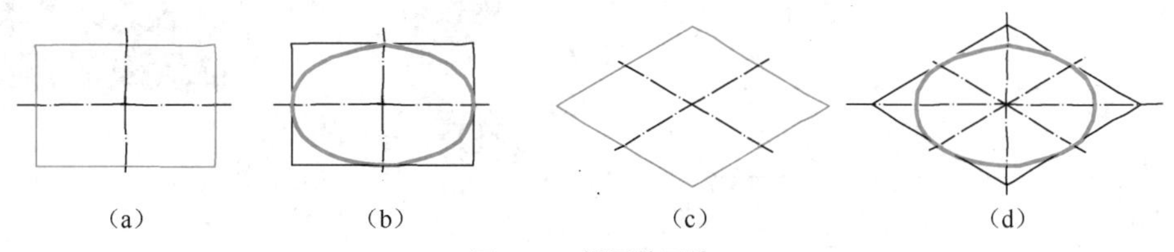

图 1-44　椭圆的画法

第二章

投影基础

你见过大吊车吗？你还记得吊车上吊钩的样子吗？图 2-1 中左边的图形，就是制造加工吊钩时需要绘制的投影图。可以看出，左边这个投影图是平面图形。那么，立体的吊钩是怎样转换成平面图形的呢？这个平面图形可以像绘画一样绘制出来吗？通过本章的学习，你会得到正确的答案。还等什么？赶快往下看吧。

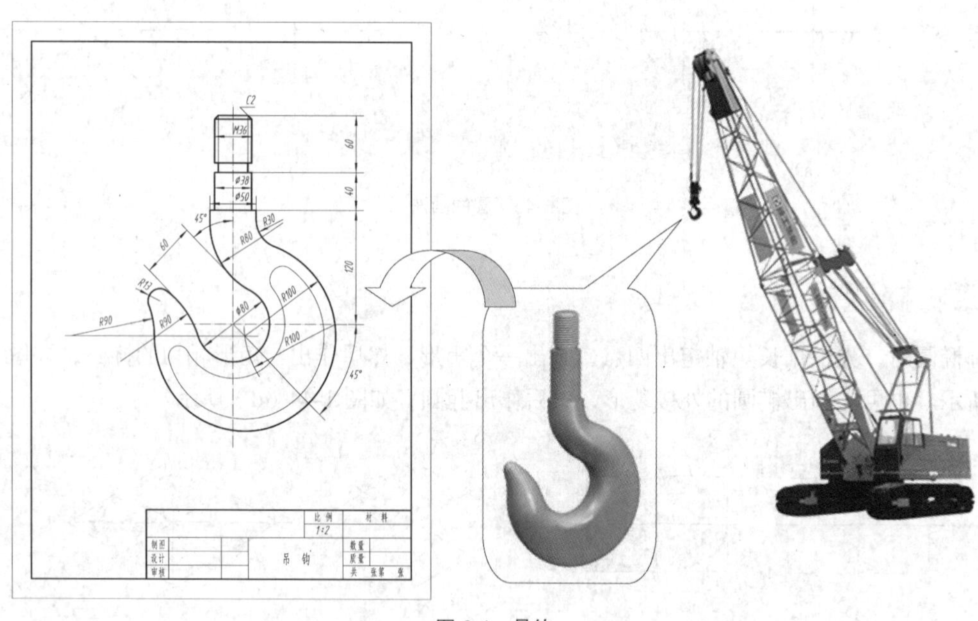

图 2-1 吊钩

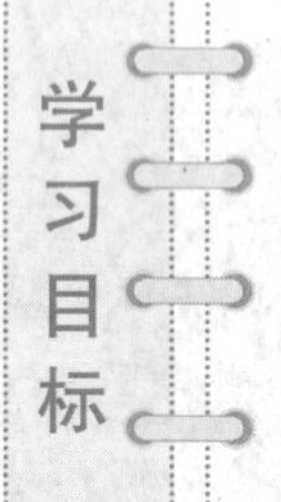

- 理解投影法的概念，熟悉正投影的性质。
- 初步掌握三视图的形成及对应关系，能绘制和识读简单形体的三视图。
- 掌握点的投影规律，熟悉直线和平面的三面投影，掌握特殊位置直线和平面的投影特性。
- 熟悉基本体的视图画法及表面上取点、线的作图方法及尺寸注法。
- 掌握用特殊位置平面截切基本体的画法和尺寸注法。

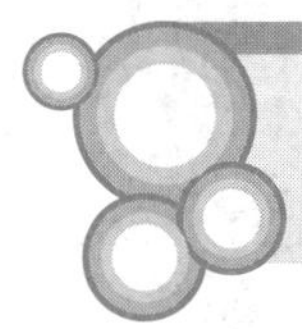

第一节　投影法和视图的基本概念

一、投影法的基本概念

1. 影子的形成

物体在阳光或灯光的照射下，会在墙上或地面上产生灰黑色的影子，如图 2-2（a）所示。形成这种现象应具备以下 3 个条件。

（1）物体。不同的物体有不同的影子。如人和桌子的影子不可能一样。

（2）光源。同一物体处在同一位置，光源不同，则影子也不同。如早晨和中午看到自己的影子是不一样的。

（3）投影面。同一物体处在同一位置，影子落到不同地方，得到的影子也不一样。如人的影子落在地面上与落在墙面上是不一样的。

人们从物体与其影子的几何关系中，经过科学的总结、抽象，逐步形成了投影法，使在图纸上准确而全面地表达物体形状和大小的要求得以实现。

2. 投影法的定义

投射线通过物体，向选定的面投射，并在该面上得到图形的方法称为投影法。根据投影法得到的图形，称为投影。

在投影法中，把光线称为投射线，物体的影子称为投影，影子所在的墙面或地面称为投影面，如图 2-2（b）所示。由此可看出，要获得投影，必须具备投射线、物体、投影面这 3 个基本条件。

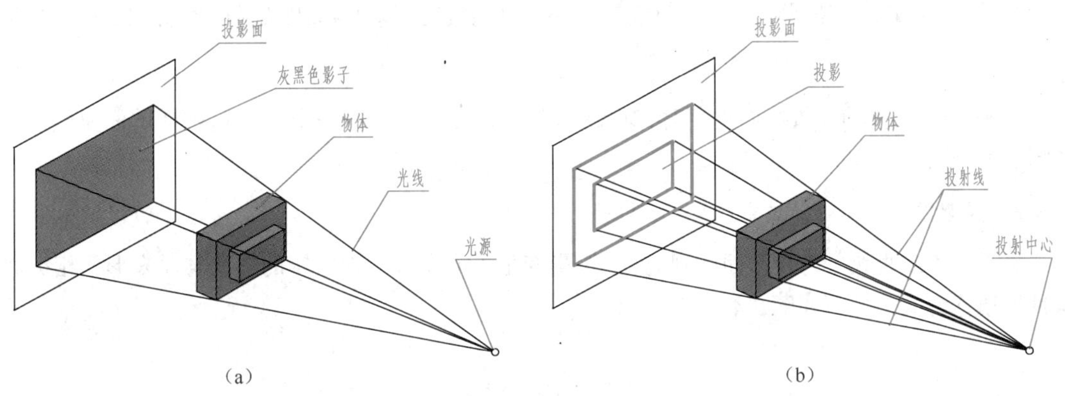

图 2-2　投影的形成

3. 投影法分类

根据投射线的类型（平行或汇交），投影法分为以下两类。

- 投影法
  - 中心投影法（即投射线汇交一点的投影法）
  - 平行投影法
    - 正投影法（即投射线相互平行且与投影面垂直的投影法）
    - 斜投影法（即投射线相互平行但与投影面倾斜的投影法）

根据正投影法所得到的图形，称为正投影，如图 2-3（a）所示；根据斜投影法所得到的图形，

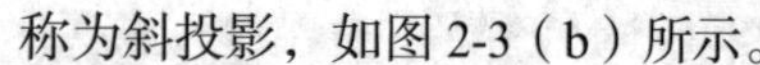
称为斜投影，如图 2-3（b）所示。

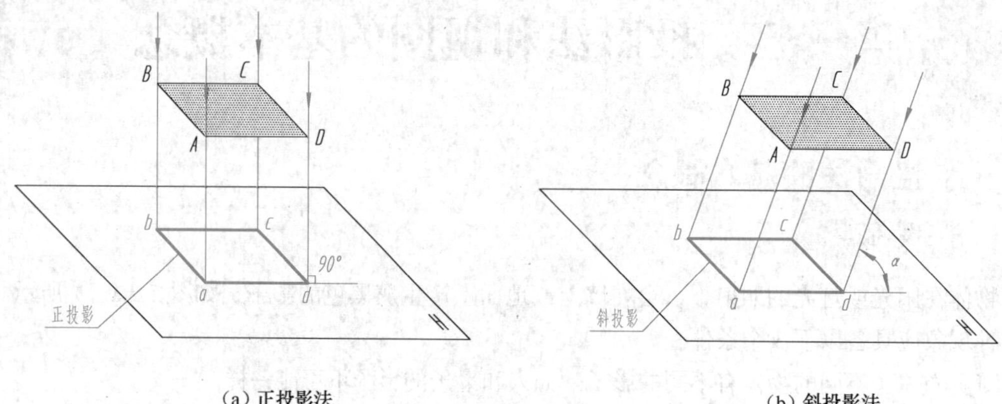

（a）正投影法　　（b）斜投影法

图 2-3　平行投影法

4．投影法应用

由于正投影法度量性好，作图简便，容易表达空间物体的形状和大小，所以在工程上应用较广。机械图样都是采用正投影法绘制的，正投影法是机械制图的主要理论基础。

用中心投影法所得的投影大小，随着投影面、物体、投射中心三者之间相对位置的变化而变化，不能反映物体的真实形状和大小，且度量性差，作图比较复杂，因此在机械图样中很少采用。

二、正投影的基本性质

1．显实性

当平面（或直线）与投影面平行时，其投影反映实形（或实长），这种性质称为显实性，如图 2-4（a）所示。

2．积聚性

当平面（或直线）与投影面垂直时，其投影积聚为一条直线（或一个点），这种性质称为积聚性，如图 2-4（b）所示。

3．类似性

当平面（或直线）与投影面倾斜时，其投影变小（或变短），但投影的形状与原来形状相类似，这种性质称为类似性，如图 2-4（c）所示。

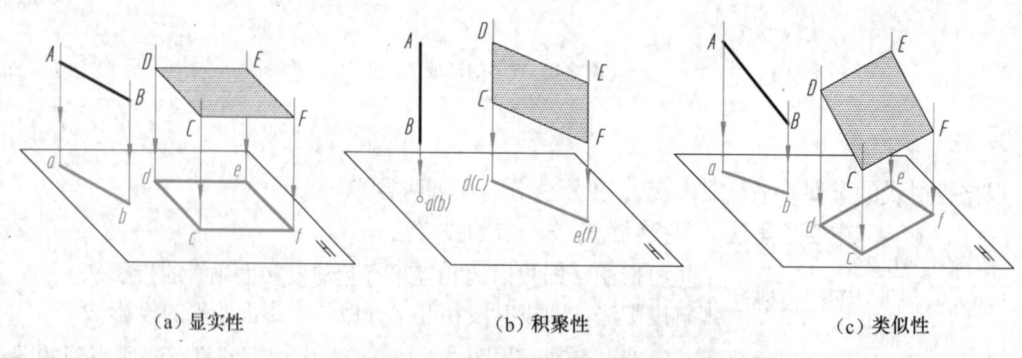

（a）显实性　　（b）积聚性　　（c）类似性

图 2-4　直线与平面的正投影特性

三、视图的基本概念

用正投影法绘制物体的图形时，把物体在多面投影体系中的正投影，称为视图。

从图 2-5 中可以看出，这个视图只能反映物体的长度和高度，没有反映出物体的宽度。因此，在一般情况下，一个视图不能完全确定物体的形状和大小。如图 2-6 所示，两个不同的物体，但其视图相同。

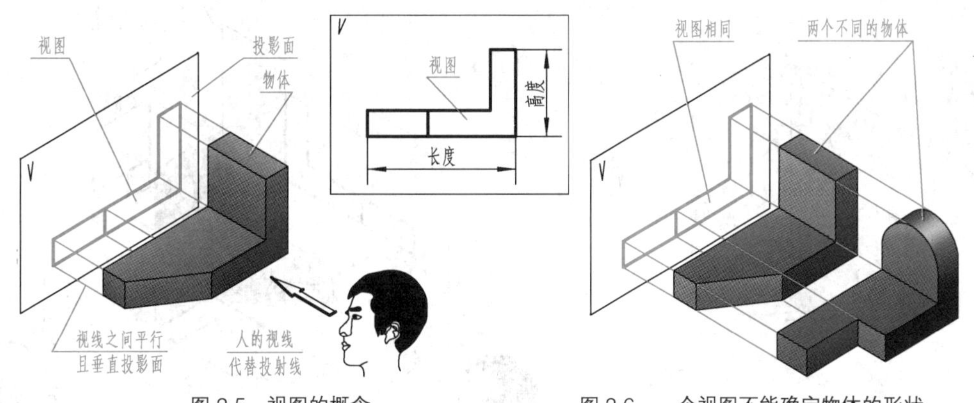

图 2-5　视图的概念

图 2-6　一个视图不能确定物体的形状

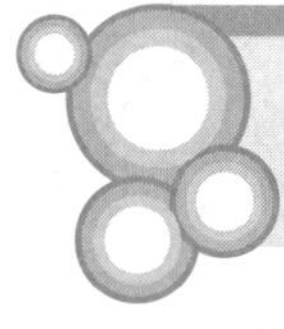

第二节　三视图的形成及其对应关系

一、三投影面体系的建立

三投影面体系由 3 个相互垂直的正立投影面（简称正面或 *V* 面）、水平投影面（简称水平面或 *H* 面）、侧立投影面（简称侧面或 *W* 面）组成，如图 2-7 所示。

相互垂直的投影面之间的交线，称为投影轴，它们分别是：

OX 轴（简称 *X* 轴），是 *V* 面与 *H* 面的交线，它代表长度方向；

OY 轴（简称 *Y* 轴），是 *H* 面与 *W* 面的交线，它代表宽度方向；

OZ 轴（简称 *Z* 轴），是 *V* 面与 *W* 面的交线，它代表高度方向。

3 个投影轴相互垂直，其交点称为原点，用“*O*”表示。

二、三视图的形成

将物体置于 3 个相互垂直的投影面体系内，然后从物体的 3 个方向进行观察，就可以在 3 个投影面上得出 3 个视图，如图 2-8 所示。

由前向后投射在正面所得的视图，称为主视图；

由上向下投射在水平面所得的视图，称为俯视图；

由左向右投射在侧面所得的视图，称为左视图。

这 3 个视图统称为三视图。

为把 3 个视图画在同一张图纸上，必须将相互垂直的 3 个投影面展开在一个平面上。展开方法如图 2-8 所示。规定：V 面保持不动，将 H 面绕 OX 轴向下旋转 90°，将 W 面绕 OZ 轴向右旋转 90°，就得到展开后的三视图，如图 2-9（a）所示。实际绘图时，应去掉投影面边框和投影轴，如图 2-9（b）所示。

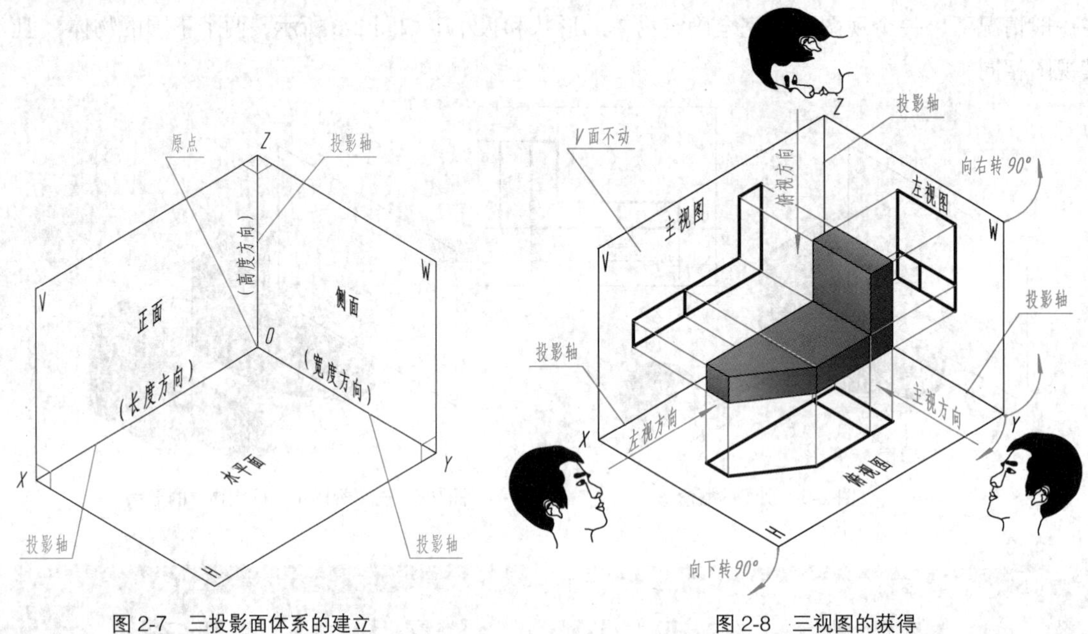

图 2-7　三投影面体系的建立　　图 2-8　三视图的获得

三、三视图之间的对应关系

1. 三视图之间的位置关系

从图 2-8 中可以看出，三视图之间的相对位置是固定的，即：

主视图定位后，俯视图在主视图的下方，左视图在主视图的右方。

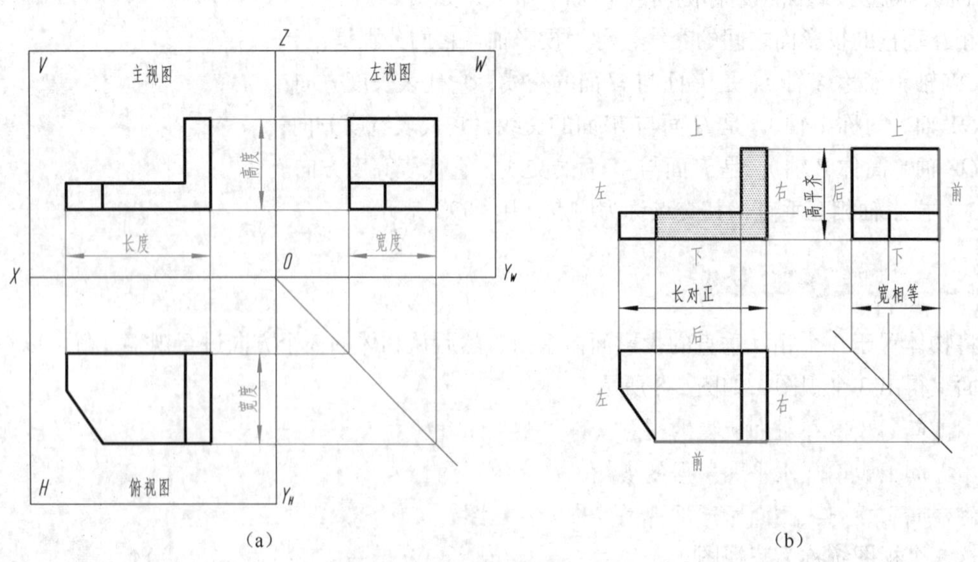

(a)　(b)

图 2-9　投影面展开后的三视图

提示 不需标注各视图的名称。

2．三视图之间的投影规律

从图 2-9（a）中可以看出，每一个视图只能反映出物体两个方向的尺度，即

主视图——反映物体的长度（X）和高度（Z）；

俯视图——反映物体的长度（X）和宽度（Y）；

左视图——反映物体的高度（Z）和宽度（Y）。

从图 2-9（b）中可以得出三视图之间的投影规律（简称三等规律），即

——主、俯视图长对正（等长）；

——主、左视图高平齐（等高）；

——俯、左视图宽相等（等宽）。

提示 三视图之间的三等规律，不仅反映在物体的整体上，也反映在物体的局部结构上。这一规律是画图和看图的依据，必须熟练掌握和运用。

3．三视图与物体的方位关系

物体有左、右、前、后、上、下 6 个方位。从图 2-9（b）中可以看出，每一个视图只能反映物体两个方向的位置关系，即

主视图——反映物体的左、右和上、下；

俯视图——反映物体的左、右和前、后；

左视图——反映物体的上、下和前、后。

画图与看图时，要特别注意俯视图和左视图的前、后对应关系，即

俯、左视图远离主视图的一边，表示物体的前面；

俯、左视图靠近主视图的一边，表示物体的后面。

四、三视图的画法

根据物体（或轴测图）画三视图时，应先选好主视图的投射方向，然后摆正物体（使物体的主要表面尽量平行于投影面），再根据图纸幅面和视图的大小，画出三视图的定位线。

应当指出，画图时，无论是整个物体或物体的每一局部，在三视图中，其投影都必须符合“长对正、高平齐、宽相等”的关系。图 2-10（a）所示的物体，其三视图的具体作图步骤如图 2-10（b）、图 2-10（c）、图 2-10（d）、图 2-10（e）和图 2-10（f）所示。

提示 国家标准规定，可见的轮廓线和棱线用粗实线表示，不可见的轮廓线和棱线用细实线表示。图线重合时，其优先顺序为：可见轮廓线和棱线（粗实线）；不可见轮廓线和棱线（细虚线）；剖切平面迹线、轴线、对称中心线（细点画线）；假想轮廓线（细双点画线）；尺寸界线和分界线（细实线）。

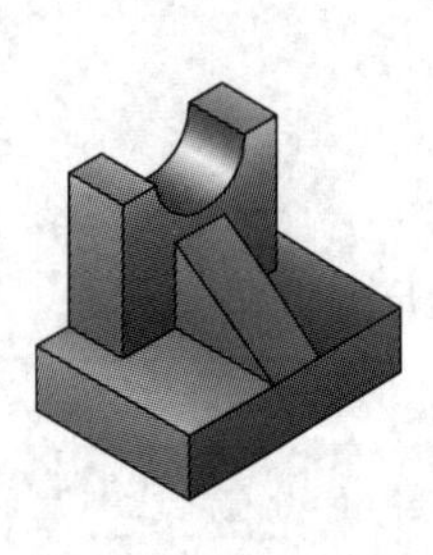
（a）轴测图

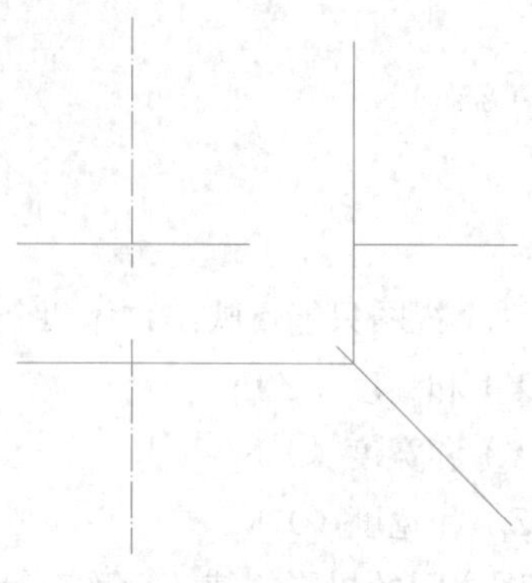
（b）画对称中心线、基准线

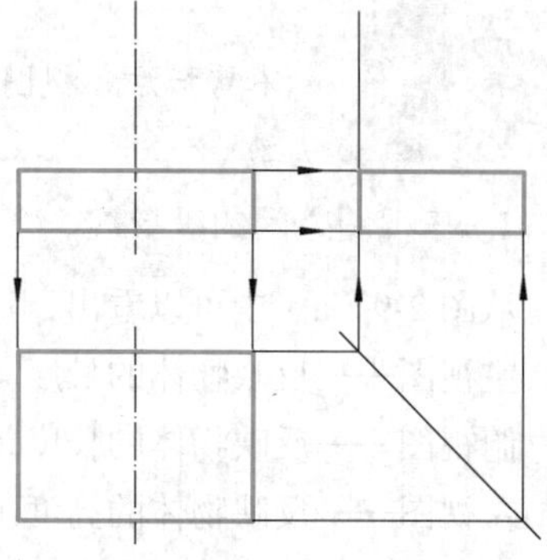
（c）画出底板

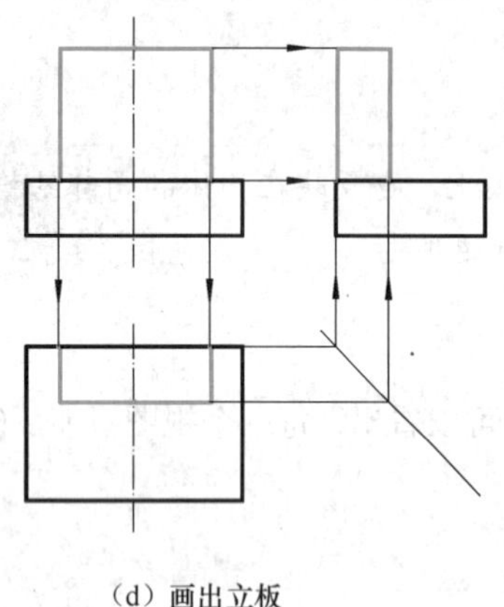
（d）画出立板

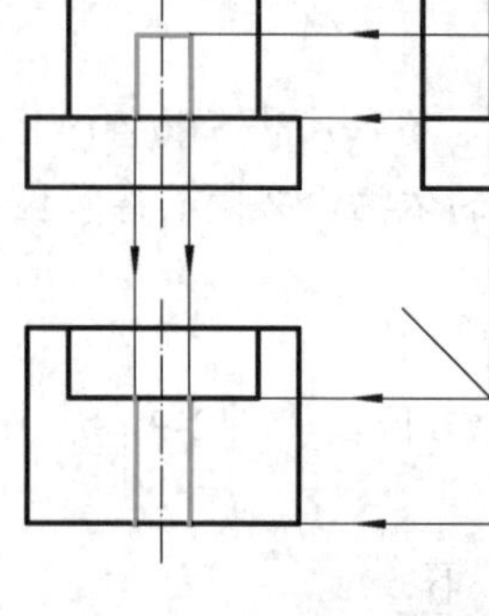
（e）画肋板

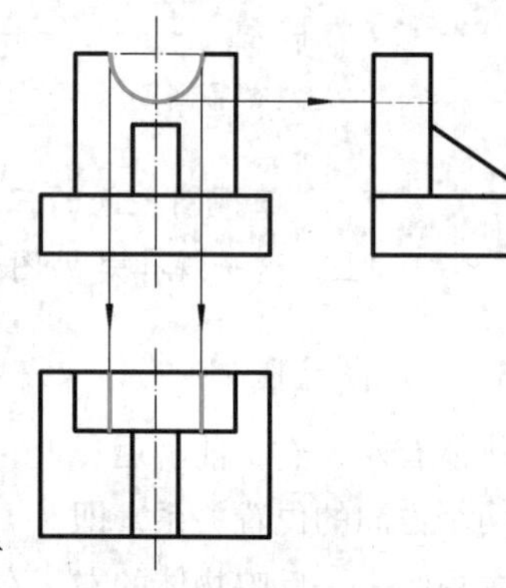
（f）画半圆形缺口

图 2-10　三视图的画图步骤

找朋友

【活动内容】根据轴测图找出对应的三视图。

【活动目的】1. 激发学生学习制图课的兴趣。

2. 初步培养学生的读图能力。

【活动方法】1. 教师先给出一组轴测图，让学生观察两分钟。

2. 教师再给出与轴测图相对应的三视图，但一定要打乱顺序。

3. 教师引导学生根据轴测图，找出对应的三视图。

【活动提示】可利用配套习题集习题 2-1 中的轴测图。

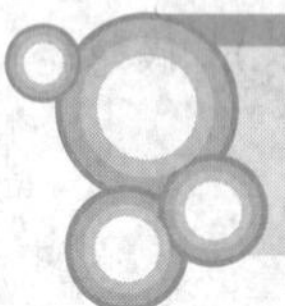

第三节　点、直线、平面的投影

点、直线、平面是构成物体表面的最基本的几何要素。为了迅速而正确地画出物体的三视图，

必须首先掌握这些几何元素的投影规律。

注意　为叙述方便，以后把正投影简称为投影。

一、点的投影

1. 点的投影规律

如图 2-11（a）所示，将点 S 置于 3 个相互垂直的投影面体系中，分别作垂直于 V 面、H 面、W 面的投射线，得到点 S 的正面投影 s'、水平投影 s 和侧面投影 s''。

规定　空间的点用大写拉丁字母表示，如 A、B、C…；点的水平投影用相应的小写字母表示，如 a、b、c…；点的正面投影用相应的小写字母加一撇表示，如 a'、b'、c'…；点的侧面投影用相应的小写字母加两撇表示，如 a''、b''、c''…。

如将投影面按图 2-11（b）所示箭头所指方向摊平在一个平面上，便得到点 S 的三面投影，如图 2-11（c）所示。图中 s_x、s_y、s_z 分别为点的投影连线与投影轴 X、Y、Z 的交点。

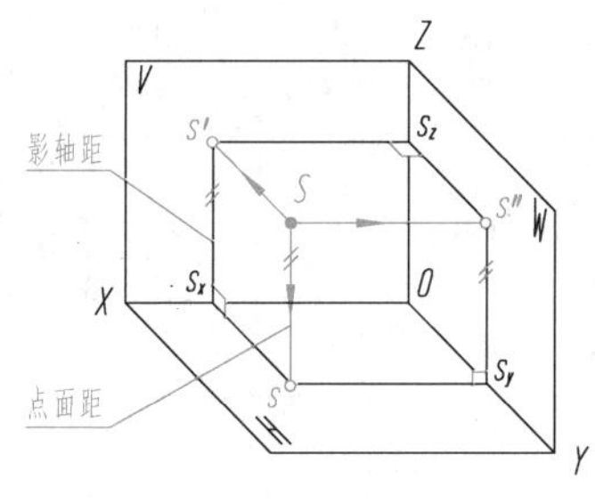

（a）点的空间位置

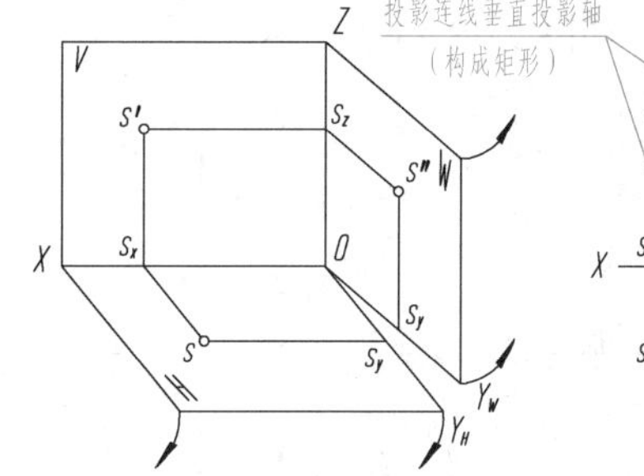

（b）投影面的展开

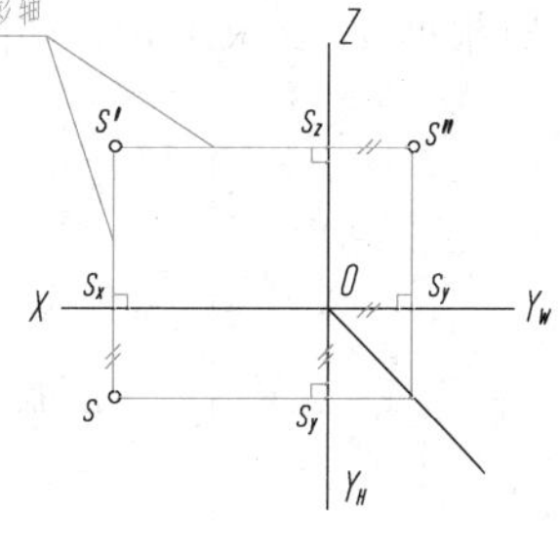

（c）点的三面投影

图 2-11　点的投影规律

通过点的三面投影图的形成过程，可总结出点的投影规律：

（1）点的两面投影连线，必定垂直于相应的投影轴。即

$ss' \perp OX$，$s's'' \perp OZ$，$ss_y \perp OY$，$s''s_y \perp OY$。

（2）点的投影到投影轴的距离，等于空间点到相应投影面的距离，即

$s's_x = s''s_y = S$ 点到 H 面的距离 Ss；
$ss_x = s''s_z = S$ 点到 V 面的距离 Ss'；　　影轴距 = 点面距
$ss_y = s's_z = S$ 点到 W 面的距离 Ss''。

2. 点的投影与直角坐标的关系

三投影面体系可以看成是空间直角坐标系，即把投影面作为坐标面，投影轴作为坐标轴，3 个轴的交点 O 为坐标原点。

如图 2-12 所示，空间点 A 到三个投影面的距离，就是空间点到坐标面的距离，其大小用点 A 的 3 个坐标来表示，即

点 A 的 x 坐标 = 点 A 到 W 面的距离 Aa''；

点 A 的 y 坐标 = 点 A 到 V 面的距离 Aa'；

点 A 的 z 坐标 = 点 A 到 H 面的距离 Aa。

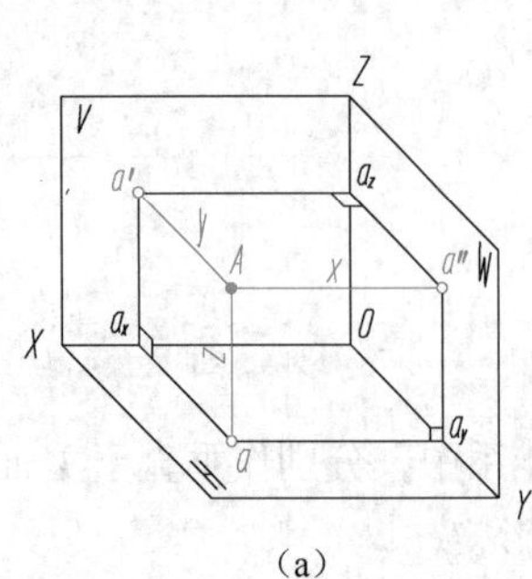
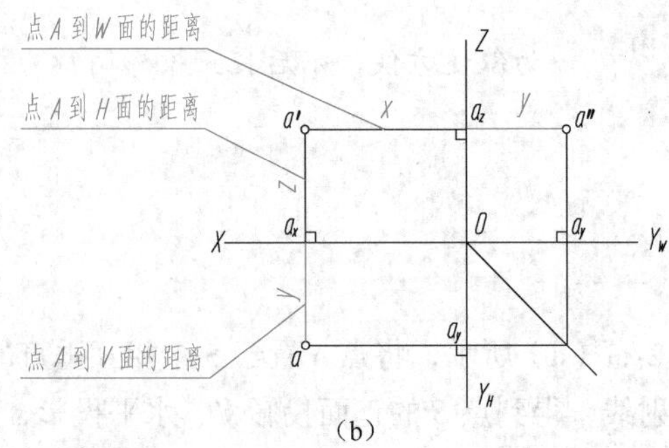

（a）（b）

图 2-12　点的投影与坐标的关系

【例 2-1】 已知点 A（15、10、12），求作它的三面投影。

作图步骤

① 画出投影轴；在 OX 轴上由点 O 向左量取 15，得点 a_x，如图 2-13（a）所示。

② 过点 a_x 作 OX 轴垂线，自点 a_x 向下量取 10 得点 a、向上量取 12 得点 a'，如图 2-13（b）所示。

③ 根据 a、a'求出 a''，如图 2-13（c）所示。

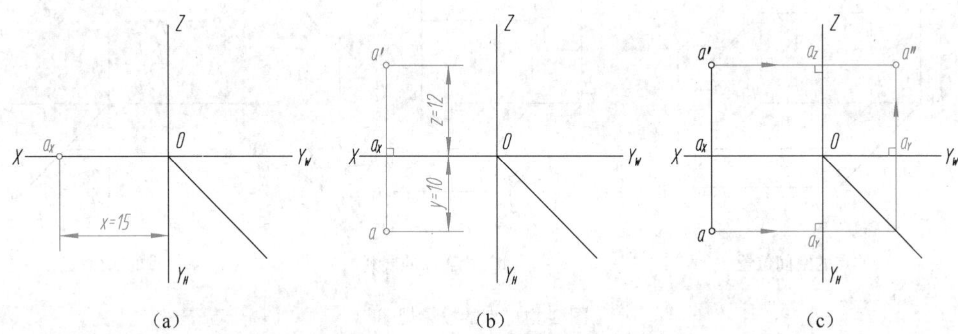
（a）（b）（c）

图 2-13　根据点的坐标求作投影

二、直线的投影

1．直线的三面投影

一般说来，直线的投影仍是直线，如图 2-14（a）所示，直线 AB 在 H 面上的投影为 ab。特殊情况下，如直线 CD 垂直于投影面，所以它在投影面上的投影积聚为一点 c（d）。

求作直线的三面投影时，可分别作出直线两端点的三面投影，然后将同一投影面上的投影（简称同面投影）用直线连接起来，即得直线的三面投影，如图 2-14（b）和图 2-14（c）所示。

2．特殊位置直线的投影特性

这里所说的直线位置，是指直线与投影面之间的关系。共有 3 种情形，即平行、垂直和倾斜（既不平行也不垂直）。

（1）投影面平行线。平行于一个投影面而与其他两个投影面倾斜的直线，称为投影面平行线。共有 3 种，即水平线（//H 面）、正平线（//V 面）、侧平线（//W 面）。

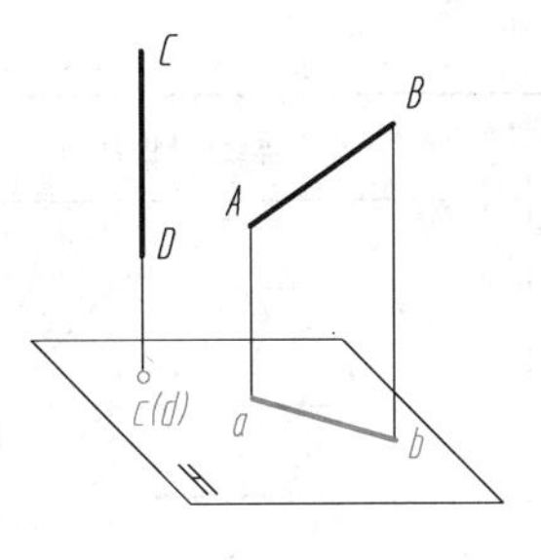

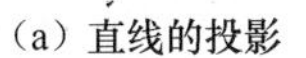

（a）直线的投影

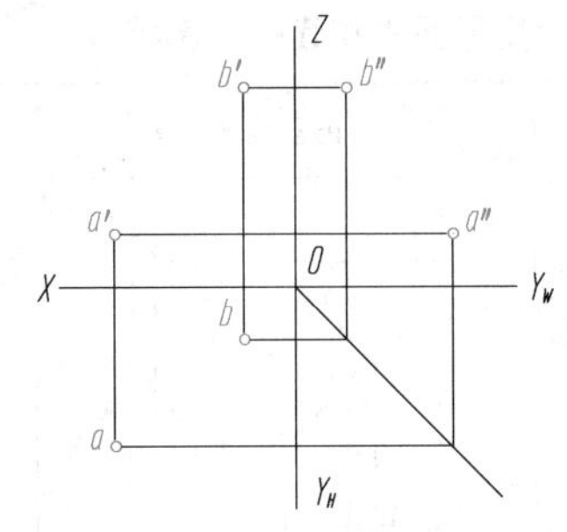

（b）作出直线两端点的投影

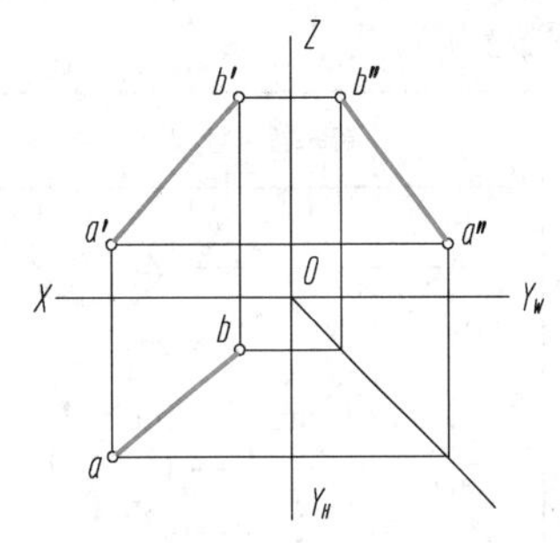

（c）连接端点即得（一般位置）直线的投影

图 2-14　直线的投影

投影面平行线的投影特性见表 2-1。

表 2-1　　**投影面平行线的投影特性**

名称	水平线（// ***H***，与 ***V***、***W*** 倾斜）	正平线（// ***V***，与 ***H***、***W*** 倾斜）	侧平线（// ***W***，与 ***H***、***V*** 倾斜）
轴测图			
投影			
投影特性	① 水平投影 *ab* 等于实长 ② 正面投影 *a'b'* // *OX*，侧面投影 *a"b"* // *OY*，且不反映实长 ③ *ab* 与 *OX* 和 *OY* 的夹角 β、γ 等于 *AB* 对 *V*、*W* 面的倾角	① 正面投影 *c'd'* 等于实长 ② 水平投影 *cd* // *OX*，侧面投影 *c"d"* // *OZ*，且不反映实长 ③ *c'd'* 与 *OX* 和 *OZ* 的夹角 α、γ 等于 *CD* 对 *H*、*W* 面的倾角	① 侧面投影 *e"f"* 等于实长 ② 水平投影 *ef* // *OY*，正面投影 *e'f'* // *OZ*，且不反映实长 ③ *e"f"* 与 *OY* 和 *OZ* 的夹角 α、β 等于 *EF* 对 *H*、*V* 面的倾角
	小结：① 直线在所平行的投影面上的投影，均反映实长 ② 其他两面投影平行于相应的投影轴 ③ 反映实长的投影与投影轴所夹的角度，等于空间直线对相应投影面的倾角		

（2）投影面垂直线。垂直于一个投影面的直线，称为投影面垂直线。按照所垂直的投影面不同，共有 3 种，即铅垂线（⊥ *H* 面）、正垂线（⊥ *V* 面）、侧垂线（⊥ *W* 面）。

投影面垂直线的投影特性见表 2-2。

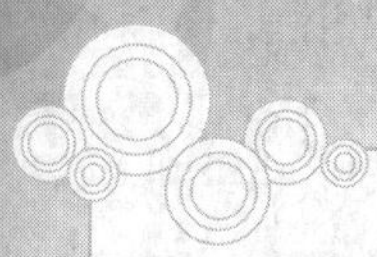

表 2-2　　　　投影面垂直线的投影特性

名称	铅垂线（⊥ *H*）	正垂线（⊥ *V*）	侧垂线（⊥ *W*）
轴测图			
投影			
投影特性	① 水平投影 a（b）积聚成点 ② $a'b'=a''b''$ 等于实长，且 $a'b' \perp OX$，$a''b'' \perp OY$	① 正面投影 c'（d'）积聚成点 ② $cd = c''d''$ 等于实长，且 $cd \perp OX$，$c''d'' \perp OZ$	① 侧面投影 e''（f''）积聚成点 ② $ef = e'f'$ 等于实长，且 $ef \perp OY$，$e'f' \perp OZ$
	小结：① 直线在所垂直的投影面上的投影，积聚成一点 ② 其他两面投影反映该直线的实长，且分别垂直于相应的投影轴		

3．一般位置直线的投影特性

对三个投影面都倾斜的直线，称为一般位置直线，如图 2-14（c）所示。一般位置直线的投影特性为：

① 三面投影都与投影轴倾斜。

② 三面投影长度均小于该线的实长。

三、平面的投影

1．特殊位置平面的投影特性

在投影中，一般常用平面图形来表示空间的平面，如图 2-15 所示。

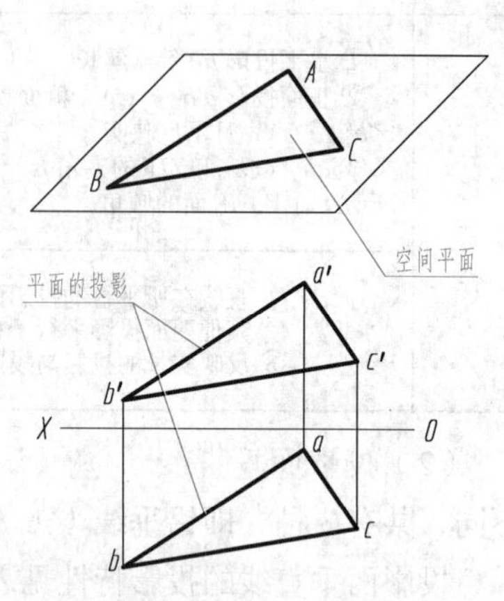

图 2-15　平面的一般表示法

在投影体系中，平面相对于投影面来说，也有平行、垂直和一般位置（既不平行也不垂直）3 种情况。

（1）投影面平行面。平行于一个投影面的平面，称为投影面平行面。平行于 *H* 面的平面，称为水平面；平行于 *V* 面的平面，称为正平面；平行于 *W* 面的平面，称为侧平面。

投影面平行面的投影特性见表 2-3。

表 2-3　　　　投影面平行面的投影特性

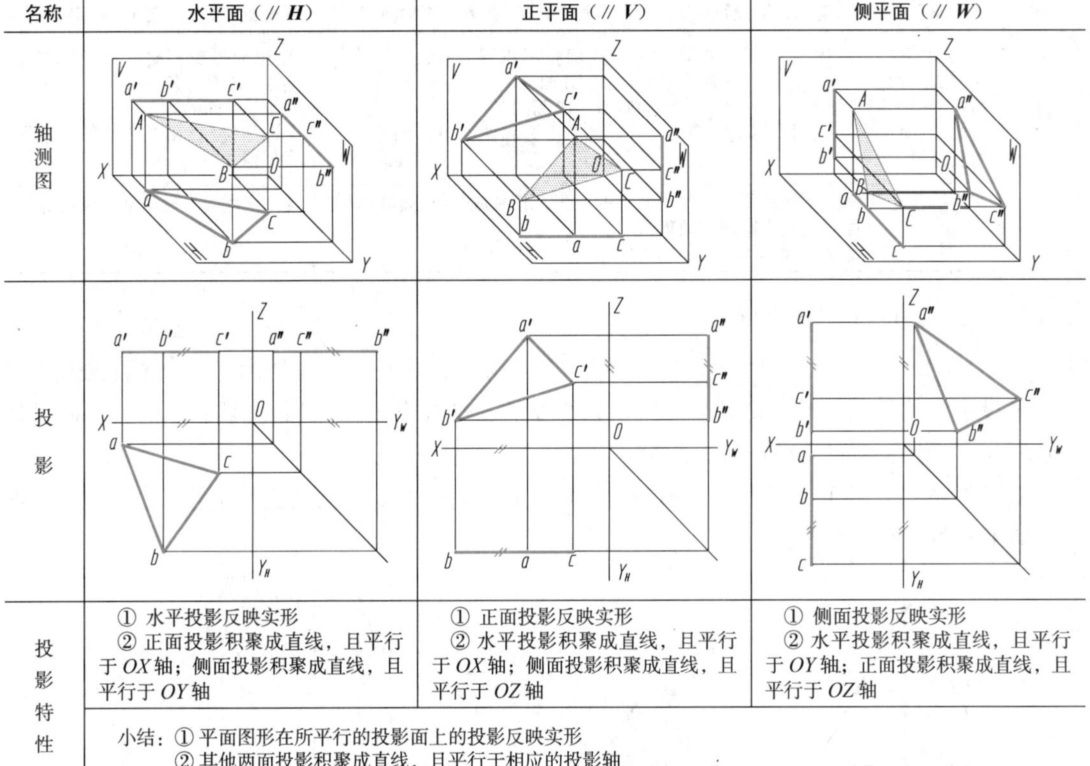

名称	水平面（// H）	正平面（// V）	侧平面（// W）
轴测图			
投影			
投影特性	① 水平投影反映实形 ② 正面投影积聚成直线，且平行于 OX 轴；侧面投影积聚成直线，且平行于 OY 轴	① 正面投影反映实形 ② 水平投影积聚成直线，且平行于 OX 轴；侧面投影积聚成直线，且平行于 OZ 轴	① 侧面投影反映实形 ② 水平投影积聚成直线，且平行于 OY 轴；正面投影积聚成直线，且平行于 OZ 轴
	小结：① 平面图形在所平行的投影面上的投影反映实形 ② 其他两面投影积聚成直线，且平行于相应的投影轴		

（2）投影面垂直面。垂直于一个投影面而对其他两个投影面倾斜的平面，称为投影面垂直面。垂直于 H 面的平面，称为铅垂面；垂直于 V 面的平面，称为正垂面；垂直于 W 面的平面，称为侧垂面。

投影面垂直面的投影特性见表 2-4。

表 2-4　　　　投影面垂直面的投影特性

名称	铅垂面（⊥ H，与 V、W 倾斜）	正垂面（⊥ V，与 H、W 倾斜）	侧垂面（⊥ W，与 V、H 倾斜）
轴测图			
投影			

续表

名称	铅垂面（⊥H，与 V、W 倾斜）	正垂面（⊥V，与 H、W 倾斜）	侧垂面（⊥W，与 V、H 倾斜）
投影特性	① 水平投影积聚成直线，该直线与 X、Y 轴的夹角 β、γ，等于平面对 V、W 面的倾角 ② 正面投影和侧面投影为原形的类似形	① 正面投影积聚成直线，该直线与 X、Z 轴的夹角 α、γ，等于平面对 H、W 面的倾角 ② 水平投影和侧面投影为原形的类似形	① 侧面投影积聚成直线，该直线与 Y、Z 轴的夹角 α、β，等于平面对 H、V 面的倾角 ② 正面投影和水平投影为原形的类似形
	小结：① 平面图形在所垂直的投影面上的投影，积聚成与投影轴倾斜的直线，该直线与投影轴的夹角等于平面对相应投影面的倾角 ② 其他两面投影均为原形的类似形		

2．一般位置平面的投影特性

对 3 个投影面都倾斜的平面，称为一般位置平面。如图 2-16（a）所示，正三棱锥的左侧面与 3 个投影面均倾斜，是一般位置平面。△SAB 的水平投影 sab、正面投影 $s'a'b'$、侧面投影 $s''a''b''$ 均为三角形，如图 2-16（b）所示。

从图 2-16（b）中可以看出，一般位置平面的投影特性为：一般位置平面的三面投影，都是小于原平面图形的类似形。

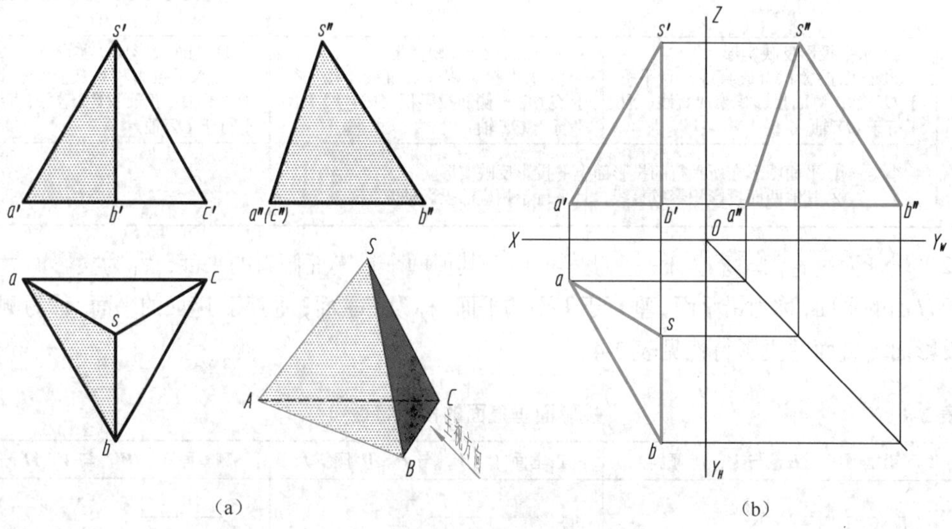

图 2-16　一般位置平面的投影

看谁找得快

【活动内容】在物体的三视图上找某种位置直线或平面。

【活动目的】1. 进一步熟悉各种位置直线和平面的投影特性。

2. 完成由点、线、面到体的平稳过渡。

【视频播放】利用多媒体课件，多角度演示各平面立体，使学生建立感性认识。

【活动方法】1. 将学生分成 5～6 个人一组。

课堂活动

2. 组织学生分别观察图 2-17 所示的各组三视图，各组讨论并快速找出各立体上有多少正平线（面）、水平线（面）、侧平线（面）及一般位置线（面），并将答案上交。
3. 教师收齐各组答案后公布正确结果。
4. 各组学生自评及互评。

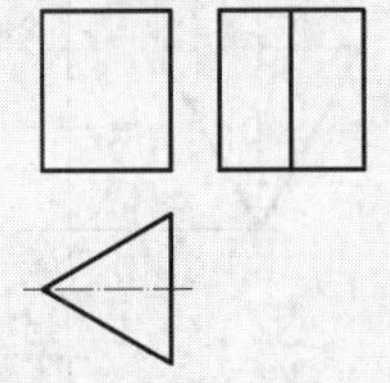
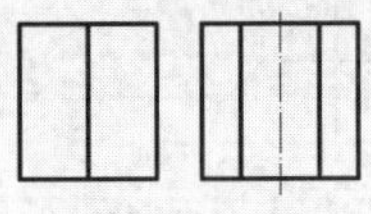
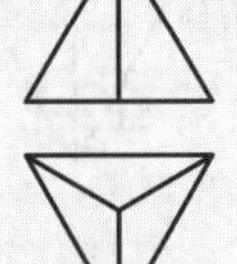
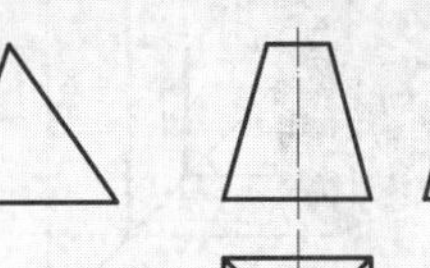
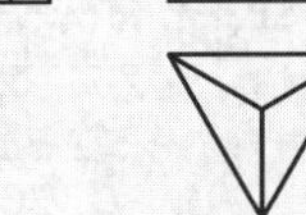
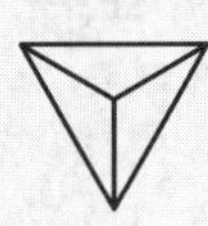
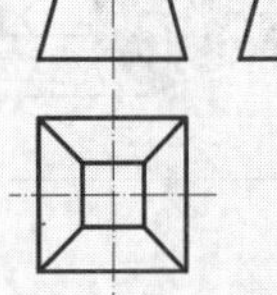

（a）三棱柱　（b）六棱柱　（c）三棱锥　（d）四棱台

图 2-17　判别立体表面上直线与平面的空间位置

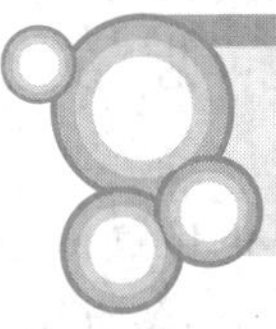

第四节　基本体的投影

基本体分为平面立体和曲面立体。表面均为平面的立体，称为平面立体，如图 2-18（a）和图 2-18（b）所示；表面由曲面与平面、或全部由曲面所组成的立体，称为曲面立体，如图 2-18（c）、图 2-18（d）、图 2-18（e）和图 2-18（f）所示。

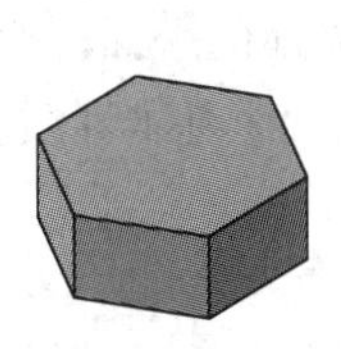
（a）六棱柱

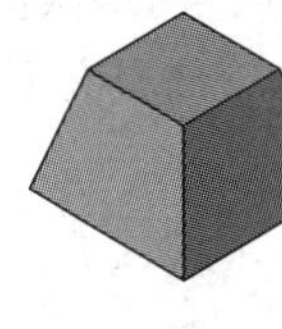
（b）四棱台

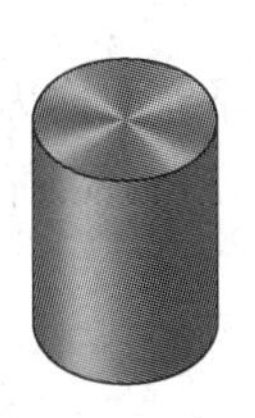
（c）圆柱

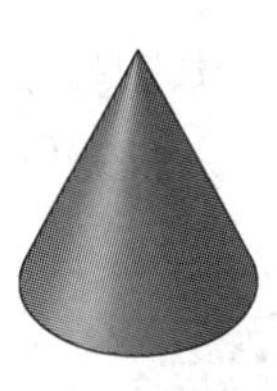
（d）圆锥

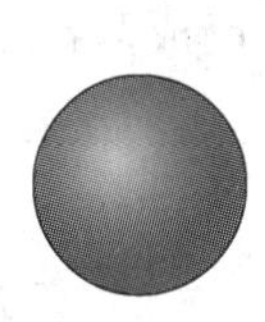
（e）圆球

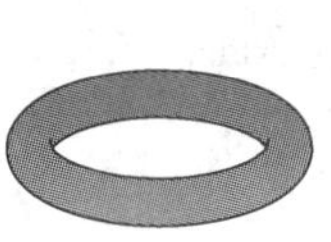
（f）圆环

图 2-18　几何体轴测图

一、棱柱

1. 棱柱的三视图

图 2-19（a）所示为一个正三棱柱的投影。它的顶面和底面平行于 H 面，3 个矩形侧面中，后面平行于 V 面，左右两面垂直于 H 面，3 条侧棱垂直于 H 面。

画三视图时，先画上、下底面的投影。在水平投影中，它们均反映实形（正三角形）且重影；

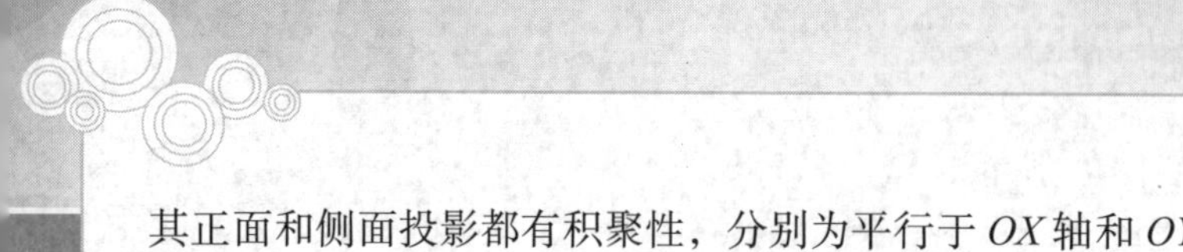

其正面和侧面投影都有积聚性，分别为平行于 OX 轴和 OY 轴的直线；3 条侧棱的水平投影都有积聚性，为三角形的 3 个顶点，它们的正面和侧面投影，均平行于 OZ 轴且反映棱柱的高。画完这些面和棱线的投影，即得该三棱柱的三视图，如图 2-19（b）所示。

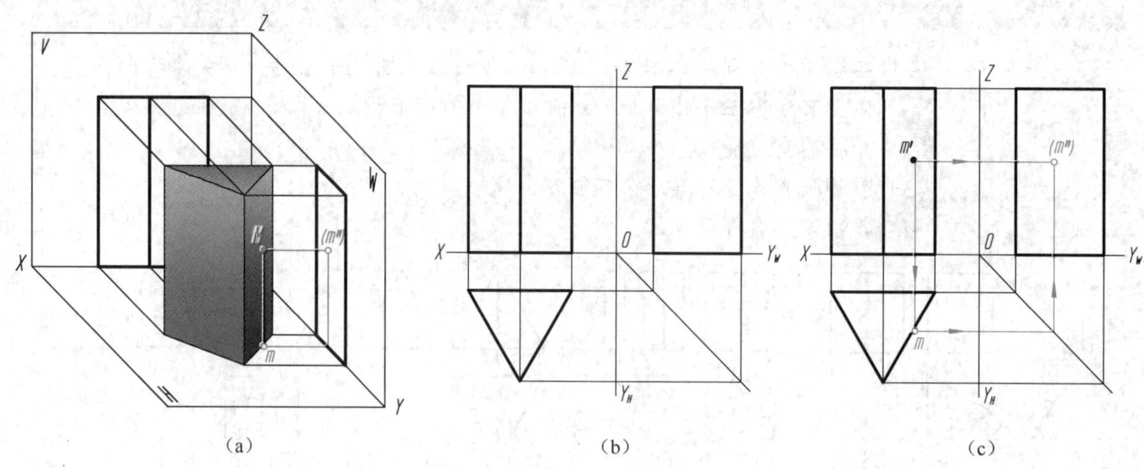

图 2-19　正三棱柱的三视图及其表面上点的求法

*2．棱柱表面上点的投影

体表面上点的投影，可根据点的投影规律（即点的两面投影连线，垂直于相应的投影轴）直接求出。但需判别点的投影的可见性：若点所在表面的投影可见，则点的同面投影也可见；反之为不可见。

如图 2-19（c）所示，已知三棱柱上一点 M 的正面投影 m'，求 m 和 m''。根据 m' 的位置，可判定点 M 在三棱柱的右侧棱面上。因右侧棱面垂直于水平面，该棱面的水平投影积聚为一条直线，所以点的水平投影 m 必落在该直线上。根据 m' 可求出 m，根据点的投影规律求出 m''。由于点 M 在三棱柱的右侧棱面上，该棱面的侧面投影为不可见，故 m'' 不可见，加圆括号表示为（m''）。

3．平面切割棱柱

当立体被平面截断成两部分时，其中任何一部分均称为截断体，用来截切立体的平面称为截平面，截平面与立体表面的交线称为截交线，如图 2-20 所示。截交线具有下面两个基本性质。

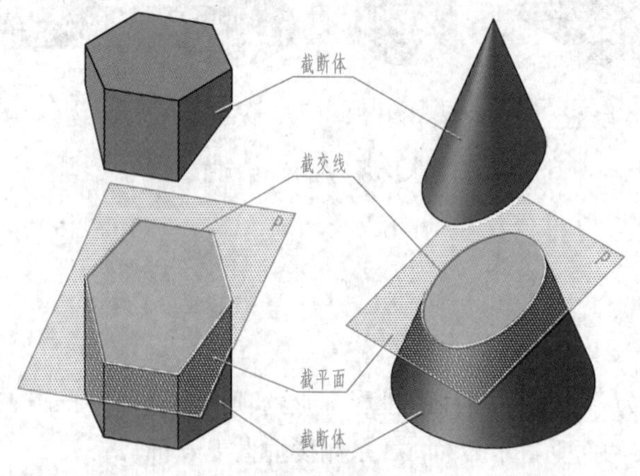

图 2-20　截交线的产生

（1）共有性。截交线是截平面与立体表面的共有线。

（2）封闭性。由于任何立体都有一定的范围，所以截交线一定是闭合的平面图形。

【例 2-2】 如图 2-21（a）所示，在四棱柱上方切割一个通槽，试完成四棱柱通槽的水平投影和侧面投影。

分析

如图 2-21（b）所示，四棱柱上方的通槽是由 3 个特殊位置平面切割而成的。槽底平行于 *H* 面，其正面投影和侧面投影均积聚成水平方向的直线，水平投影反映实形。两侧壁平行于 *W* 面，其正面投影和水平投影均积聚成竖直方向的直线，侧面投影反映实形且重合在一起。可利用积聚性求出通槽的水平投影和侧面投影。

作图步骤

① 根据通槽的主视图，先在俯视图中作出两侧壁的积聚性投影；再按“高平齐、宽相等”的投影规律，作出通槽的侧面投影，如图 2-21（c）所示。

② 擦去作图线，校核切割后的图形轮廓，加深描粗，如图 2-21（d）所示。

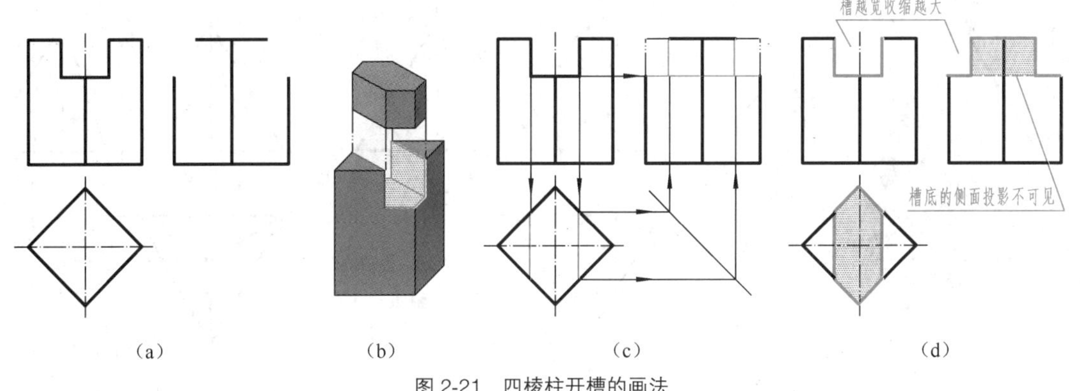

图 2-21　四棱柱开槽的画法

提示

① 因四棱柱最前、最后两条侧棱在开槽部位被切去，故左视图中的外形轮廓线，在开槽部位向内“收缩”。其收缩程度与槽宽有关，槽越宽收缩越大。

② 注意区分槽底侧面投影的可见性，即槽底的侧面投影积聚成直线，中间一段不可见，应画成细虚线。

二、棱锥

1．棱锥的三视图

图 2-22（a）所示为正三棱锥的投影。它由底面和 3 个棱面所组成。底面平行于 *H* 面，其水平投影反映实形，正面和侧面投影积聚为一直线。△ *SAC* 垂直于 *W* 面，侧面投影积聚为一斜线，水平投影和正面投影都是类似形（不反映实形）。△ *SAB* 和△ *SBC* 与 3 个投影面均倾斜，其三面投影均为类似形（不反映实形）。棱线 *SB* 平行于 *W* 面（反映实长），*SA*、*SC* 与 3 个投影面均倾斜（不反映实长），*AC* 垂直于 *W* 面（侧面投影积聚成一点），*AB*、*BC* 平行于 *H* 面（水平投影

反映实长）。

画正三棱锥的三视图时，先画出底面△ *ABC* 的各面投影，再画出锥顶 *S* 的各面投影，连接各顶点的同面投影，即为正三棱锥的三视图，如图 2-22（b）所示。

注意 正三棱锥的侧面投影不是等腰三角形。

***2. 棱锥表面上点的投影**

正三棱锥的表面有平行于投影面的平面，也有同时倾斜于 3 个投影面的平面。求平行于投影面的平面上点的投影，可利用该平面投影的积聚性直接作图；求同时倾斜于 3 个投影面的平面上点的投影，可通过在平面上作辅助线的方法。

如图 2-22（b）所示，已知棱面△ *SAB* 上点 *M* 的正面投影 *m′*，求点 *M* 的其他两面投影。棱面△ *SAB* 同时倾斜于 3 个投影面，需过锥顶 *S* 及点 *M* 作一辅助线（*SI*），连 *s′ m′*并延长得辅助线的正面投影 *s′ 1′*，求出辅助线的水平投影 *s1* 和侧面投影 *s″ 1″*；再由 *m′*，直接求出 *m* 和 *m″*，如图 2-22（c）所示。

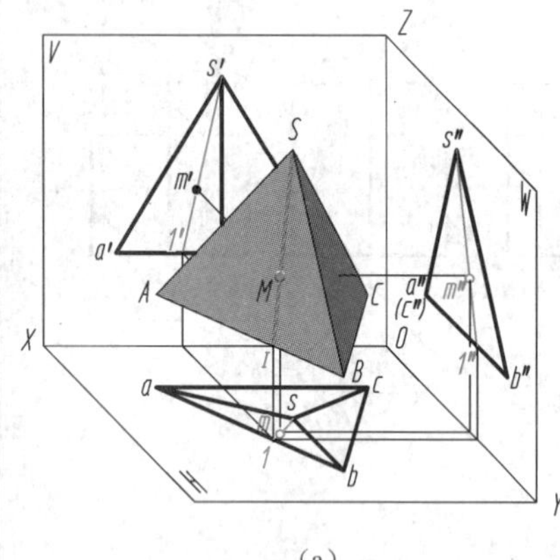

(a)

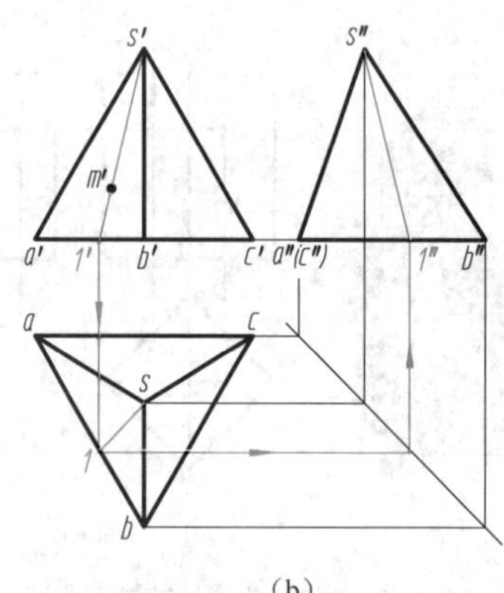

(b)

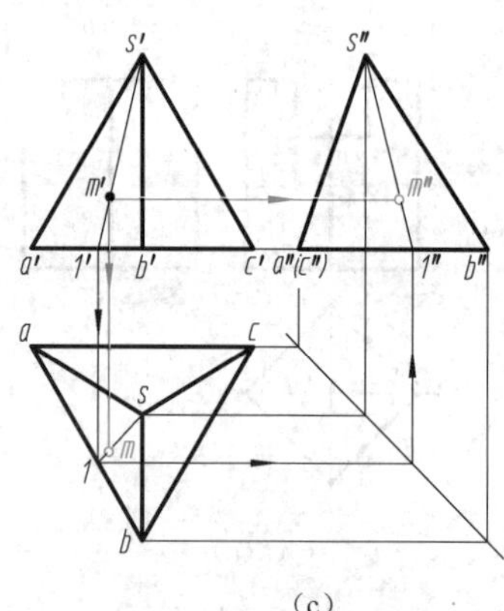

(c)

图 2-22 正三棱锥的三视图及其表面上点的求法

3. 平面切割棱锥

平面切割平面立体时，其截交线为一平面多边形。

【例 2-3】 正六棱锥被垂直于正面的平面 *P* 截切，求切割后正六棱锥的投影。

分析

由图 2-23（a）可见，正六棱锥被垂直于 *V* 面的平面 *P* 截切，截交线是六边形，6 个顶点分别是截平面与 6 条侧棱的交点。由此可见，平面立体的截交线是一个平面多边形；多边形的每一条边，是截平面与平面立体各棱面的交线；多边形的各个顶点就是截平面与平面立体棱线的交点。求平面立体的截交线，实质上就是求截平面与各条棱线交点的投影。

作图步骤

① 利用截平面的积聚性投影，先找出截交线各顶点的正面投影 *a′*、*b′*、*c′*、*d′*（*B*、*C* 各为前后对称的两个点）；再直接求出各顶点的水平投影 *a*、*b*、*c*、*d* 及侧面投影 *a″* 、*b″* 、*c″* 、*d ″* ，如图 2-23（b）所示。

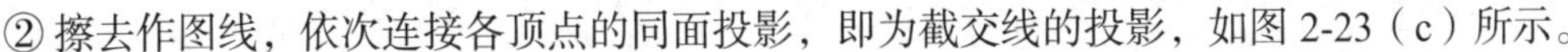

② 擦去作图线，依次连接各顶点的同面投影，即为截交线的投影，如图 2-23（c）所示。

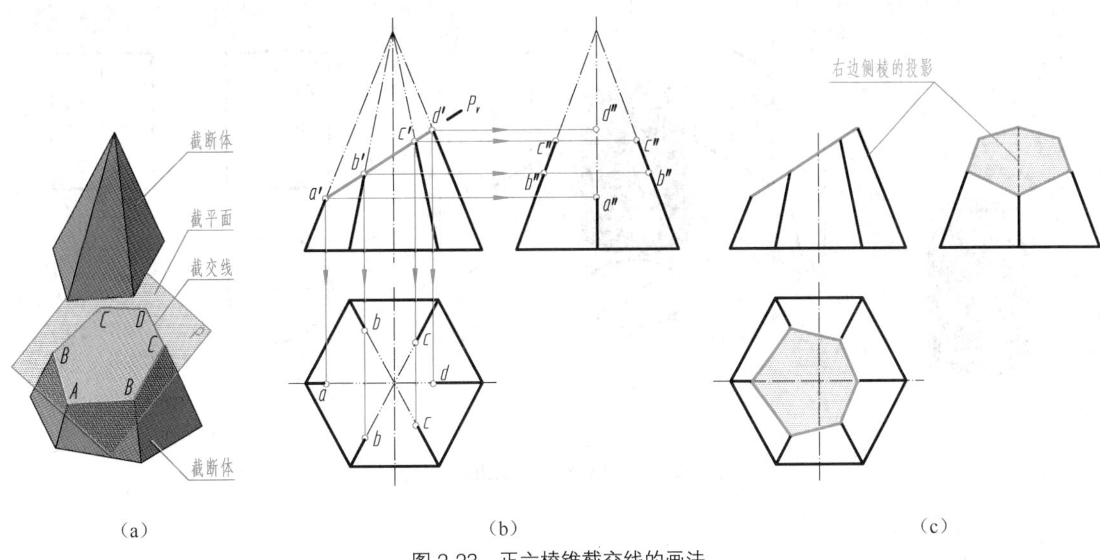

图 2-23　正六棱锥截交线的画法

注意

正六棱锥右边棱线在侧面投影中有一段不可见，应画成细虚线。

三、圆柱

1．圆柱面的形成

圆柱面可看做一条直线（母线）围绕与它平行的轴线回转而成，如图 2-24（a）所示。母线转至任一位置时称为素线。这种由一条母线绕轴线回转而形成的表面称为回转面，由回转面构成的立体称为回转体。

2．圆柱的三视图

由图 2-24（b）可以看出，圆柱的主视图为一个矩形线框。其中左右两条轮廓线是两组由投射线组成（和圆柱面相切）的平面与 V 面的交线。这两条交线也正是圆柱面上最左、最右素线的投影，它们把圆柱面分为前后两部分，其投影前半部分可见，后半部分不可见，而这两条素线是可见与不可见的分界线。最左、最右素线的侧面投影和轴线的侧面投影重合（不需画出其投影），水平投影在横向中心线和圆周的交点处。矩形线框的上、下两边分别为圆柱顶面、底面的积聚性投影。

图 2-24（c）所示为圆柱的三视图。俯视图为一圆线框。由于圆柱轴线和圆柱表面所有素线都垂直于 H 面，因此，圆柱面的水平投影积聚成一个圆。同时，圆柱顶面、底面的投影（反映实形），也与该圆相重合。画圆柱的三视图时，一般先画投影具有积聚性的圆，再根据投影规律和圆柱的高度完成其他两视图。

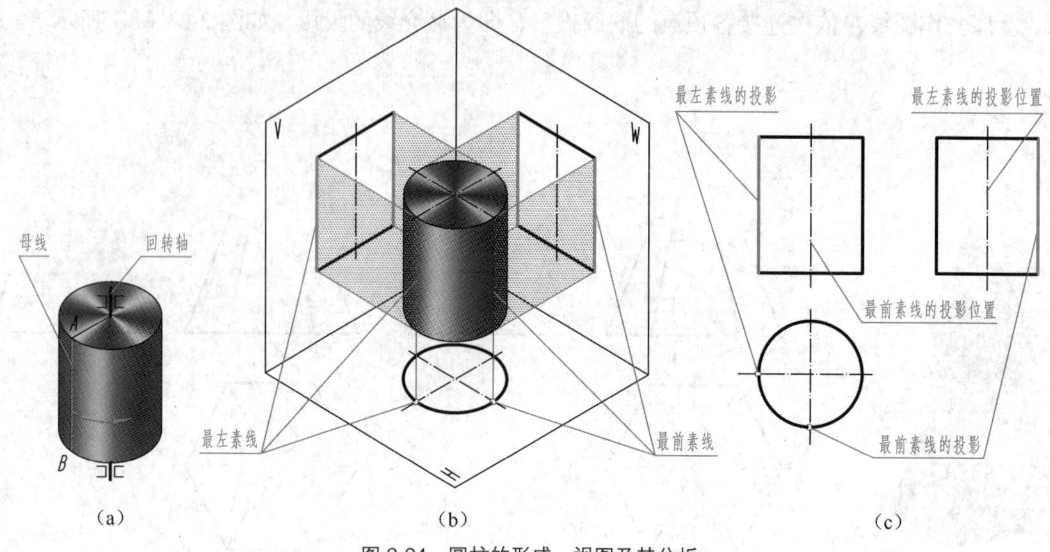

(a) (b) (c)

图 2-24 圆柱的形成、视图及其分析

*3．圆柱表面上点的投影

【例 2-4】 如图 2-25（a）所示，已知圆柱面上点 M 的正面投影 m' 和点 N 的侧面投影 n''，求其他两面投影。

作图步骤

① 根据给定的 m' 的位置，可判定点 M 在前半圆柱面的左半部分；因圆柱面的水平投影有积聚性，故 m 必在前半圆周的左部。可根据 m' 先直接求出 m，再根据 m' 和 m 求得 m''，如图 2-25（b）所示。

② 根据给定的 n'' 的位置，可判定点 N 在圆柱面的最后素线上，其正面投影不可见。根据 n'' 直接求出 n 和（n'），如图 2-25（c）所示。

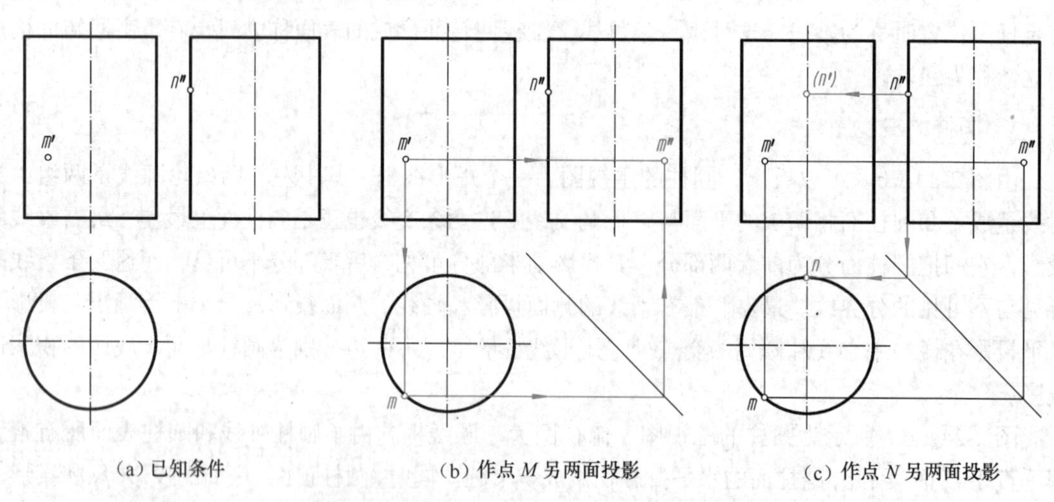

(a) 已知条件 (b) 作点 M 另两面投影 (c) 作点 N 另两面投影

图 2-25 圆柱表面上点的求法

4．平面切割圆柱

【例 2-5】 如图 2-26（a）所示，完成开槽圆柱的水平投影和侧面投影。

分析

如图 2-26（b）所示，开槽部分的侧壁是由两个平行于 *W* 面、槽底是由一个平行于 *H* 面的平面截切而成的，圆柱面上的截交线分别位于被切出的各个平面上。由于这些面均与投影面平行，其投影具有积聚性或真实性，因此，截交线的投影应依附于这些面的投影，不需另行求出。

作图步骤

① 根据开槽圆柱的主视图，先在俯视图中作出两侧壁的积聚性投影；再按“高平齐、宽相等”的投影规律，作出通槽的侧面投影，如图 2-26（c）所示。

② 擦去作图线，校核切割后的图形轮廓，加深描粗，如图 2-26（d）所示。

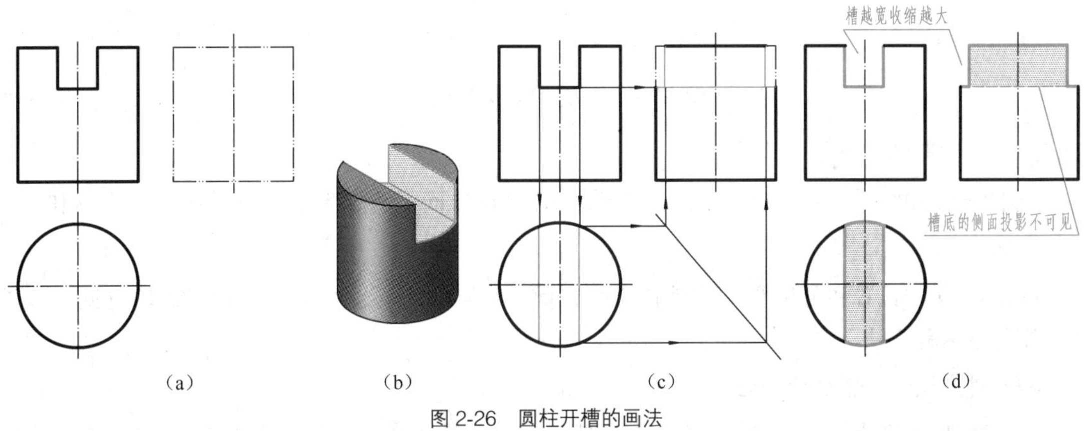

图 2-26　圆柱开槽的画法

提示

① 因圆柱的最前、最后两条素线均在开槽部位被切去，故左视图中的外形轮廓线，在开槽部位向内“收缩”。其收缩程度与槽宽有关，槽越宽收缩越大。

② 注意区分槽底侧面投影的可见性，即槽底的侧面投影积聚成直线，中间一段不可见，应画成细虚线。

四、圆锥

1. 圆锥面的形成

圆锥面可看做由一条直母线 *SA* 围绕和它相交的轴线回转而成，如图 2-27（a）所示。

2. 圆锥的三视图

图 2-27（b）所示为圆锥的三视图。俯视图的圆形，反映圆锥底面的实形，同时也表示圆锥面的投影。主、左视图的等腰三角形线框，其下边为圆锥底面的积聚性投影。主视图中三角形的左、右两边，分别表示圆锥面最左素线 *SA* 和最右素线 *SB* 的投影（反映实长），它们是圆锥面正面投影可见与不可见部分的分界线；左视图中三角形的两边，分别表示圆锥面最前素线 *SC*、最后素线 *SD* 的投影（反映实长），它们是圆锥面侧面投影可见与不可见部分的分界线。画圆锥的三视图时，先画出圆锥底面的各个投影，再画出锥顶点的投影，然后分别画出特殊位置素线的投影，即完成圆锥的三视图。

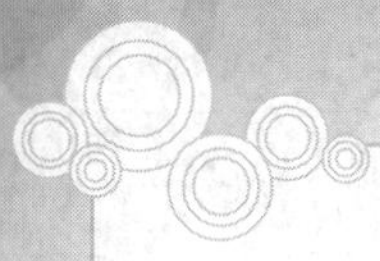

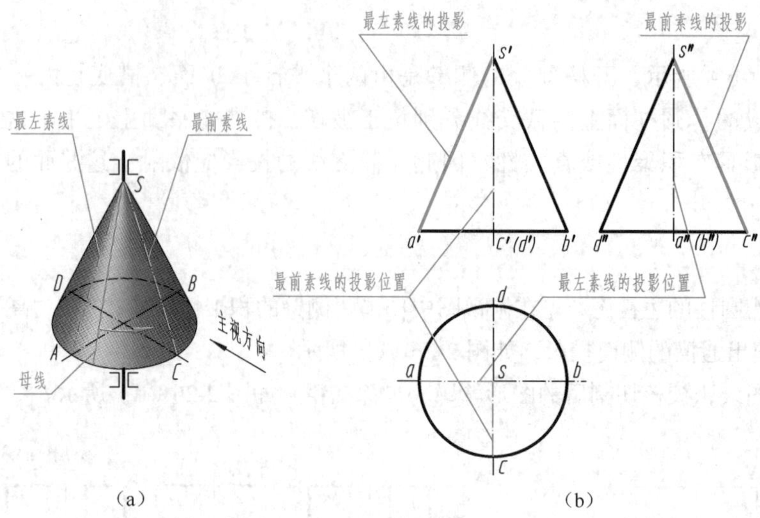

(a)　　　　(b)

图 2-27　圆锥的形成、视图及其分析

*3. 圆锥表面上点的投影

【例 2-6】 如图 2-28（a）和图 2-29（a）所示，已知圆锥面上的点 *M* 的正面投影 *m'*，求 *m* 和 *m''*。

分析

根据点 *M* 的位置和可见性，可判定点 *M* 在前、左圆锥面上，点 *M* 的三面投影均可见。作图可采用如下两种方法。

第一种方法——辅助素线法

① 过锥顶 *S* 和点 *M* 作一辅助素线 *SI*，即连接 *s' m'*，并延长到与底面的正面投影相交于 *1'*，求得 *s1* 和 *s'' 1''*，如图 2-28（b）所示。

② 由 *m'*向辅助素线作垂线，求出 *m* 和 *m''*，如图 2-28（c）所示。

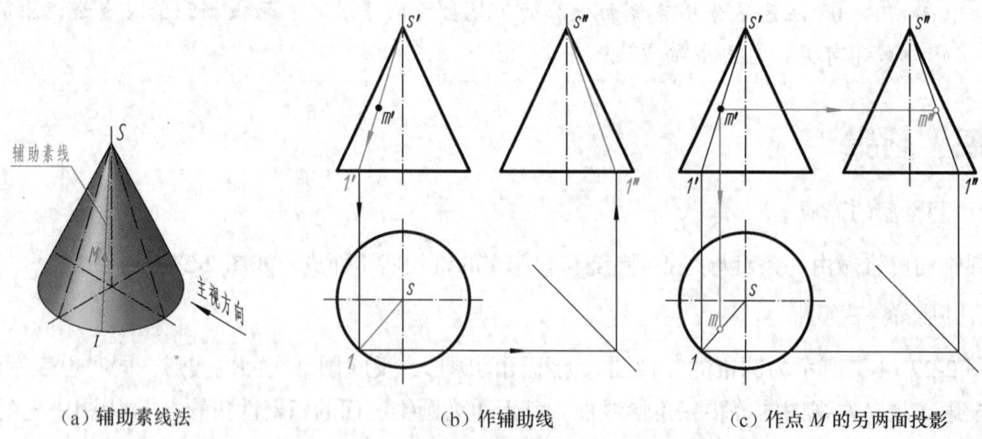

(a) 辅助素线法　　(b) 作辅助线　　(c) 作点 *M* 的另两面投影

图 2-28　用辅助素线法求圆锥表面上点的投影

第二种方法——辅助圆法

① 过点 *M* 在圆锥面上作垂直于圆锥轴线的水平辅助圆（该圆的正面投影积聚成直线），即过 *m'*所作的 *2' 3'*。它的水平投影为一直径等于 *2' 3'*的圆，圆心为 *s*，如图 2-29（b）所示。

② 由 m' 作 X 轴的垂线，与辅助圆的交点即为 m，再根据 m' 和 m 求出 m''，如图 2-29（c）所示。

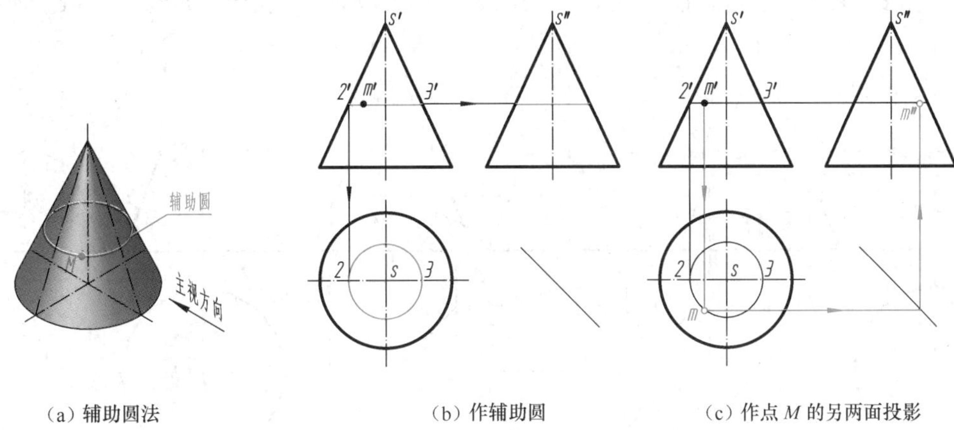

（a）辅助圆法　　（b）作辅助圆　　（c）作点 M 的另两面投影

图 2-29　用辅助圆法求圆锥表面上点的投影

4．平面切割圆锥

【例 2-7】 如图 2-30（a）所示，圆锥被倾斜于轴线的平面截切（截交线为椭圆），用辅助素线法求出圆锥截交线的投影。

分析

如图 2-30（b）所示，截交线上任一点 M，可看成是圆锥表面某一素线 SI 与截平面 P 的交点。因点 M 在素线 SI 上，故点 M 的三面投影分别在该素线的同面投影上。由于截平面 P 垂直于 V 面，截交线的正面投影积聚成直线，故需作截交线的水平投影和侧面投影。

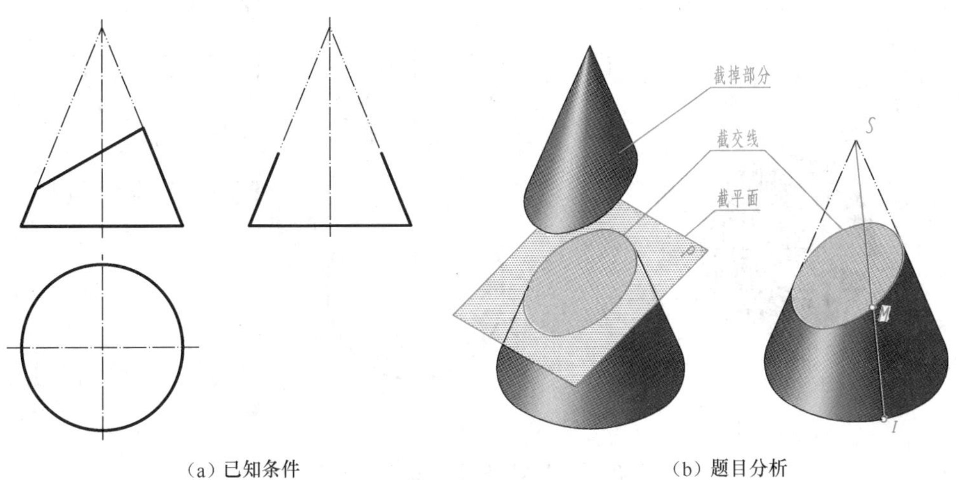

（a）已知条件　　（b）题目分析

图 2-30　圆锥面的截交线分析

作图步骤

① 求特殊点。C 为最高点，根据 c'，可作出 c 及 c''；A 为最低点，根据 a'，可作出 a 及 a''；B 为最前、最后素线上的点（前后对称），根据 b'，可作出 b''，进而求出 b，如图 2-31（a）所示。

② 利用辅助素线法求一般点。作辅助素线 $s'\ 1'$ 与截交线的正面投影相交，得 m'，求出辅助

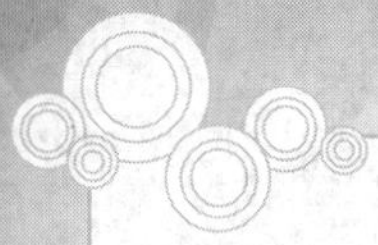

素线的其余两投影 $s1$ 及 $s''1''$，进而求出 m 和 m''，如图 2-31（b）所示。

③ 去掉多余图线，将各点依次连成光滑的曲线，即为截交线的投影，如图 2-31（c）所示。

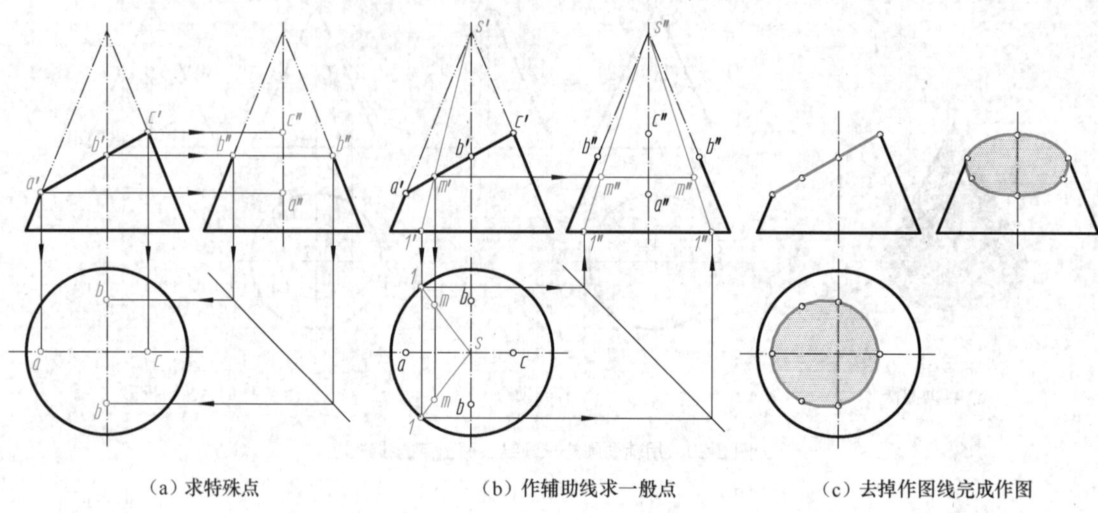

图 2-31　用辅助素线法求圆锥的截交线

五、圆球

1．圆球面的形成

如图 2-32（a）所示，圆球面可看做一圆（母线），围绕它的直径回转而成。

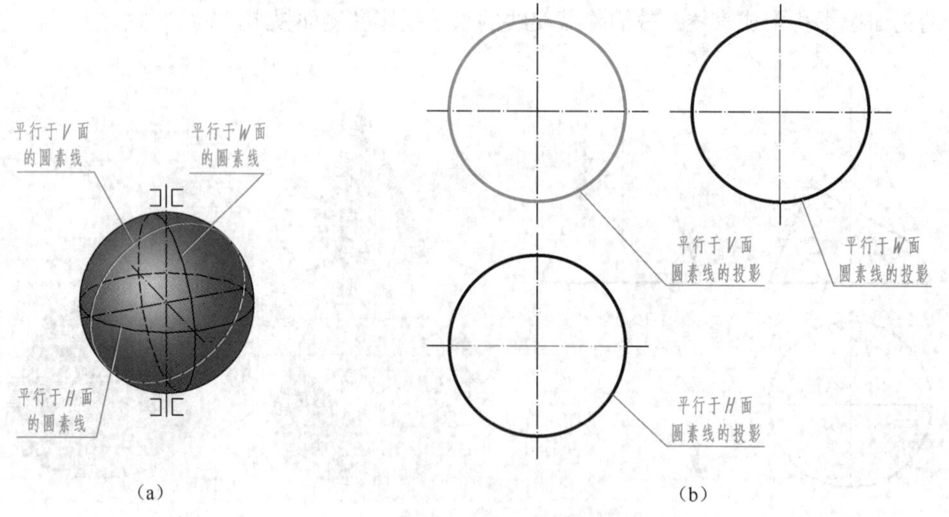

图 2-32　圆球的形成、视图及其分析

2．圆球的三视图

圆球的三视图，都是与圆球直径相等的圆，均表示圆球面的投影。球的各个投影虽然都是圆形，但各个圆的意义不同，如图 2-32（b）所示。正面的圆是平行于 V 面的圆素线（前、后两半球的分界线，圆球面正面投影可见与不可见的分界线）的投影；按此做类似的分析，水平投影的圆，是平行于 H 面的圆素线的投影；侧面投影的圆，是平行于 W 面的圆素线的投影。这 3 条圆素线

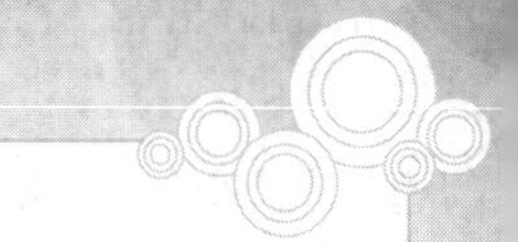

的其他两面投影，都与圆的相应中心线重合。

*3. 圆球表面上点的投影

【例 2-8】 如图 2-33（a）所示，已知圆球面上点 *M* 的水平投影 *m* 和点 *N* 的正面投影 *n′*，分别求两点的其他两面投影。

分析

根据点的位置和可见性，可判定：点 *N* 在前、后两半球的分界圆上，同时点 *N* 位于右半球，其侧面投影不可见。

作图步骤

① 由于点 *N* 在前、后半球的分界圆上，所以 *n* 和 *n″*可直接求出，如图 2-33（b）所示。

② 点 *M* 在前、左、上半球（点 *M* 的三面投影均为可见），需采有辅助圆法求 *m′*和 *m″*，即过点 *m* 在球面上作一平行于 *V* 面的辅助圆（也可作平行于 *H* 面或 *W* 面的圆）。因点在辅助圆上，故点的投影必在辅助圆的同面投影上。作图时，先在水平投影中过 *m* 作 *X* 轴的平行线 *ef*（*ef* 为辅助圆在水平投影面上的积聚性投影），其正面投影为直径等于 *ef* 的圆，由 *m* 作 *X* 轴的垂线，与辅助圆正面投影的交点即为 *m′*，再由 *m′*求得 *m″*，如图 2-33（c）所示。

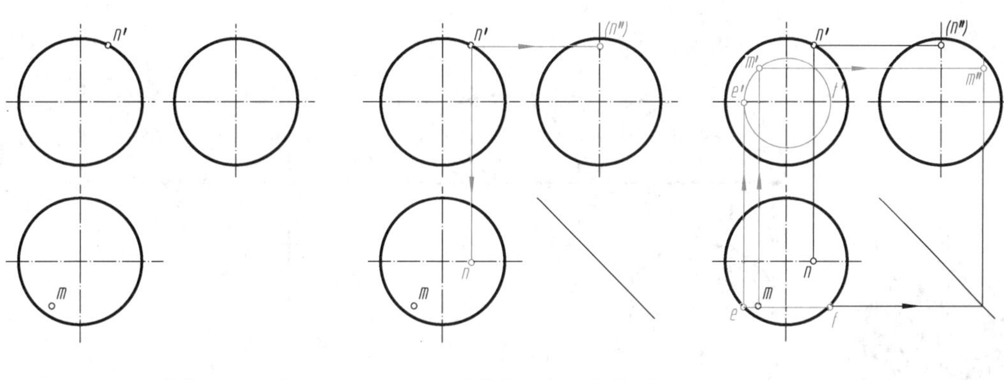

（a）已知条件　（b）直接求点 *N* 另两面投影　（c）作辅助圆，求点 *M* 另两面投影

图 2-33　圆球表面上点的求法

4. 平面切割圆球

圆球被任意方向的平面截切，其截交线都是圆。当截平面为投影面平行面时，截交线在所平行的投影面上的投影为一圆，其余两面投影积聚为直线。该直线的长度等于圆的直径，其直径的大小与截平面至球心的距离 *B* 有关，如图 2-34 所示。

【例 2-9】 画出图 2-35（a）所示半圆球开槽的三视图。

分析

由于半圆球被两个对称的侧平面和一个水平面截切，所以两个侧平面与球面的截交线，各为一段平行于侧面的圆弧，而水平面与球面的截交线为两段水平圆弧。

作图步骤

① 首先画出完整半圆球的三视图。

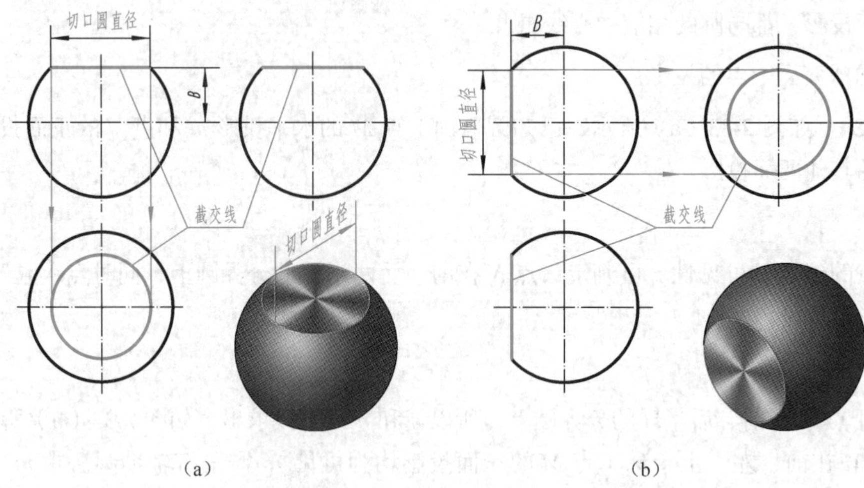

图 2-34　圆球被平面截切的画法

② 根据槽宽和槽深依次画出正面、水平面和侧面投影。作图的关键在于确定辅助圆弧半径 R_1 和 R_2（R_1 和 R_2 均小于半圆球的半径 R），如图 2-35（b）所示。

③ 去掉作图线，完成半圆球开槽的三视图，如图 2-35（c）所示。

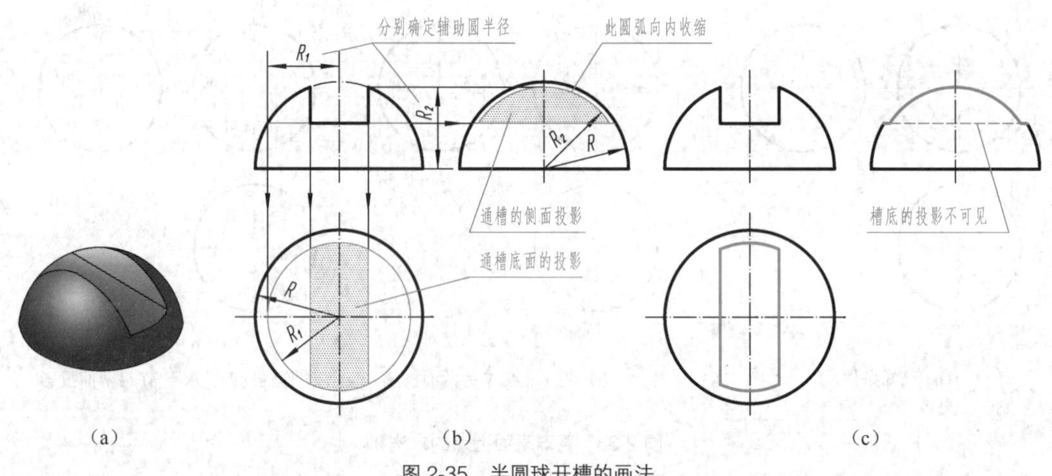

图 2-35　半圆球开槽的画法

比一比、看一看

【活动内容】阅读不完整几何体的视图，通过与完整几何体视图的比较，找出异同点。

【活动目的】进一步熟练掌握几何体的视图特征。

【活动方法】1. 学生阅读图 2-36 所示不完整几何体的视图。

2. 学生自由发言，指出视图所表示的不完整几何体名称。

3. 教师引导学生比较其与完整几何体视图的异同，得出结论——不完整几

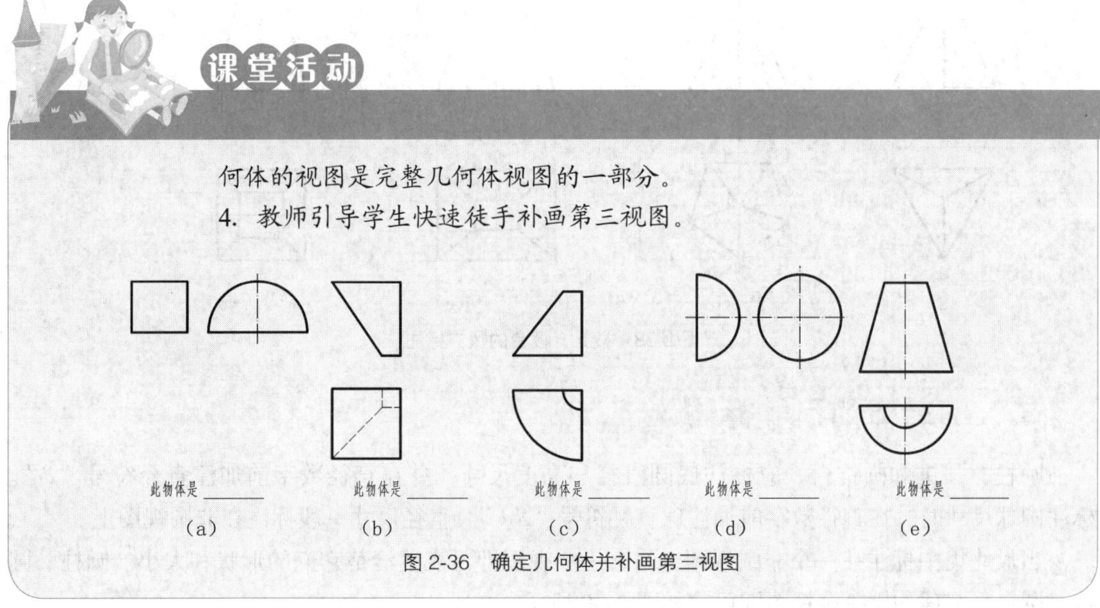

图 2-36　确定几何体并补画第三视图

第五节　基本体的尺寸标注

视图的作用是表达物体的结构和形状，而物体的大小是根据尺寸来确定的。掌握基本体的尺寸注法，是学习各种物体尺寸标注的基础。

一、平面立体的尺寸标注

棱柱、棱锥及棱台，除了标注确定其顶面和底面形状大小的尺寸外，还要标注高度尺寸，如图 2-37 和图 2-38 所示。

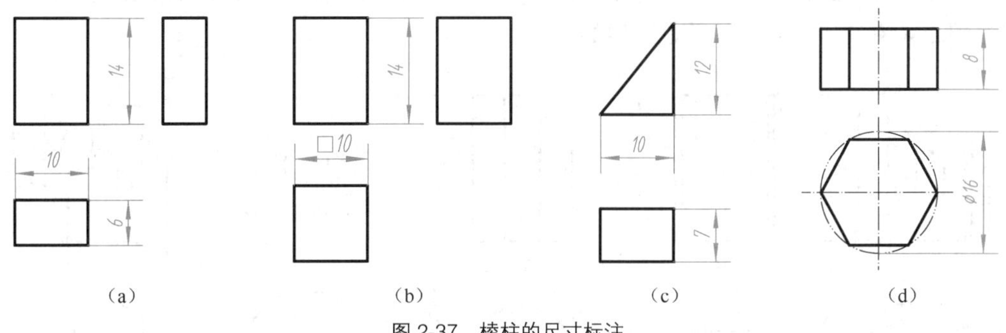

图 2-37　棱柱的尺寸标注

为了便于看图，确定顶面和底面形状大小的尺寸，宜标注在其反映实形的视图上。标注正方形尺寸时，采用在正方形边长尺寸数字前，加注正方形符号“□”，如图 2-37（b）和图 2-38（d）所示。

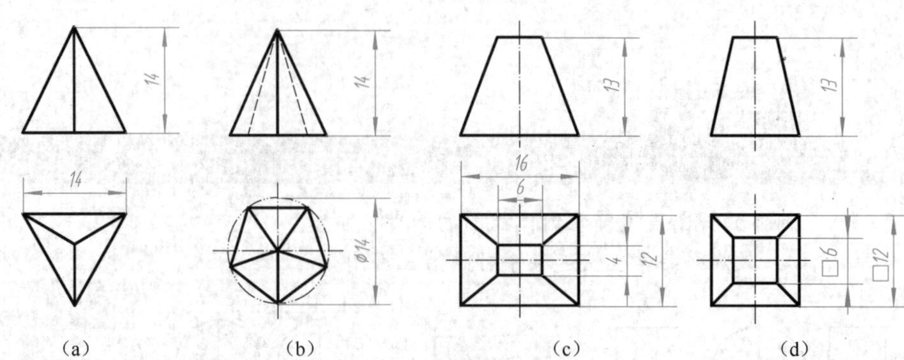

图 2-38 棱锥、棱台的尺寸标注

二、回转体的尺寸标注

圆柱、圆锥和圆锥台，应标注底圆直径和高度尺寸，并在直径数字前加注直径符号“ϕ”。标注圆球尺寸时，在直径数字前加注球直径符号“$S\phi$”。直径尺寸一般标注在非圆视图上。

当尺寸集中标注在一个非圆视图上时，一个视图即可表达清楚它们的形状和大小。圆柱、圆锥、圆台、圆球均用一个视图即可，如图 2-39 所示。

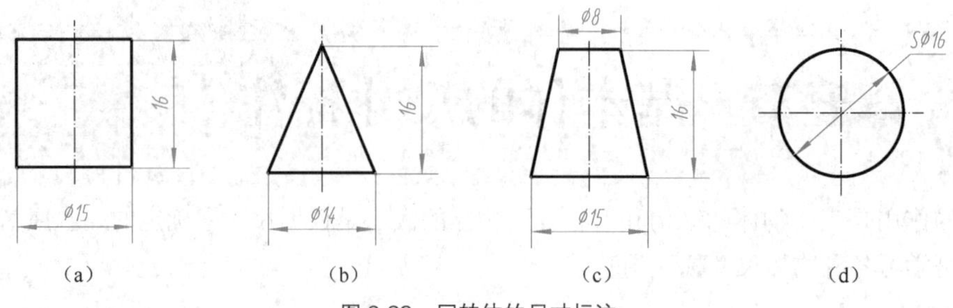

图 2-39 回转体的尺寸标注

三、带切口几何体的尺寸标注

对带切口的几何体，除标注基本体的尺寸外，还要注出确定截平面位置的尺寸。但要注意，由于几何体与截平面的相对位置确定后，切口的截交线即完全确定，因此，不应在截交线上标注尺寸。图 2-40 中画“×”的尺寸是错误的。

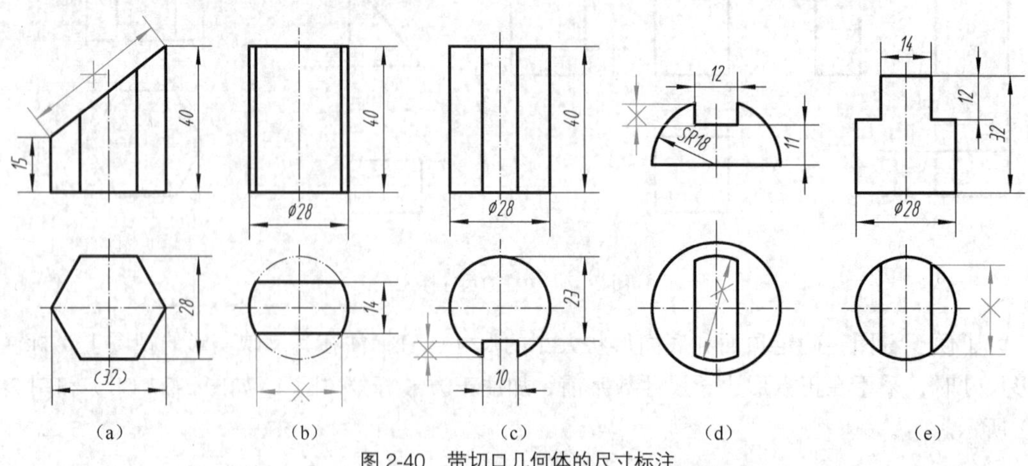

图 2-40 带切口几何体的尺寸标注

第三章 组合体

图 3-1(a)所示为工程上常用的设备——减速器。减速器是在机械厂经过很多工序制造出来的。从图 3-1（c）中可以看出，这些组成减速器的零件形状，比前面所学的几何体复杂多了，尽管这些零件的结构形状各不相同，但它们的绝大多数都可看作是在组合体的基础上演变而来的。因此，要想绘制和阅读零件的图样，首先要掌握组合体视图的绘制方法和读图方法，为后续学习打下坚实的基础。同学们，加把劲学习本章，你一定会受益匪浅。

（a）减速器

（b）机械厂

（c）减速器分解图

图 3-1　减速器

学习目标

- 理解组合体的组合形式和画法，熟悉形体分析法。
- 掌握组合体三视图的画法和识读组合体三视图的方法。
- 掌握看组合体视图的基本要领，能根据视图想象出组合体的空间形状。
- 能识读和标注简单组合体的尺寸。
- * 掌握两异径圆柱正贯和同轴（垂直投影面）回转体相贯的相贯线画法。

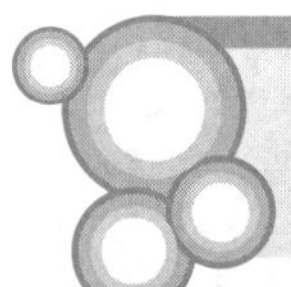

第一节　组合体的形体分析

任何复杂的机器零件，从形体的角度来分析，都可以看成是由若干基本体（棱柱、棱锥、圆球等），按一定的方式（叠加、切割或穿孔等）组合而成的。由两个或两个以上的基本体组合构成的整体，称为组合体。

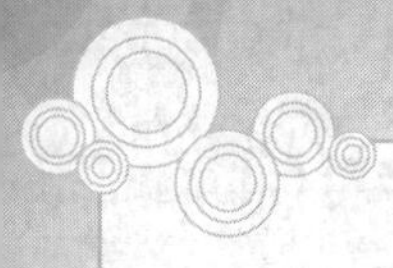

一、形体分析法

图 3-2（a）所示的支座，可看成是由一块长方形底板（穿孔，即切去一个圆柱体）、两块尺寸相同的梯形立板、一块半圆形立板（穿孔，即切去一个圆柱体）叠加起来组成的综合型组合体，如图 3-2（b）所示。

画组合体三视图时，就可采用“先分后合”的方法。即先在想象中将组合体分解成若干个基本体，然后按其相对位置逐个地画出各基本体的投影，综合起来，即得到整个组合体的视图。这样，就可把一个复杂的问题分解成几个简单的问题加以解决。

为了便于画图，通过分析，将物体分解成若干个基本体，并搞清它们之间相对位置和组合形式的方法，称为形体分析法。

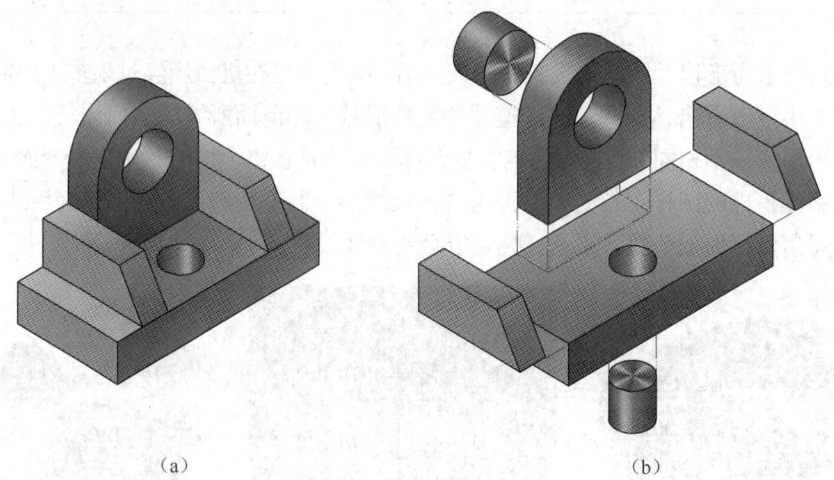

图 3-2　支座的形体分析

二、组合体的组合形式

讨论组合体的组合形式，关键是搞清相邻两物体间的接合形式，以利于分析接合处两物体分界线的投影。

1. 共面与非共面

画这种组合形式的视图时，应注意区分分界处的情况。当两形体的邻接表面共面时，在共面处没有交线，如图 3-3 所示。

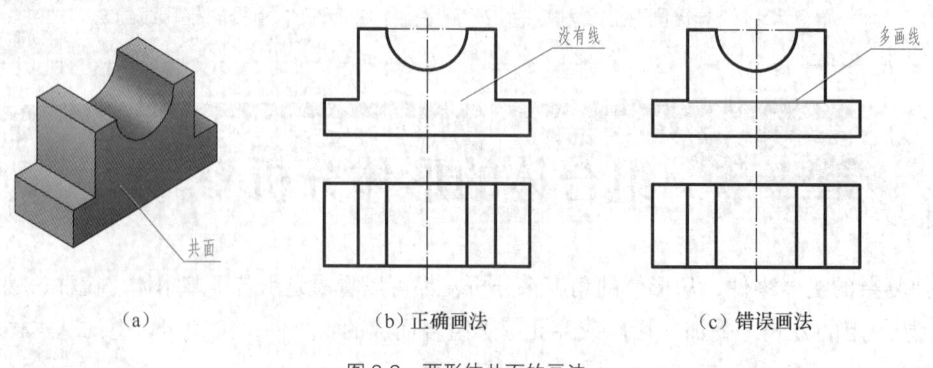

图 3-3　两形体共面的画法

当两形体的邻接表面不共面时，在两形体的连接处应有交线，如图 3-4 所示。

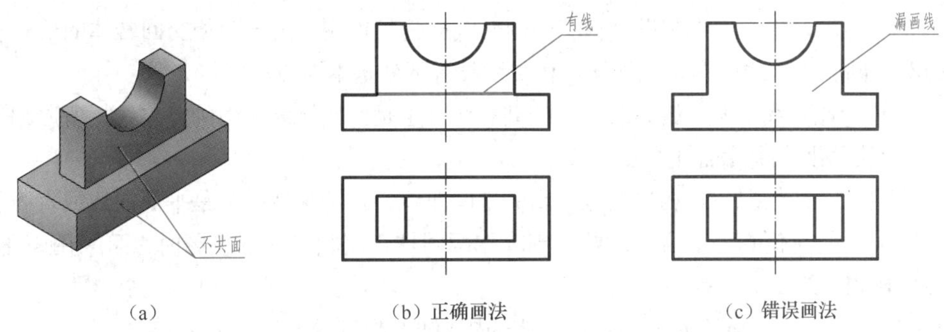

图 3-4　两形体不共面的画法

2．相切

图 3-5（a）所示组合体由耳板和圆筒组成。耳板前后两平面与左右两大小圆柱面光滑连接，即相切。在水平投影中，表现为直线和圆弧相切。在其正面和侧面投影中，相切处不画线，耳板上表面的投影只画至切点处，如图 3-5（b）所示。图 3-5（c）所示为在相切处画线的错误示例。

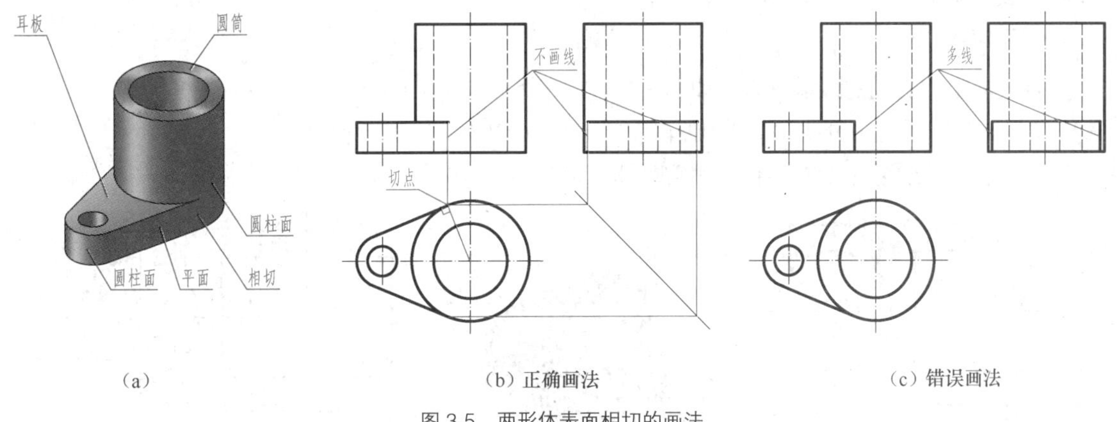

图 3-5　两形体表面相切的画法

3．相交

图 3-6（a）所示组合体也是由耳板和圆筒组成，但耳板前后两平面平行，与左右两大小圆柱面相交。在水平投影中，表现为直线和圆弧相交。在其正面和侧面投影中，应画出交线，如图 3-6（b）所示。图 3-6（c）所示为在相交处漏画线的错误示例。

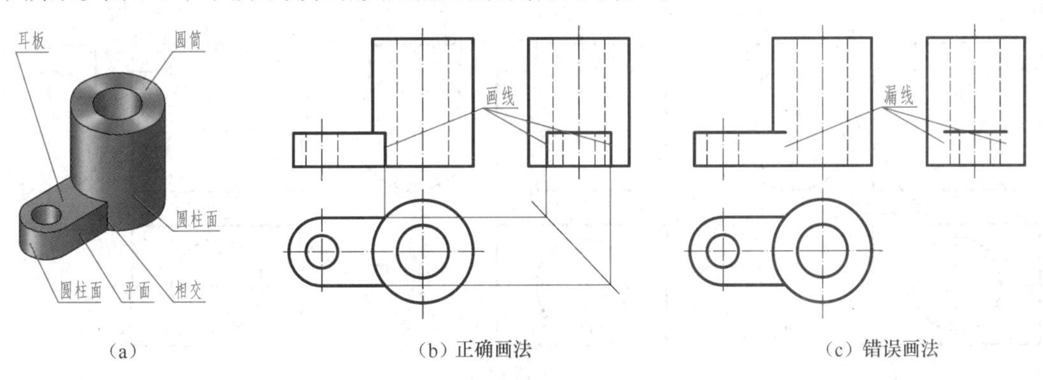

图 3-6　两形体表面相交的画法

*4．相贯

两回转体的表面相交称为相贯，相交处的交线称为相贯线。由于两相交回转体的形状、大小和相对位置不同，相贯线的形状也不同。相贯线具有下列基本性质。

① 共有性。相贯线是两回转体表面上的共有线，也是两回转体表面的分界线，所以相贯线上的所有点，都是两回转体表面上的共有点。

② 封闭性。一般情况下，相贯线是封闭的空间曲线，在特殊情况下是平面曲线或直线。

（1）相贯线的简化画法。当不需要准确求作两圆柱正交相贯线的投影时，可采用简化画法，即用圆弧代替相贯线。

【例 3-1】 如图 3-7（a）所示，补画主视图中所缺的相贯线。

分析

由于两圆柱的轴线垂直相交，相贯线是一条前后、左右对称，闭合的空间曲线，如图 3-7（b）所示。小圆柱的轴线垂直于水平面，相贯线的水平投影为圆（与小圆柱面的积聚性投影重合），大圆柱面的轴线垂直于侧面，相贯线的侧面投影为一段圆弧（与大圆柱面的部分积聚性投影重合），只需补画相贯线的正面投影，如图 3-7（c）所示。

作图步骤

① 先求出相贯线的最低点 K，如图 3-7（d）所示。

② 作 AK 的垂直平分线，与轴线相交得点 O，如图 3-7（e）所示。

③ 以点 O 为圆心、OA 为半径画弧即可，如图 3-7（f）所示。

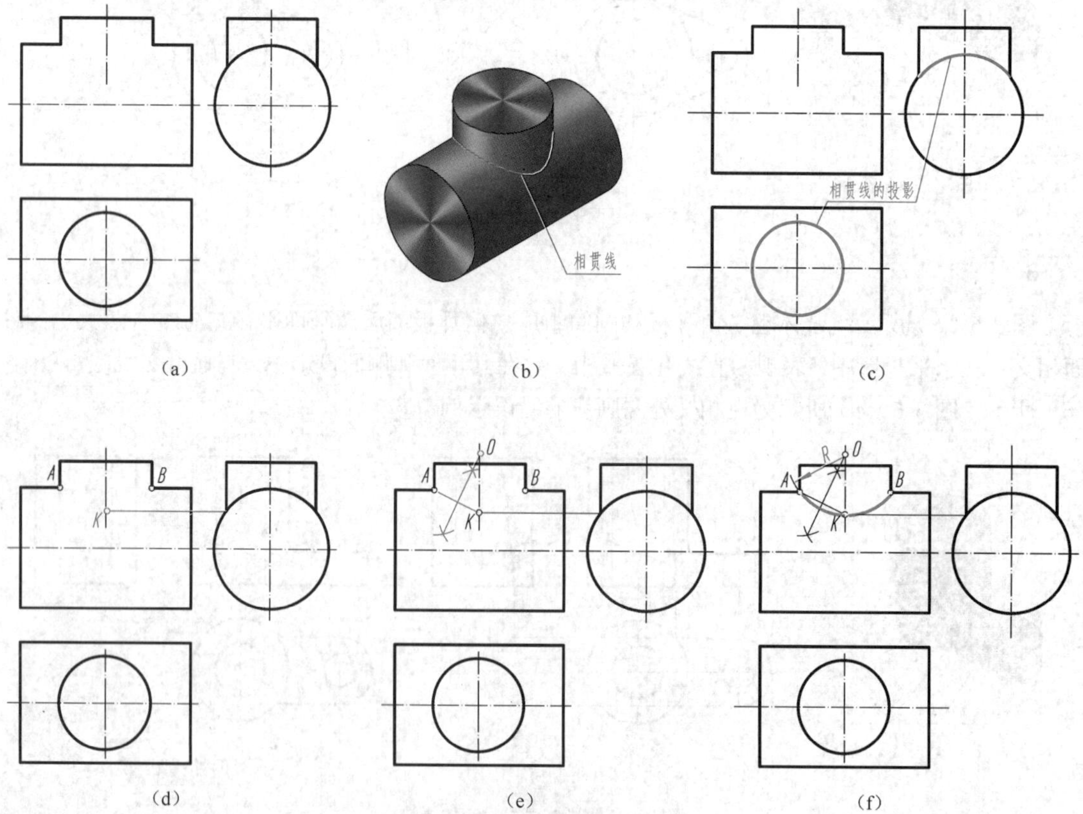

（a）　（b）　（c）

（d）　（e）　（f）

图 3-7　两圆柱正交相贯线的简化画法

提示 主视图中相贯线向直径大的圆柱一侧弯曲。

（2）内相贯线的画法。当在圆筒上钻有圆孔时，则孔与圆筒外表面及内表面均有相贯线，如图 3-8（a）所示。

在内表面产生的交线，称为内相贯线。内相贯线和外相贯线的画法相同，但由于内相贯线的投影不可见，从而画成细虚线，如图 3-8（b）所示。

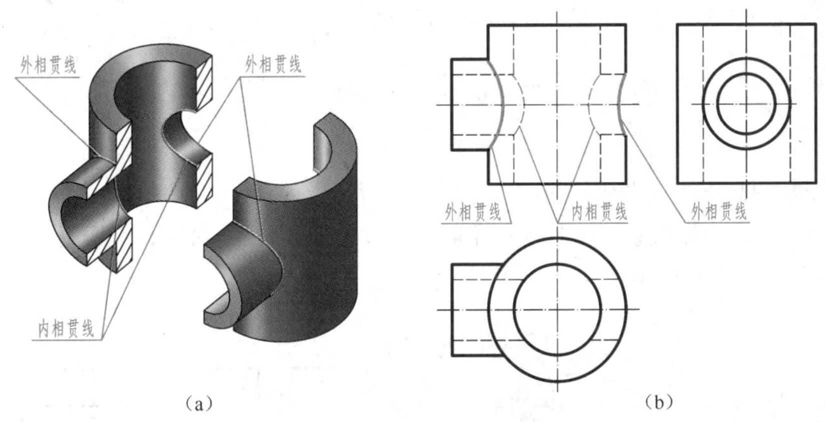

图 3-8 孔与孔相交时相贯线的画法

（3）相贯线的特殊情况。两回转体相交，在一般情况下相贯线为空间曲线。但在特殊情况下，相贯线为平面曲线或直线。当两个同轴回转体相交时，相贯线一定是垂直于轴线的圆。若回转体轴线平行于某一投影面时，这个圆在该投影面上的投影为垂直于轴线的直线，如图 3-9 所示。

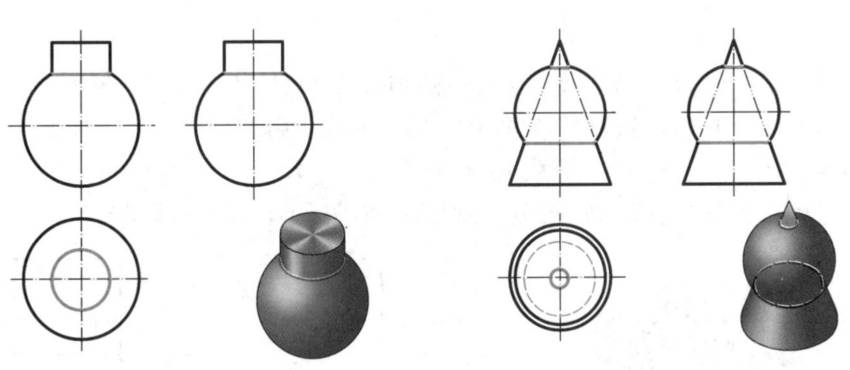

（a）圆柱与圆球同轴相交　　（b）圆锥与圆球同轴相交

图 3-9 同轴回转体的相贯线——圆

（4）相贯体的尺寸注法。如图 3-10（a）和图 3-10（b）所示，两圆柱表面相交产生相贯线，其相贯线本身不标注尺寸。图 3-10（c）所示的尺寸注法是不合理的。

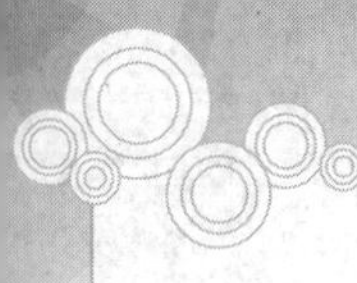

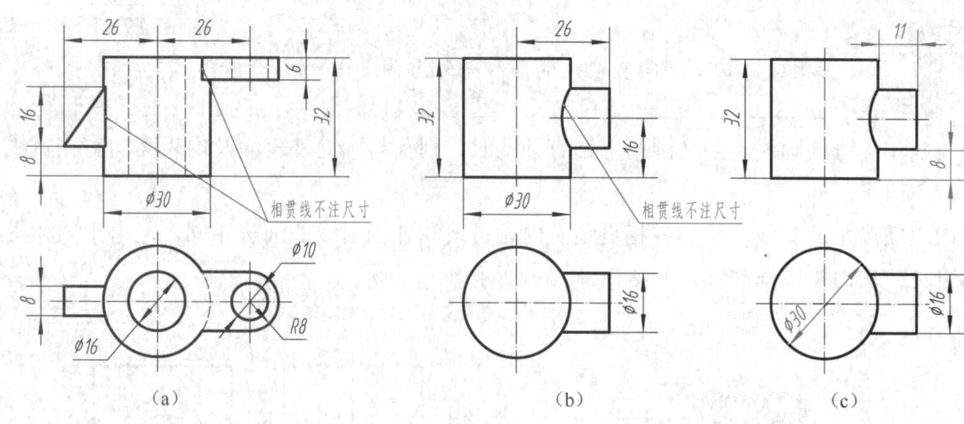

(a)　　(b)　　(c)

图 3-10　相贯体的尺寸注法

5．切割型

对于不完整的物体，以采用切割的概念对它进行分析为宜。如图 3-11（a）所示的物体，可看成是长方体经切割而形成的。画图时，可先画出完整长方体的三视图，然后逐个画出被切部分的投影，如图 3-11（b）所示。

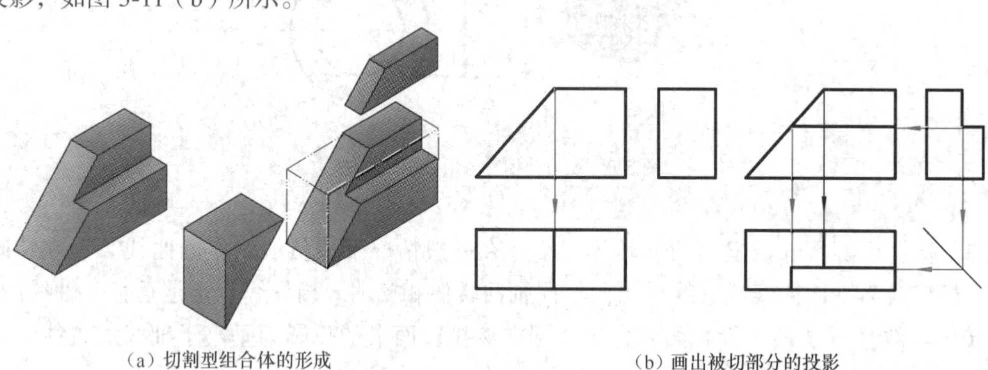
（a）切割型组合体的形成　　（b）画出被切部分的投影

图 3-11　切割型组合体的画法

6．综合型

在实际应用时，对那些简单清楚或实难分辨的形体，没必要硬性分解，只要能正确地作出投影即可。大部分组合体属于综合型，如图 3-12（a）所示。画图时，按底板与四棱柱共面，再切半圆柱、两个 U 形柱、小圆柱与半圆柱相贯的顺序画出三视图，如图 3-12（b）所示。

正确地掌握、熟练地运用形体分析法，对画图、看图和标注尺寸都非常有益。

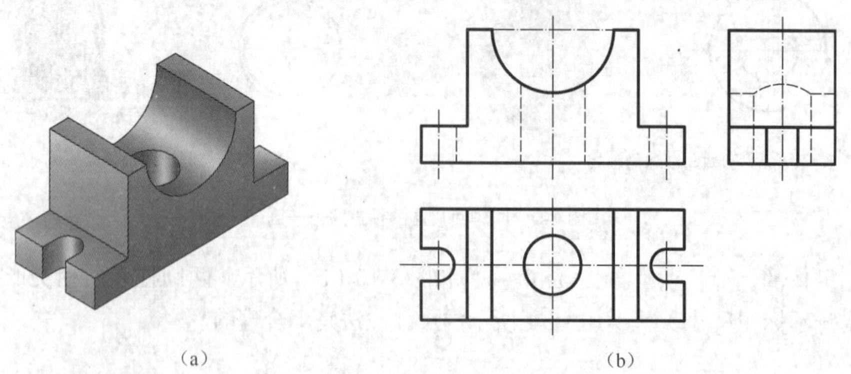
（a）　　（b）

图 3-12　综合型组合体

讨论决策

【活动内容】结合图 3-13 所示组合体，讨论确定组合体三视图的画图步骤。

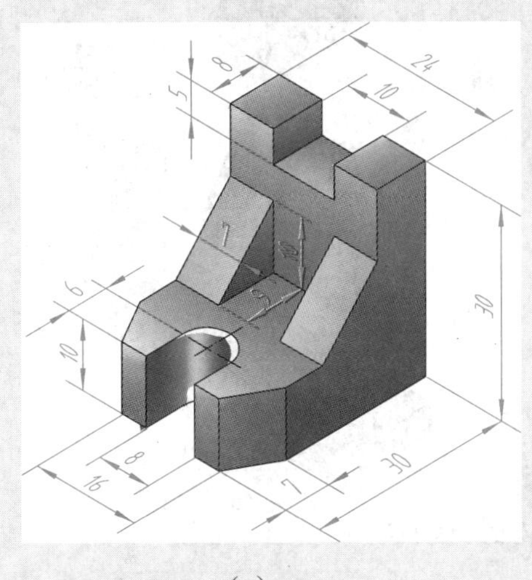

(a)

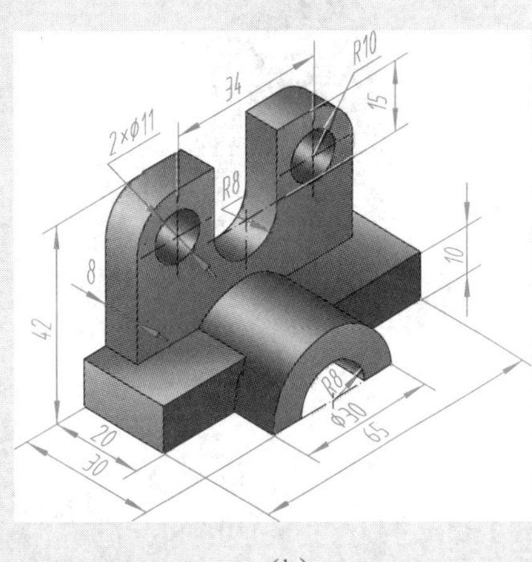

(b)

图 3-13　讨论组合体三视图的画法

【活动目的】1. 理解形体分析法在绘制组合体三视图时的重要性。

2. 掌握主视图的选择原则。

【活动方法】1. 教师将学生分成 5 ~ 6 人一组。

2. 组织学生观察组合体轴测图，各组开展讨论，对该体进行形体分析。
3. 各组讨论确定主视图的投射方向后，选出一名代表执笔，绘制出该组合体的三视图。
4. 教师给出正确答案。
5. 各组自行与答案进行比较，总结经验。
6. 阅读本章第二节内容，为绘制配套习题集中习题 3-20 做准备。

第二节　组合体三视图的画法

形体分析法是将复杂物体简单化的一种思维方法。下面结合图例，说明利用形体分析法绘制组合体视图的方法和步骤。

一、形体分析

拿到组合体实物（或轴测图）后，首先应对它进行形体分析，搞清楚它的前、后、左、右、上、下六面的形状，并根据其结构特点，想一想大致可以分成几个组成部分？它们之间的相对位置关系如何？采用了什么样的组合形式？等等。

图 3-14（a）所示的支架，按它的结构特点可分为底板、圆筒、肋板和支承板四部分，如图 3-14（b）所示。底板与肋板、底板与支承板之间以平面的形式相接触；支承板的左右两侧面和圆筒外表面相切；肋板和圆筒属于相贯，其相贯线为圆弧和直线。

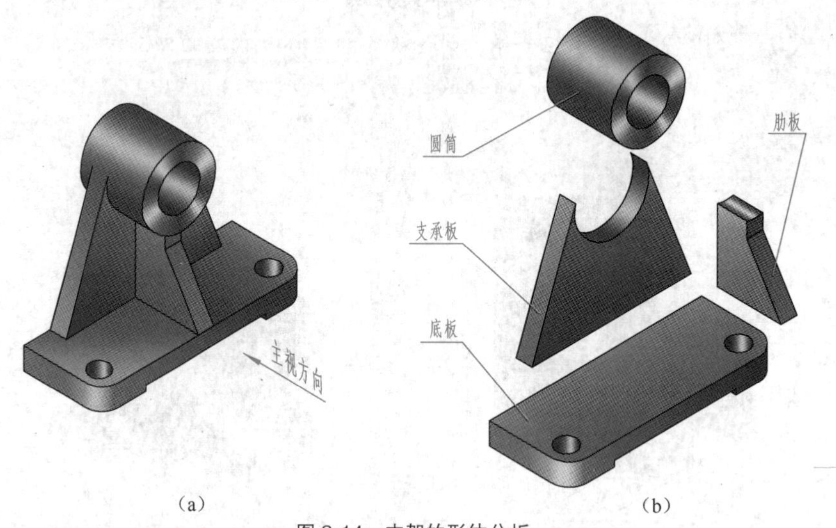

图 3-14　支架的形体分析

二、视图选择

1. 主视图的选择

主视图是表达组合体的一组视图中最主要的视图。通常要求主视图能较多地反映物体的形体特征，即反映各组成部分的形状特点和相互位置关系。

如图 3-14（a）所示，从箭头方向看去所得到的视图，满足了上述基本要求，可作为支架的主视图。

2. 视图数量的确定

在组合体形状表达完整、清晰的前提下，其视图数量越少越好。

支架的主视图按箭头方向确定后，还要画出俯视图，表达底板的形状和两孔的中心位置，并用左视图表达肋板的形状。因此，要完整表达该支架的形状，必须要画出主、俯、左 3 个视图。

三、画图的方法与步骤

1. 选择比例，确定图幅

视图确定以后，便要根据组合体的大小和复杂程度，选定作图比例和图幅。应注意，所选的幅面要比绘制视图所需的面积大一些，以便标注尺寸和画标题栏。

2. 布置视图

布图时，应将视图匀称地布置在幅面上，视图间的距离应保证能注全所需的尺寸。

3. 绘制底稿

支架的画图步骤如图 3-15 所示。

为了迅速而正确地画出组合体的三视图，画底稿时，应注意以下两点。

（1）画图时，一般应从形状特征明显的视图入手。先画主要部分，后画次要部分；先画看得见的部分，后画看不见的部分；先画圆或圆弧，后画直线。

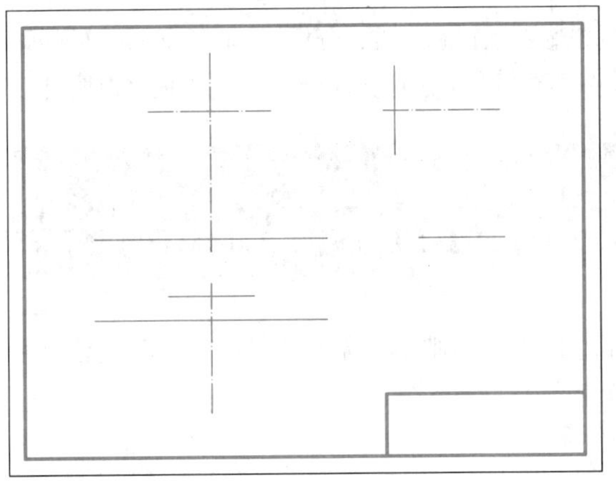

（a）布置视图并画出基准线

（b）画底板的大致形状

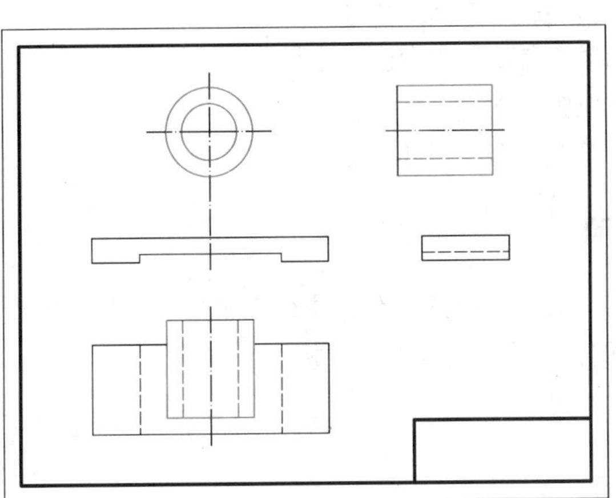

（c）画空心圆柱

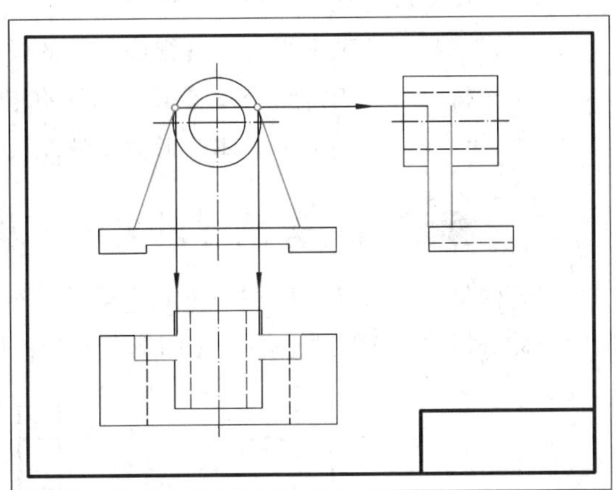

（d）画支承板

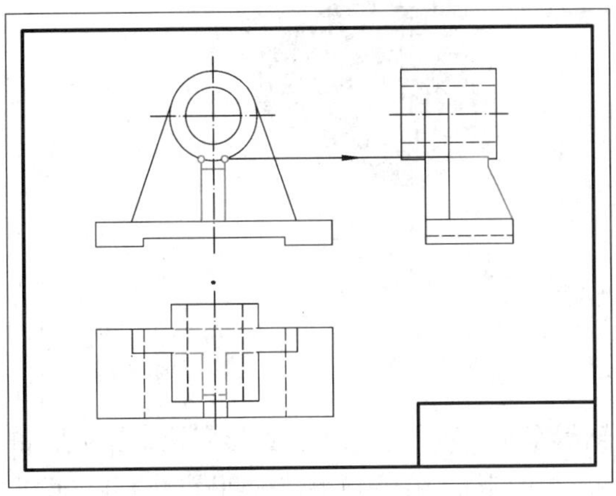

（e）画出肋板

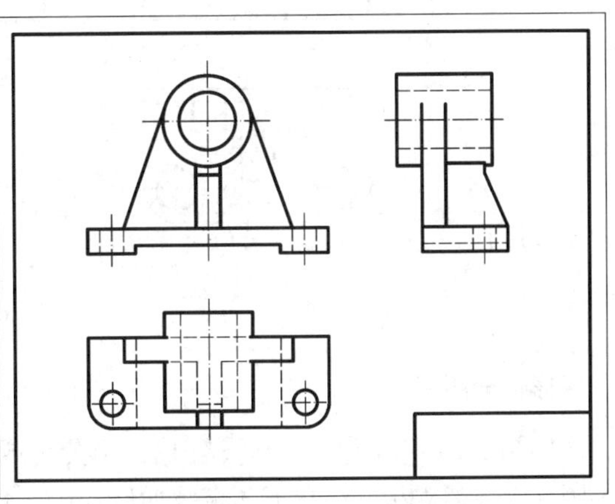

（f）画底板细部，描深，完成全图

图 3-15　支架的画图步骤

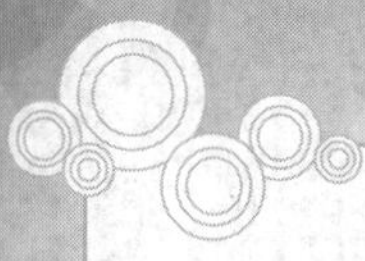

（2）画图时，形体的每一组成部分，最好是 3 个视图配合着画。就是说，不要先把一个视图画完再画另一个视图。这样，不但可以提高绘图速度，还能避免多线或漏线。

4．检查描深

底稿完成后，在三视图中依次核对各组成部分的投影关系正确与否；分析相邻两形体接合处的画法有无错误，是否多线、漏线；再以实物或轴测图与三视图对照，确认无误后，描深图线，完成全图。

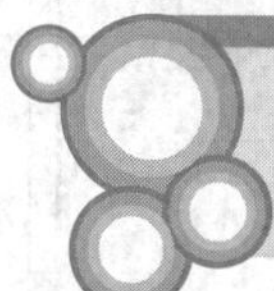

第三节　组合体的尺寸标注

视图只能表达组合体的结构和形状，而要表示它的大小，则不但需要注出尺寸，而且必须注得完整、清晰，并符合国家标准关于尺寸注法的规定。

一、尺寸种类

为了将尺寸注得完整，在组合体视图上，一般需标注下列几类尺寸。

（1）定形尺寸。确定组合体各组成部分的长、宽、高 3 个方向的大小尺寸。

（2）定位尺寸。确定组合体各组成部分的相对位置尺寸。

（3）总体尺寸。确定组合体外形大小的总长、总宽、总高尺寸。

二、标注组合体尺寸的方法和步骤

组合体是由一些基本体按一定的连接关系组合而成的。因此，在标注组合体的尺寸时，仍然运用形体分析法。现以图 3-16（a）所示轴承座为例，说明组合体的尺寸标注方法。

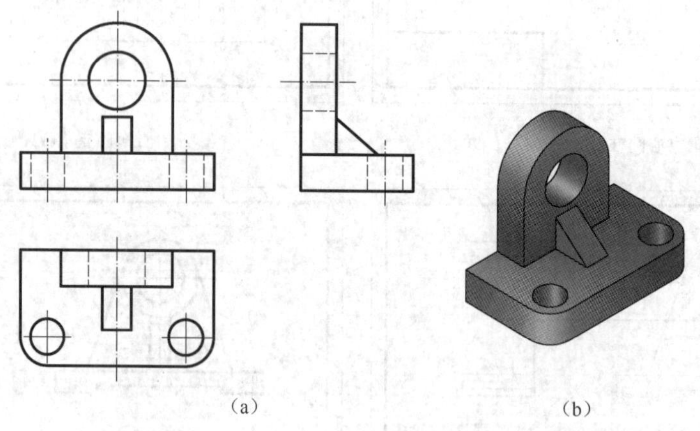

（a）　（b）

图 3-16　轴承座

形体分析

如图 3-16（b）所示，轴承座由三部分组成。轴承座左右对称。它由长方形底板、长方形和半圆柱组成的立板和三角形肋板叠加后，在立板上挖去一圆柱，在底板上挖去两圆柱，再在底板前方 1/4 圆柱面切去两角而形成的。

轴承座的尺寸标注步骤如下。

1．标注定形尺寸

按形体分析法，将组合体分解为若干个基本形体，然后逐个注出各基本形体的定形尺寸。

例如，为确定图 3-17（a）中立板的大小，应标注高度 20、厚 10，孔径 ϕ16 和半径 R16（含长度）这 4 个尺寸；为确定底板的大小，应标注长 56、宽 32、高 10 这 3 个尺寸；为确定肋板的大小，应标注长 8、宽 12、高 10 这 3 个尺寸。

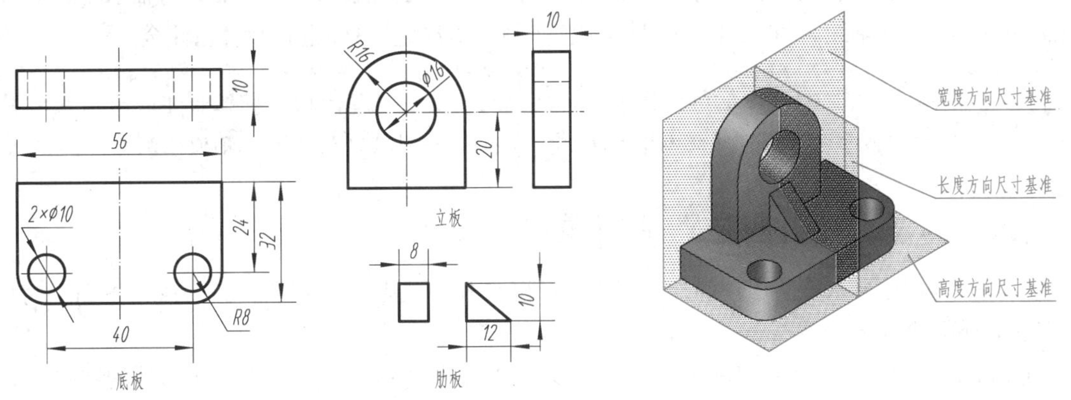

（a）标注各组成部分的尺寸　　（b）轴承座的尺寸基准

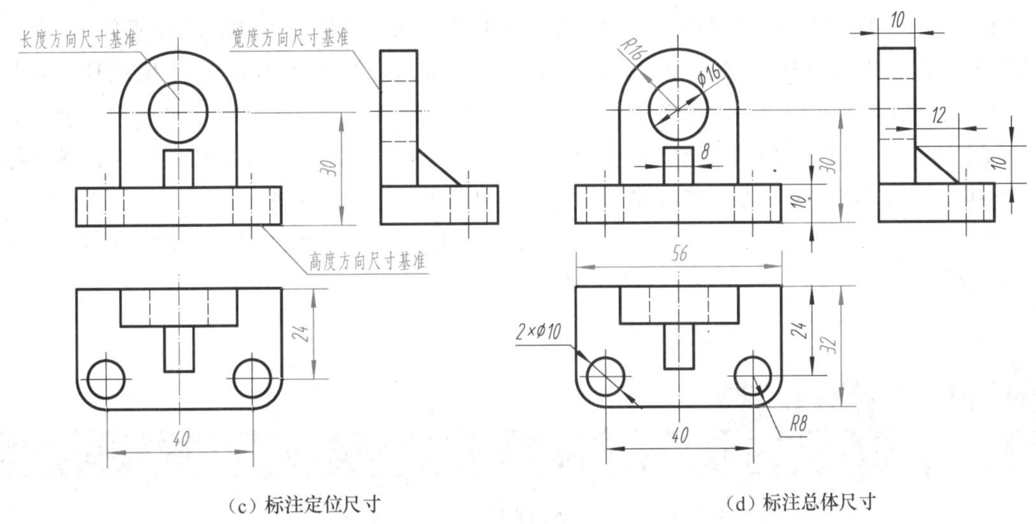

（c）标注定位尺寸　　（d）标注总体尺寸

图 3-17　轴承座的尺寸标注

2．标注定位尺寸

标注确定各基本体之间相对位置的定位尺寸。

标注定位尺寸时，必须选择好尺寸基准。标注尺寸时用以确定尺寸位置所依据的一些面、线或点称为尺寸基准。组合体有长、宽、高 3 个方向的尺寸，每个方向至少有一个尺寸基准，以它来确定基本体在该方向的相对位置。标注尺寸时，通常以组合体的底面、端面、对称面、回转体轴线等作为尺寸基准。

轴承座的尺寸基准是：以左右对称面为长度方向的基准；以底板和立板的后面作为宽度方向的基准；以底板的底面作为高度方向的基准，如图 3-17（b）所示。

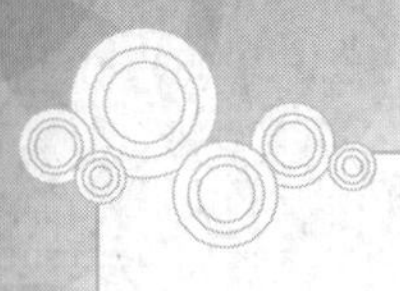

根据尺寸基准，标注各组成部分相对位置的定位尺寸，如图 3-17（c）所示。立板与底板的相对位置，需标注轴承孔轴线距底板底面的高 30。底板上两个 ϕ10 孔的相对位置，应标注长向定位尺寸 40 和宽向定位尺寸 24 这两个尺寸。

3．标注总体尺寸

如图 3-17（d）所示，底板的长度 56 即为轴承座的总长。底板的宽度 32 即为轴承座的总宽。总高由立板轴承孔轴线高 30 加上立板上方圆弧半径 R16 决定，3 个总体尺寸已注全。

提示 在图 3-17（d）所示情况下，总高是不能直接注出的，即组合体的一端或两端为回转面时，应采用这种标注形式，否则会出现重复尺寸，也不便于测量。

三、标注尺寸时应注意的问题

标注尺寸时除要求完整、正确外，还要求标得清晰、明显，以方便看图。为此，标注尺寸时应注意以下几个问题。

（1）所注尺寸必须完整、清晰，不多也不少。要达到完整的要求，需分析组合体的结构形状，明确各组成部分之间的相对位置，然后一部分、一部分地注出定形尺寸和定位尺寸。标注时要从长、宽、高 3 个方向考虑。校对时，也应从这 3 个方向检查尺寸是否齐全。

（2）尺寸尽量标注在反映形状特征的视图中。如图 3-17（d）中底板的长度 56 和宽度 32，标在俯视图中比标在主、左视图中效果好。肋板的定形尺寸 10、12 标在左视图中，比标在主、俯视图中效果好。

（3）尺寸标注要相对集中。每个基本体的定形和定位尺寸，尽量标注在一两个视图上。如图 3-17（d）所示，长度方向的尺寸，尽量标在主视图和俯视图之间；高度方向的尺寸，尽量标在主视图和左视图之间；宽度方向的尺寸，尽量标在俯视图右边或左视图下面。

（4）尽量避免在虚线处标注尺寸。如图 3-17（d）中的立板轴承孔 ϕ16、两圆柱孔 $2\times\phi$10 都标在实线处。

课堂活动

尺规绘图

【活动内容】到制图教室绘制尺规图。

【活动目的】1. 掌握根据组合体模型（或轴测图）画三视图的方法，提高尺规绘图技能。
2. 熟悉组合体视图的尺寸注法。

【活动方法】1. 组织学生进入专用制图教室。
2. 结合配套习题集中习题 3-20 中的作业指导书，由教师指定组合体模型或轴测图。
3. 由学生自己选定绘图比例，绘制组合体的三视图。

四、组合体常见结构的尺寸注法

表 3-1 列出了组合体常见结构的尺寸注法，供读者标注尺寸时参考。

表 3-1　　组合体常见结构的尺寸注法

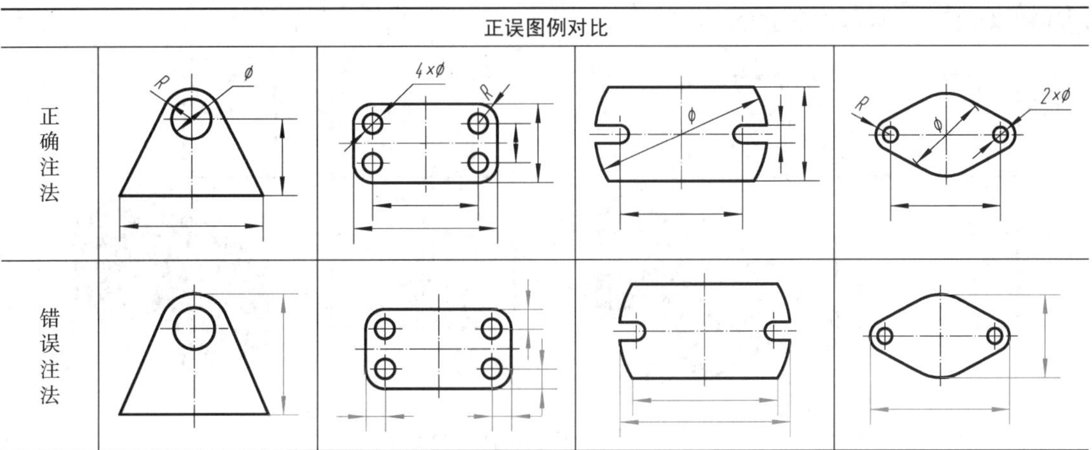

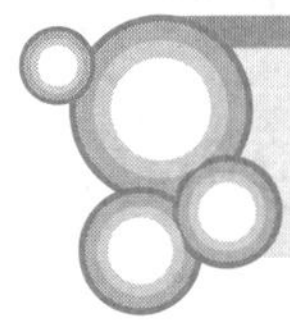

第四节　看组合体视图的方法

画图，是将物体画成视图来表达其形状；看图，是依据视图想象出物体的形状。显然，照物画图与依图想物相比，后者的难度要大些。为了能够正确地看懂视图，必须掌握看图的基本要领和基本方法，并通过反复实践，不断增强空间思维能力，提高看图水平。

一、看图的基本要领

1．将几个视图联系起来看

一个视图不能确定物体的形状。如图 3-18 所示，若只看主视图，它可以表示出形状不同的许多物体。

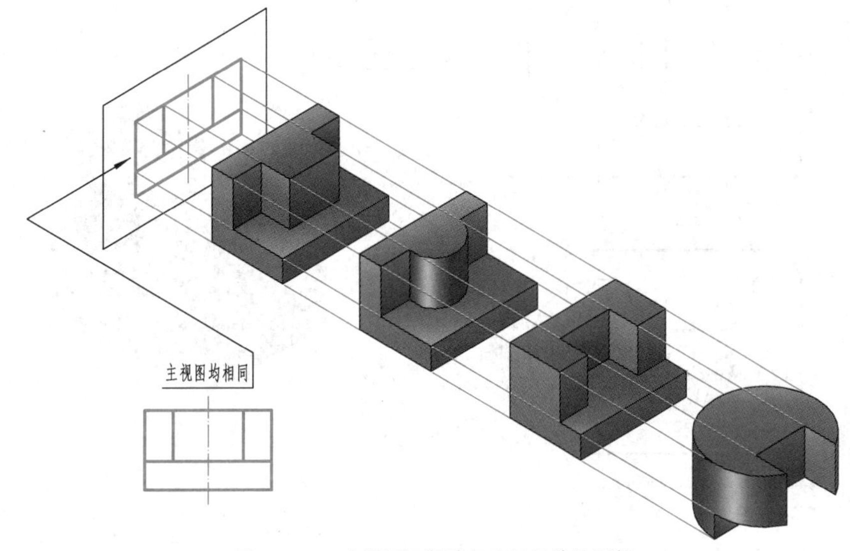

图 3-18　一个视图不能确切表示物体的形状

有时只看两个视图，也无法确定物体的形状。图 3-19（a）和图 3-19（b）所示为两个形状不同的物体，但主、左视图却完全相同。

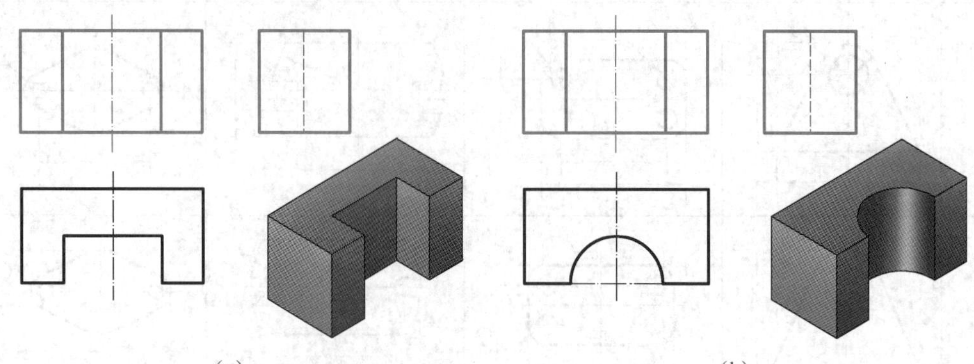

图 3-19　两个视图不能确切表示物体的形状

由此可见，看图时，必须把所给的视图联系起来看，才能想象出物体的确切形状。

2．搞清视图中图线和线框的含义

视图是由一个个封闭线框组成的，而线框又是由图线构成的。因此，弄清图线及线框的含义是十分必要的。

（1）视图中图线的含义。如图 3-20（a）所示，视图中的图线有以下 3 种含义。

① 有积聚性的面的投影。

② 面与面的交线。

③ 曲面的转向素线。

（2）视图中线框的含义。如图 3-20（a）所示，线框有以下 3 种含义。

① 一个封闭的线框，表示物体的一个面，可能是平面、曲面、组合面或孔洞。

② 相邻的两个封闭线框，表示物体上位置不同的两个面。由于不同线框代表不同的面，它们表示的面有前、后、左、右、上、下的相对位置关系，可以通过这些线框在其他视图中的对应投影来加以判断。

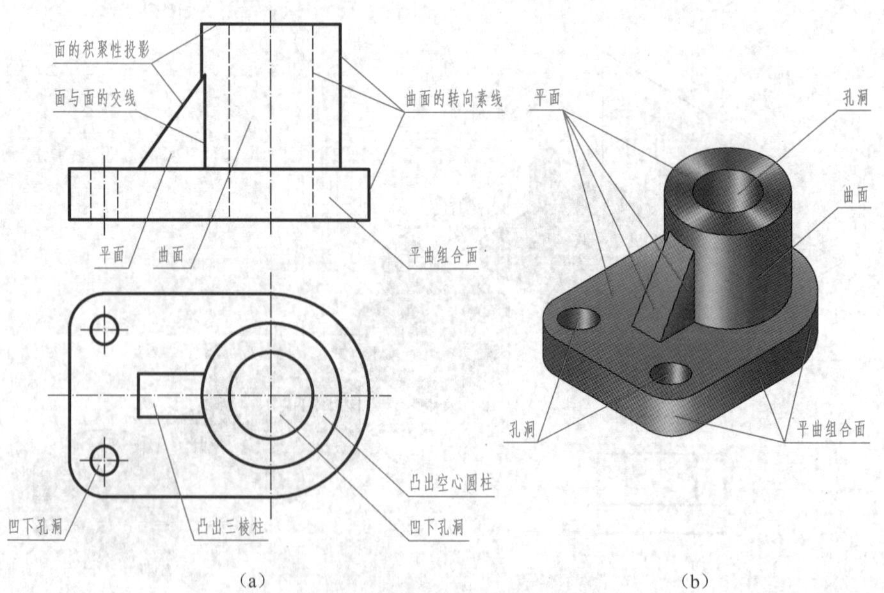

图 3-20　视图中图线与线框的分析

③ 一个大封闭线框内所包含的各个小线框，表示在大平面体（或曲面体）上凸出或凹下各个小平面体（或曲面体）。

二、看图的方法和步骤

形体分析法是看图的基本方法。运用形体分析法看图，关键在于掌握分解复杂图形的方法。只有将复杂的图形分解出几个简单图形来，才能通过对简单图形的识读加以综合，达到较快看懂复杂图形的目的，看图的步骤如下。

1. 抓住“特征”分部分

所谓特征，是指物体的形状特征和各基本形体间的位置特征。

什么是形状特征？如图 3-21（a）所示三视图，假如只看主、左两视图，那么除了板厚以外，其他形状就很难分析了；如果将主、俯视图配合起来看，即使不要左视图，也能想象出它的全貌。显然，俯视图是反映该物体形状特征最明显的视图。

采用同样的分析方法可知，图 3-21（b）所示的主视图、图 3-21（c）所示的左视图是形状特征最明显的视图。

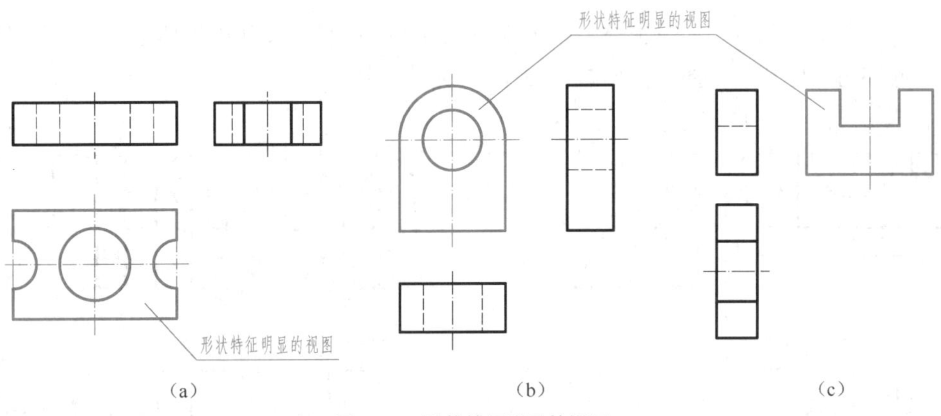

图 3-21　形状特征明显的视图

什么是位置特征？在图 3-22（a）中，大线框中包含两个小线框（一个圆、一个矩形），如果只看主、俯视图，两个形体哪个凸出？哪个凹进？无法确定。但如果将主、左视图配合起来看，则不仅形状容易想清楚，而且圆柱凸出，四棱柱凹进也确定了。显然，左视图是反映该物体各组成部分之间，位置特征最明显的视图。

这里应注意一点，物体上每一组成部分的特征，并非总是全部集中在一个视图上。因此，在分部分时，无论哪个视图（一般以主视图为主），只要形状、位置特征有明显之处，就应从该视图入手，这样就能较快地将其分解成若干个组成部分。

2. 对准投影想形状

依据“三等”规律，从反映特征部分的线框（一般表示该部分形体）出发，分别在其他两视图上对准投影，并想象出它们的形状。

3. 综合起来想整体

想出各组成部分形状之后，再根据整体三视图，分析它们之间的相对位置和组合形式，进而综合想象出该物体的整体形状。

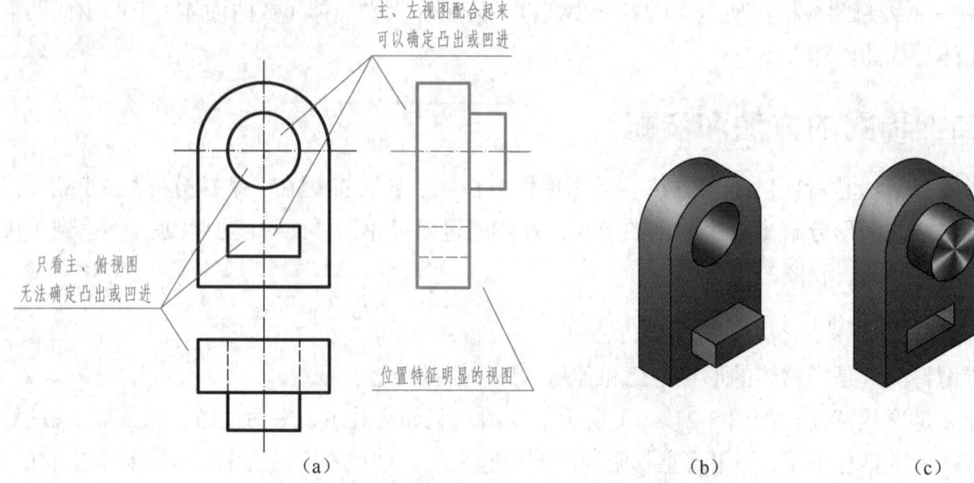

图 3-22 位置特征明显的视图

【例 3-2】 看懂图 3-23（a）所示底座的三视图。

看图步骤

（1）抓住特征分部分。通过形体分析可知，主视图较明显地反映出形体 *I*、*II*、*III*的特征，据此，该底座可大体分为 3 部分，如图 3-23（a）所示。

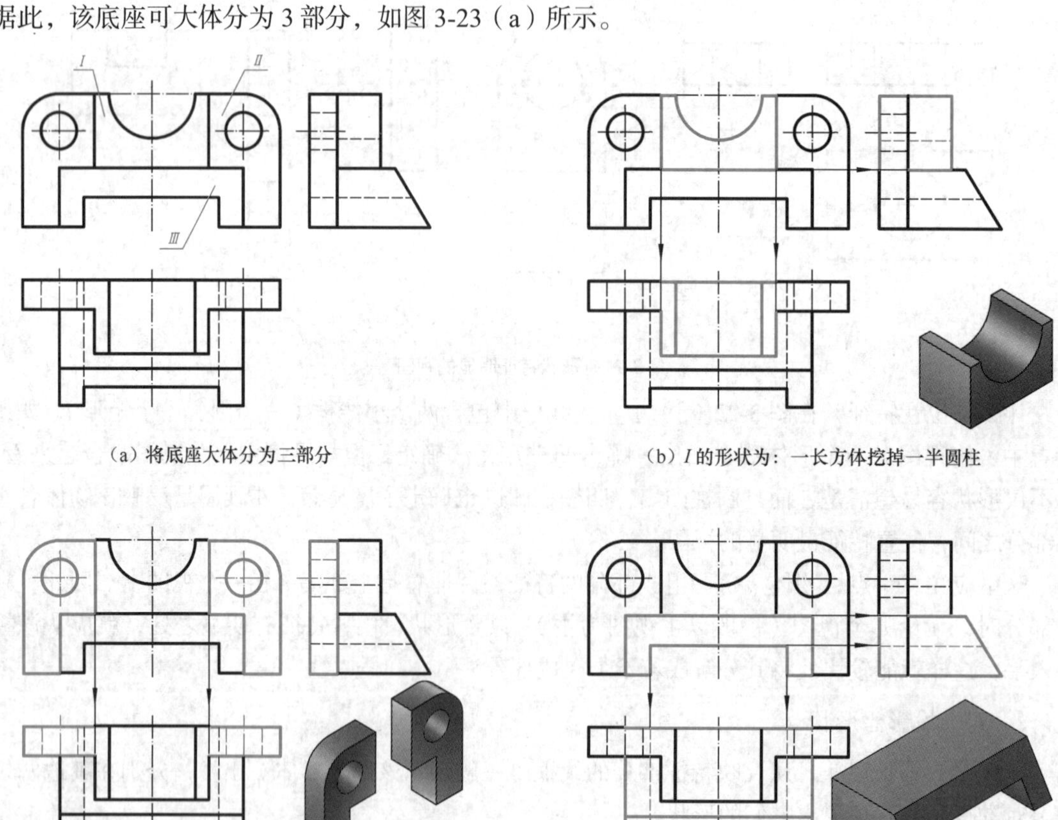

图 3-23 底座的看图方法

（2）对准投影想形状。依据“三等”规律，分别在其他两视图上找出对应投影，并想象出它们的形状，如图 3-23（b）、图 3-23（c）和图 3-23（d）中的轴测图所示。

（3）综合起来想整体。长方体 *I* 在底板 *Ⅲ* 的上面，两形体的对称面重合且后面靠齐；侧板 *Ⅱ* 在长方体 *I*、底板 *Ⅲ* 的左、右两侧，且与其相接，后面靠齐。综合想象出物体的整体形状，如图 3-24 所示。

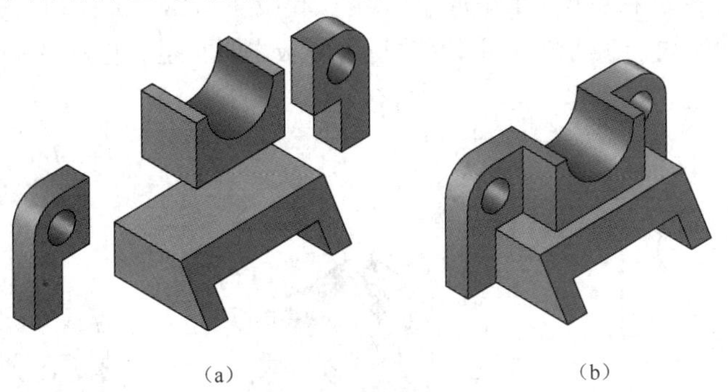

（a）　（b）

图 3-24　底座轴测图

三、已知两视图补画第三视图

由已知两视图补画第三视图，是训练看图能力、培养空间想象力的重要手段。补画视图，实际上是看图和画图的综合练习，一般可按如下两步进行。

第一步，根据已给的视图按前述方法将视图看懂，并想象出物体的形状；

第二步，在想出形状的基础上进行作图。作图时，应根据已知的两个视图，按各组成部分逐个地作出第三视图，进而完成整个物体的第三视图。

【例 3-3】 已知图 3-25（a）所示主、俯两视图，补画左视图。

分析

根据已知的两视图，可以看出该物体是由底板、前半圆板和后立板叠加起来后，又切去一个通槽、钻一个通孔而成的。

作图步骤

按形体分析法，依次画出底板、后立板、前半圆板和通槽、通孔等细节，如图 3-25（b）、图 3-25（c）、图 3-25（d）、图 3-25（e）和图 3-25（f）所示。

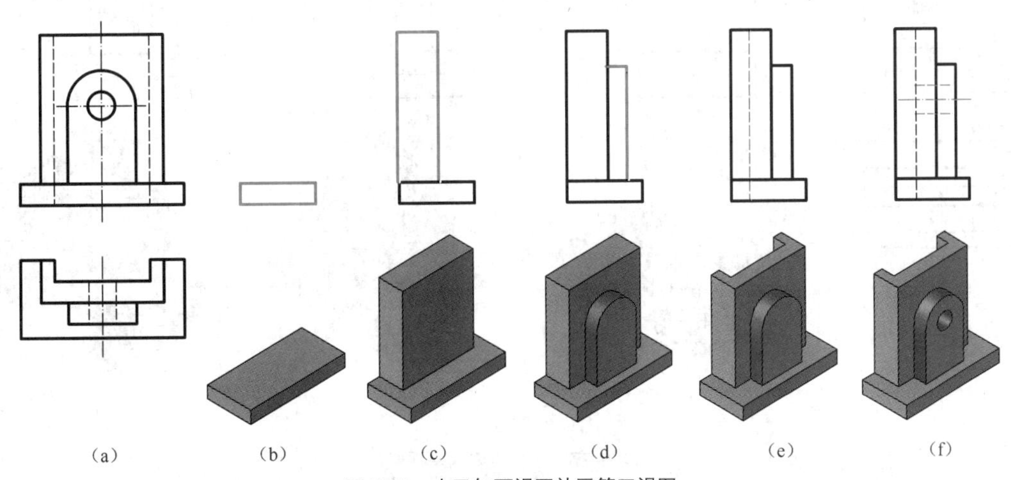

（a）　（b）　（c）　（d）　（e）　（f）

图 3-25　由已知两视图补画第三视图

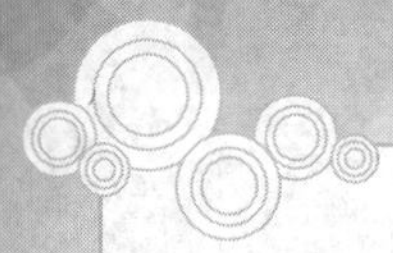

【例 3-4】 已知机座的主、俯两视图，想象出它的形状，补画左视图。

分析

如图 3-26（a）所示，根据机座的主、俯视图，想象出它的形状。乍一看，机座由带矩形通槽的底板、两个带圆孔的半圆形竖板组成，如图 3-26（b）所示。但仔细分析主视图中的虚线和俯视图中与之对应的实线，在两个带圆孔的半圆形竖板之间，还应有一块矩形板，机座的整体形状如图 3-26（c）所示。

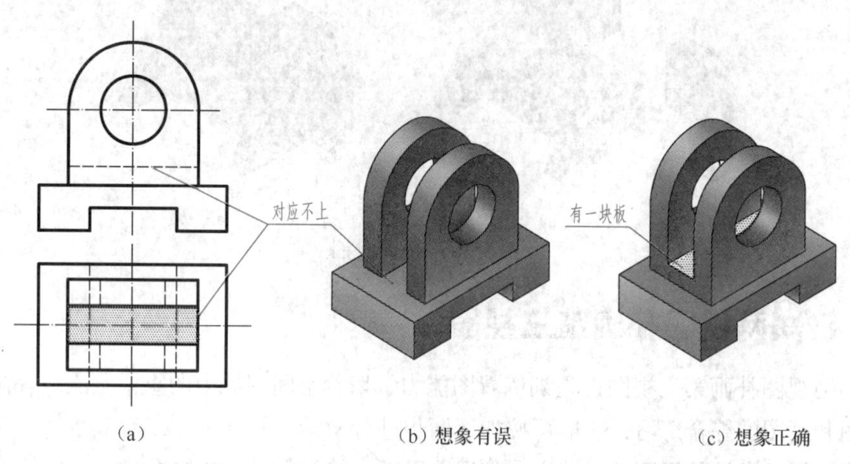

图 3-26 机座的视图及分析

作图步骤

① 根据主、俯视图，画出对称线及带矩形通槽底板的左视图，如图 3-27（b）所示。

② 画出两个带圆孔的半圆形竖板的左视图，如图 3-27（c）所示。

③ 画出矩形板的左视图（只是填加一条横线，但要去掉半圆形竖板上的一小段线），完成作图，如图 3-27（d）所示。

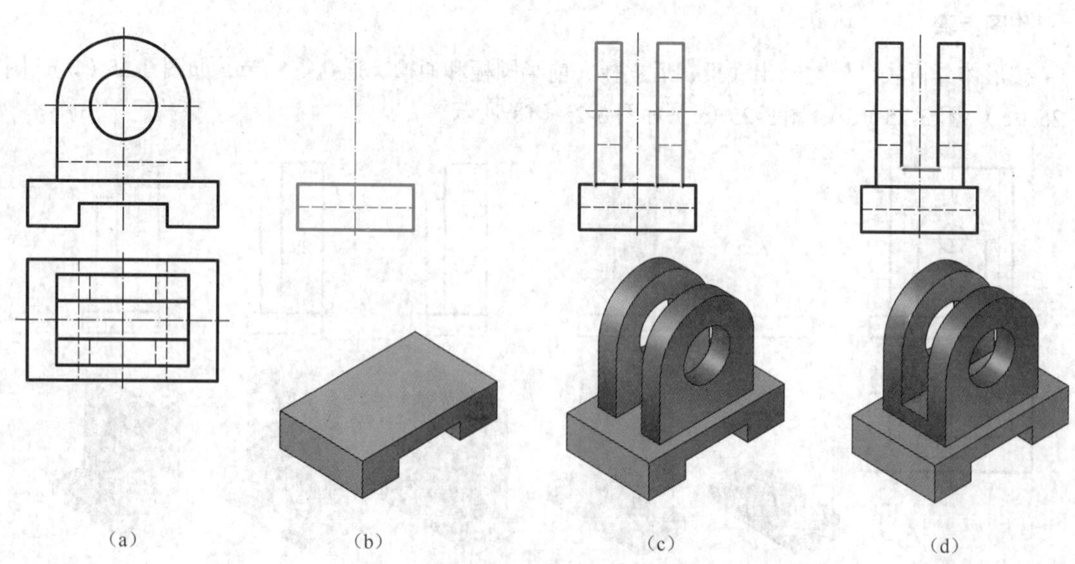

图 3-27 补画机座的左视图

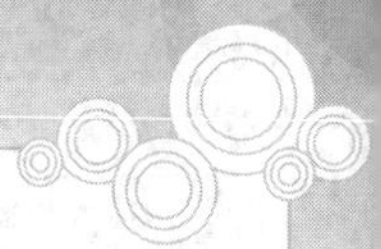

四、补画视图中的漏线

补漏线就是在给出的三视图中，补画缺漏的线条。首先，运用形体分析法，看懂三视图所表达的组合体形状，然后细心检查组合体中各组成部分的投影是否有漏线，最后将缺漏的图线补出。

【例 3-5】 补画图 3-28（a）所示组合体三视图中缺漏的图线。

分析

通过投影分析可知，三视图所表达的组合体由柱体和座板组成，组合形式为叠加，两组成部分分界处的表面是相切的，如图 3-28（b）所示。

作图步骤

对照各组成部分在三视图中的投影，发现在主视图中相切处（座板最前面）缺少一段实线；在左视图缺少座板顶面的投影（一条细虚线），将它们逐一补画出来，如图 3-28（c）所示。

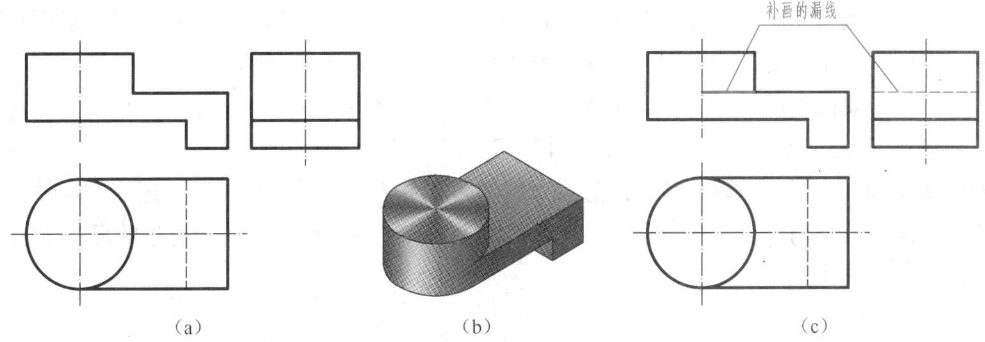

图 3-28 补画组合体视图中缺漏的图线

课堂活动

构型大比拼

【活动内容】由一面视图，构思物体的空间形状并画出另二视图，看谁画得多、画得正确。

【活动目的】1. 进一步掌握组合体的组合形式。
2. 提高学生的空间构思能力。
3. 增强团队意识。

【活动方法】1. 将学生分成 5 ~ 6 个人一组，每组选出一个画图快速的同学作为执笔人。
2. 教师给出一面视图(预先设计好比较简单的 3 ~ 4 个某形体的一面视图)。
3. 各组展开讨论，什么样的物体会得出这样的视图？一旦构思出物体的形状，立刻由执笔人给制出其三视图。
4. 各组上交答案。
5. 教师收齐各组答案并将其公布。
6. 各组学生自评及互评。
7. 教师总结。

【活动要求】教师给出的题目一定要能够构思出不同物体的形状。因此只需给出一面视图即可。

第四章 轴测图

你看出来了吗？图 4-1 所表示的是同一个零件——轴承座，这可是工厂里常见的机械零件哦。图 4-1（a）所示为轴承座的轴测图，图 4-1（b）所示为轴承座的三视图。实事求是地说，如果没有第二章、第三章的学习，你能看懂轴承座的三视图吗？你肯定是在摇头了。但你一定会说“即使没学过制图，我也能看懂轴承座的轴测图”，事实确实如此。你也一定在想，轴测图是怎么画出来的？我能画出来吗？告诉你吧，通过本章的学习，你不但能看懂轴测图，还能在需要的时候信手勾勒出简单的轴测图。看到一个个立体跃然纸上，你会体验到一种从未有过的喜悦之情。

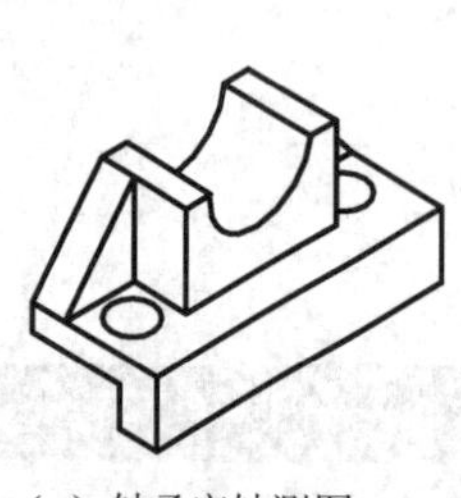

（a）轴承座轴测图

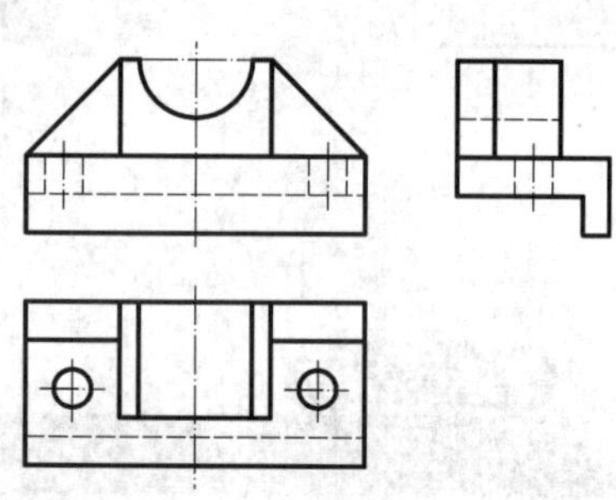

（b）轴承座三视图

图 4-1　轴测图与三视图的比较

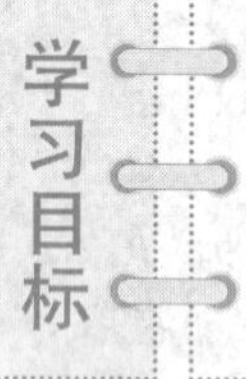

- 了解轴测投影的基本概念、特性和常用轴测图的种类。
- 了解正等轴测图的画法，能画出简单形体的正等轴测图。
- * 了解圆平面在同一方向上斜二等轴测图的画法。

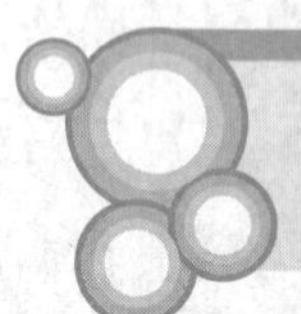

第一节　轴测图的基本知识

在机械图样中，主要是通过视图和尺寸来表达物体的形状和大小。由于视图是按正投影法绘制的，每个视图只能反映其二维空间大小，所以缺乏立体感。轴测图是用平行投影法绘制的单面投影图，它能同时反映物体 3 个方向的形状，因而具有较强的立体感。但其度量性差，作图复杂，因此在机械图样中只能作为辅助图样。

一、轴测图的形成

将物体连同其直角坐标体系，沿不平行于任一坐标平面的方向，用平行投影法将其投射在单一投影面上所得到的图形，称为轴测投影图，简称轴测图。

图 4-2（a）表示在空间的投射情况，其投影即为常见的轴测图，投影面 P 称为轴测投影面，如图 4-2（b）所示。由于轴测图能同时反映出物体长、宽、高 3 个方向的形状，所以具有立体感。

二、术语及定义

1．轴测轴

直角坐标轴在轴测投影面上的投影称为轴测轴，如图 4-2（b）中的 O_1X_1、O_1Y_1 和 O_1Z_1 轴。

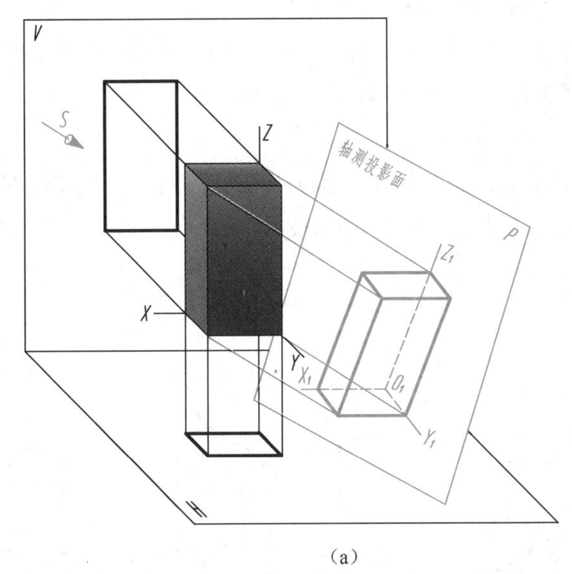

（a）

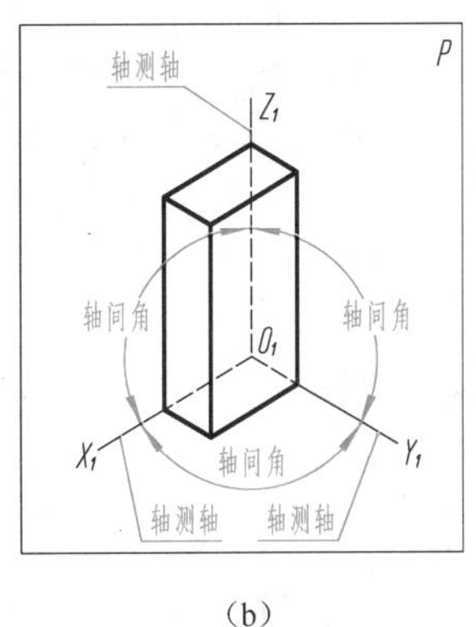

（b）

图 4-2　轴测图的形成

2．轴间角

轴测投影中，任意两根坐标轴在轴测投影面上的投影之间的夹角，称为轴间角，如图 4-2（b）中的∠ $X_1O_1Y_1$、∠ $Y_1O_1Z_1$ 和∠ $X_1O_1Z_1$。

3．轴向伸缩系数

直角坐标轴轴测投影的单位长度，与相应直角坐标轴单位长度的比值，称为轴向伸缩系数。X、Y、Z 轴的轴向伸缩系数，分别用 p_1、q_1、r_1 表示，即

$$p_1=O_1X_1/OX;\quad q_1=O_1Y_1/OY;\quad r_1=O_1Z_1/OZ。$$

三、轴测图的投影特性

（1）物体上与坐标轴平行的线段，在轴测图中平行于相应的轴测轴。

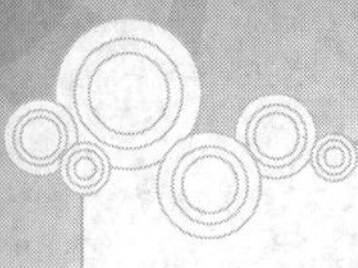

（2）物体上相互平行的线段，在轴测图中仍保持平行。

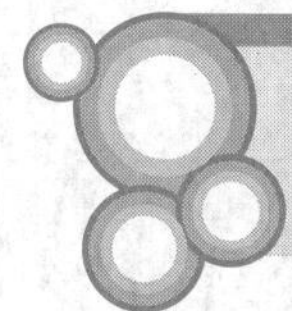

第二节　正等轴测图

使确定物体的空间直角坐标轴对轴测投影面的倾角相等，用正投影法将物体连同其坐标轴一起投射到轴测投影面上，所得到的轴测图称为正等轴测图，简称正等测。

一、正等测的轴间角和轴向伸缩系数

国家标准规定，正等测的轴间角相等，均为120°，轴间角和轴测轴的画法，如图4-3所示。由于空间直角坐标轴与轴测投影面的倾角相同，所以它们的轴测投影的缩短程度也相同，其3个轴向伸缩系数均相等，即

$$p_1=q_1=r_1\approx 0.82$$

实际画图时，如按0.82这个伸缩系数作图，物体上的每个轴向线段，都要乘以0.82才能确定它的投影长度，比较麻烦。为了方便作图，一般采用简化伸缩系数，即

$$p=q=r=1$$

这样，画轴测图时，凡平行于轴测轴的线段，直接按物体上相应线段的实际长度作图，不需换算。但这样画出的图形，其轴向尺寸均比原来的图形放大1/0.82≈1.22倍。图形虽然大了一些，但形状和立体感都没发生变化，如图4-4所示。

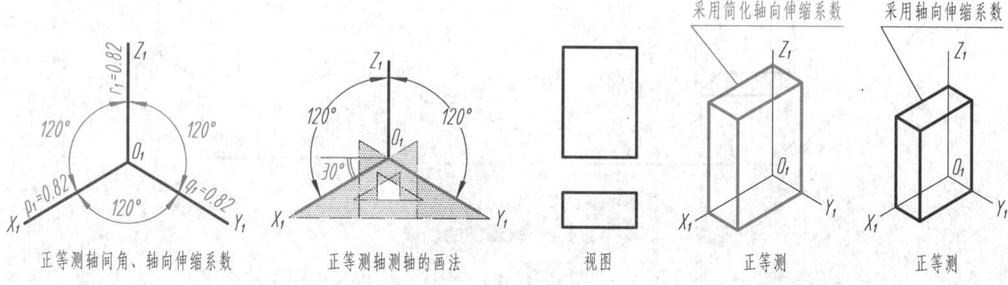

图4-3　正等测轴间角、轴向伸缩系数及轴测轴画法　　图4-4　轴向伸缩系数不同的两种正等测的比较

二、平面立体的正等测画法

1．坐标法

绘制轴测图的基本方法是坐标法。作图时，首先定出空间直角坐标系，画出轴测轴；再按立体表面上各顶点或直线的端点坐标，画出其轴测投影；最后分别连线，完成轴测图。

【例4-1】 根据图4-5（a）所示正六棱柱的两视图，画出其正等测。

分析

由于正六棱柱前后、左右对称，故选择顶面的中点作为坐标原点，棱柱的轴线作为Z轴，顶

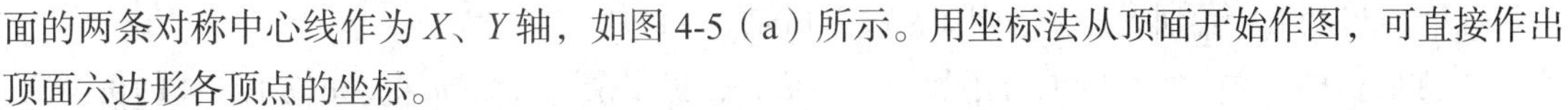

面的两条对称中心线作为 X、Y 轴，如图 4-5（a）所示。用坐标法从顶面开始作图，可直接作出顶面六边形各顶点的坐标。

作图步骤

① 画出轴测轴，定出点 Ⅰ、Ⅱ、Ⅲ、Ⅳ；通过点 Ⅰ、Ⅱ，作 X 轴的平行线，如图 4-5（b）所示。

② 在过点 Ⅰ、Ⅱ 的平行线上，确定 m、n 点，连接各顶点得到六边形的正等测，如图 4-5（c）所示。

③ 过六边形的各顶点，向下作 Z 轴的平行线，并在其上截取高度 h，画出底面上可见的各条边，如图 4-5（d）所示。

④ 擦去作图线并描深，完成正六棱柱的正等测，如图 4-5（e）所示。

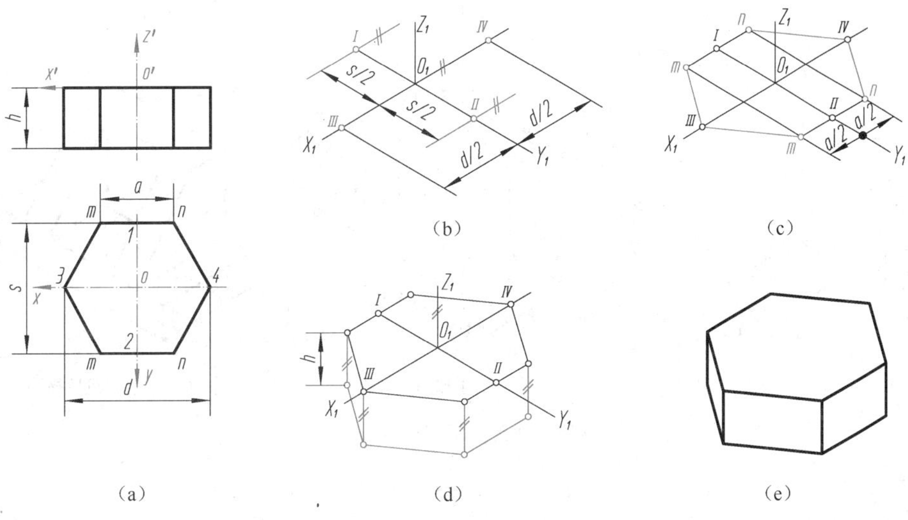

图 4-5　正六棱柱正等测的作图步骤

提示　轴测图中的细虚线一般省略不画。

2. 叠加法

先将组合体分解成若干个基本体，然后按其相对位置逐个地画出各基本形体的轴测图，进而完成整体的轴测图，这种方法称为叠加法。

【例 4-2】 根据图 4-6（a）所示组合体三视图，用叠加法画出其正等测。

分析

该组合体由底板、立板及两个三角形肋板叠加而成，可采用叠加法画其正等测。

作图步骤

① 先画出轴测轴，再画出底板的正等测，如图 4-6（b）所示。

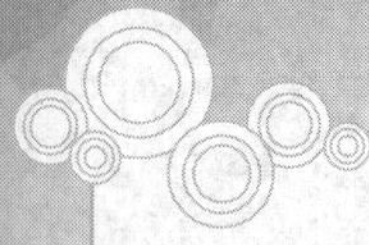

② 在底板的上方添加立板，如图 4-6（c）所示。

③ 在底板的上方、立板的前方添加两块肋板，去掉多余图线后描深，完成组合体的正等测，如图 4-6（d）和图 4-6（e）所示。

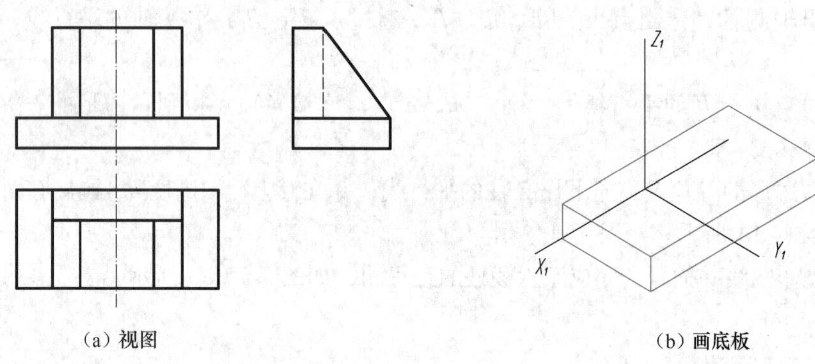

（a）视图　　（b）画底板

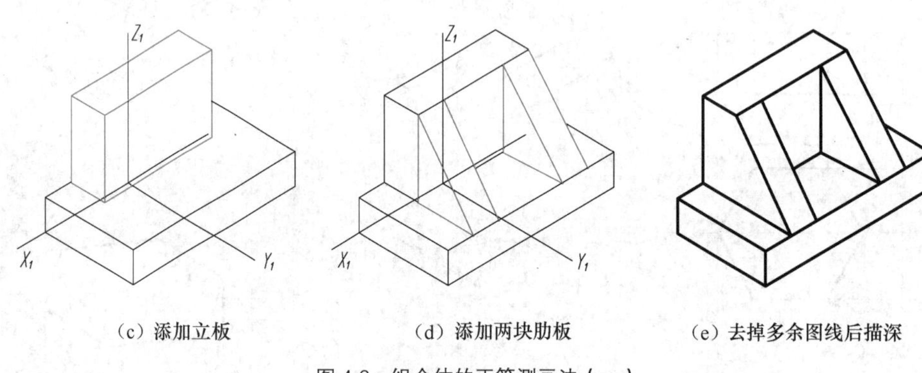

（c）添加立板　　（d）添加两块肋板　　（e）去掉多余图线后描深

图 4-6　组合体的正等测画法（一）

3．切割法

先画出完整的基本体的轴测图（通常为方箱），然后按其结构特点逐个地切去多余的部分，进而完成组合体的轴测图，这种方法称为切割法。

【例 4-3】 根据图 4-7（a）所示组合体三视图，用切割法画出其正等测。

分析

组合体是由一长方体经过多次切割而形成的。画其轴测图时，可用切割法，即先画出整体（方箱），再逐步截切而成。

作图步骤

① 先画出轴测轴，再画出长方体（方箱）的正等测，如图 4-7（b）所示。

② 在长方体的基础上，切去左上角，如图 4-7（c）所示。

③ 分别在左下方和右上方切槽，如图 4-7（d）和图 4-7（e）所示。

④ 去掉多余图线后描深，完成组合体的正等测，如图 4-7（f）所示。

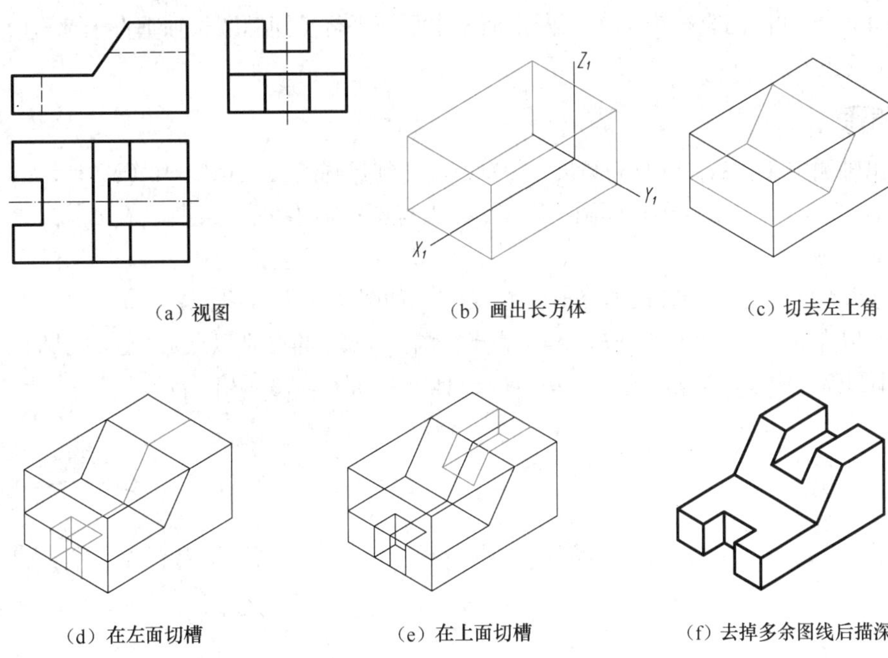

（a）视图 （b）画出长方体 （c）切去左上角

（d）在左面切槽 （e）在上面切槽 （f）去掉多余图线后描深

图 4-7 组合体的正等测画法（二）

三、曲面立体的正等测画法

1．圆的正等测画法

从图 4-8 中可以看出，平行于坐标面的圆，其正等测都是椭圆。除了椭圆长、短轴方向不同外，其画法都一样。椭圆具备如下特征。

（1）圆所在的平面平行于水平面（H 面）时，其椭圆长轴垂直于 O_1Z_1 轴。

（2）圆所在的平面平行于正面（V 面）时，其椭圆长轴垂直于 O_1Y_1 轴。

（3）圆所在的平面平行于侧面（W 面）时，其椭圆长轴垂直于 O_1X_1 轴。

画回转体的正等测时，只有明确圆所在的平面与哪一个坐标面平行，才能保证画出方位正确的椭圆，如图 4-9 所示。

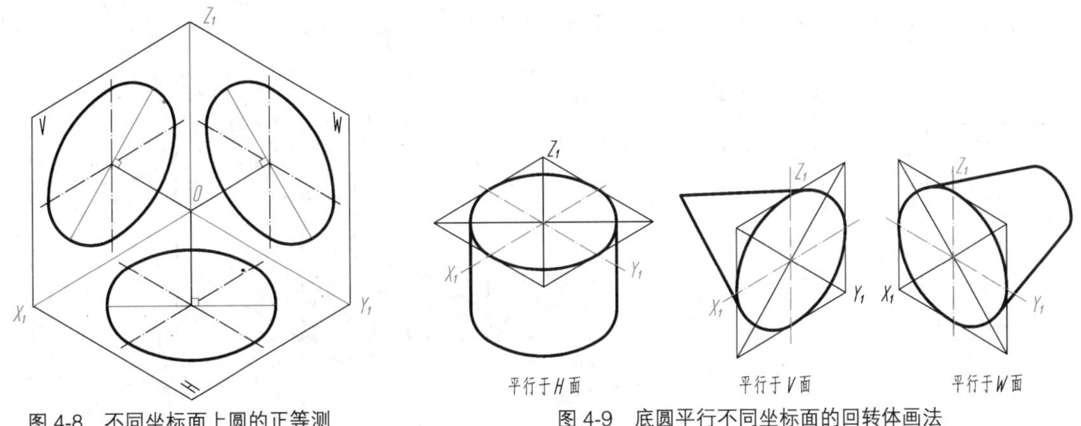

图 4-8 不同坐标面上圆的正等测 图 4-9 底圆平行不同坐标面的回转体画法

为了简化作图，可采用六点共圆法画圆的正等测。

【例 4-4】 已知圆的直径为 $\phi 24$，圆平面与水平面平行（即椭圆长轴垂直于 Z_1 轴），用六点共圆法画出其正等测。

作图步骤

① 画出轴测轴 X_1、Y_1，以及椭圆长、短轴方向（细点画线），如图 4-10（a）所示。

② 以 O_1 为圆心、$R12$ 为半径画圆，与 X_1、Y_1 及椭圆短轴相交，得到 A、B、C、D、3、4 六点，如图 4-10（b）所示。

③ 连接 $A4$ 和 $D4$，与椭圆长轴交于点 1、点 2，如图 4-10（c）所示。

④ 分别以点 3、点 4 为圆心、R（$A4$）为半径画大圆弧；再分别以点 1、点 2 为圆心、r（$1A$）为半径画小圆弧。四段圆弧相切于 A、B、C、D 四点，如图 4-10（d）所示。

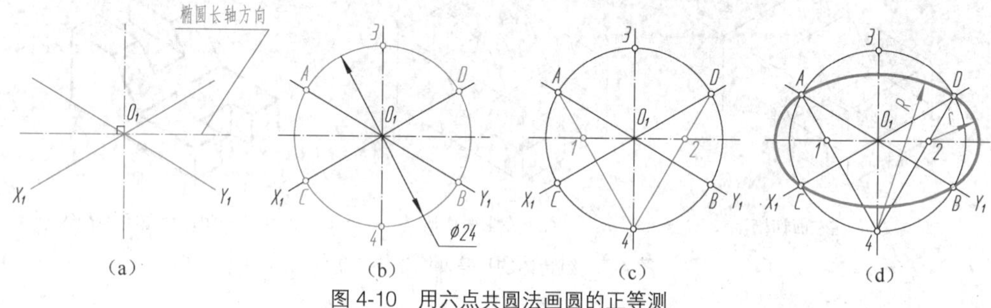

图 4-10 用六点共圆法画圆的正等测

2．圆柱的正等测画法

【例 4-5】 根据图 4-11（a）所示圆柱的视图，画出其正等测。

分析

圆柱轴线垂直于水平面，其上、下底两个圆与水平面平行（即椭圆长轴垂直 Z_1 轴）且大小相等。可根据直径 d 和高度 h 作出大小完全相同、中心距为 h 的两个椭圆，然后作两个椭圆的公切线即成。

作图步骤

① 采用六点共圆法，画出上底圆的正等测，如图 4-11（b）所示。

② 向下量取圆柱的高度 h，画出下底圆的正等测，如图 4-11（c）所示。

③ 分别作两椭圆的公切线，如图 4-11（d）所示。

④ 擦去作图线并描深，完成圆柱的正等测，如图 4-11（e）所示。

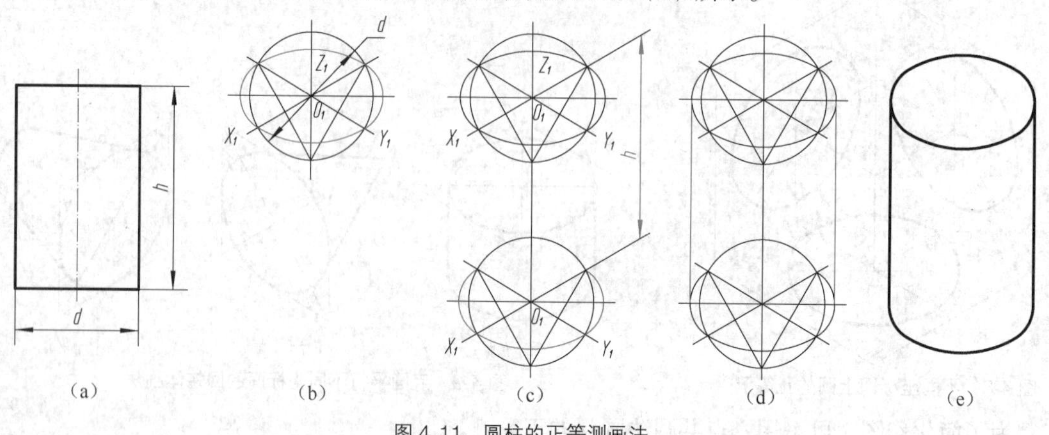

图 4-11 圆柱的正等测画法

3．圆角的简化画法

平行于坐标面的圆角是圆的一部分，其轴测图是椭圆的一部分。特别是常见的四分之一圆周的圆角，其正等测恰好是近似椭圆的四段圆弧中的一段。从切点作相应棱线的垂线，即可获得圆弧的圆心。

【例 4-6】 根据图 4-12（a）所示带圆角平板的两视图，画出其正等测。

作图步骤

① 首先画出平板上面（矩形）的正等测，如图 4-12（b）所示。

② 沿棱线分别量取 R，确定圆弧与棱线的切点；过切点作棱线的垂线，垂线与垂线的交点即为圆心，圆心到切点的距离即连接弧半径 R_1 和 R_2；分别画出连接弧，如图 4-12（c）所示。

③ 分别将圆心和切点向下平移 h（板厚），如图 4-12（d）所示。

④ 画出平板下面（矩形）和相应圆弧的正等测，作出左右两段小圆弧的公切线，如图 4-12（e）所示。

⑤ 擦去作图线并描深，完成带圆角平板的正等测，如图 4-12（f）所示。

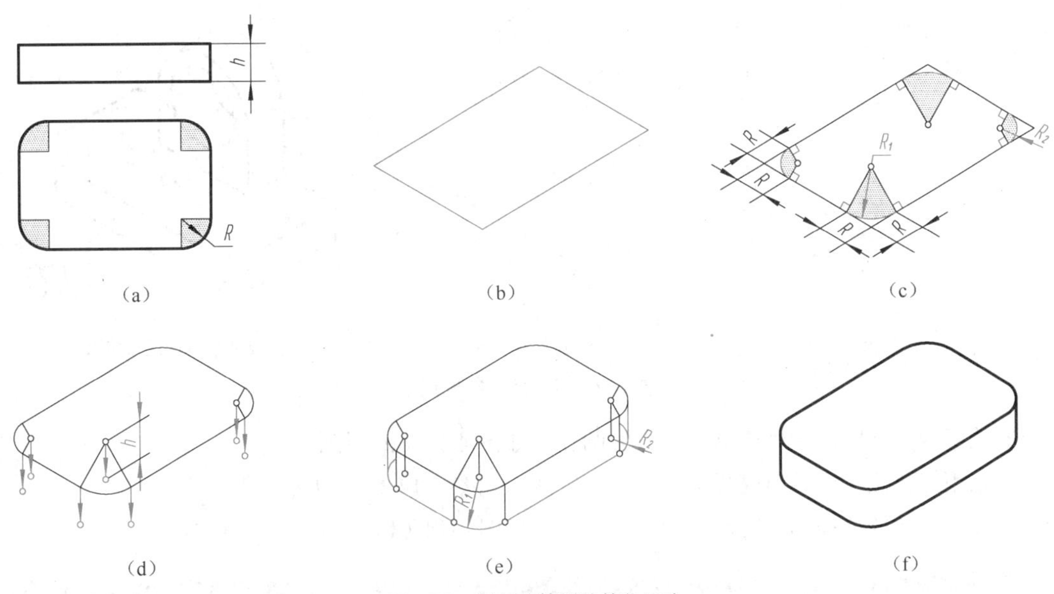

图 4-12 圆角正等测的简化画法

4．组合体的正等测画法

画组合体的轴测图时，仍应用形体分析法。对于切割型组合体用切割法，对于叠加型组合体用叠加法，有时也可两种方法并用。

【例 4-7】 根据图 4-13 所示支架的两视图，画出其正等测。

分析

支架是由底板和支承板叠加而成。底板为长方体，有两个圆角；支承板的上半部为半圆柱面，下半部为长方体，中间有一通孔。支架左右对称，两部分的后表面共面，两部分均以底板上底面为结合面。

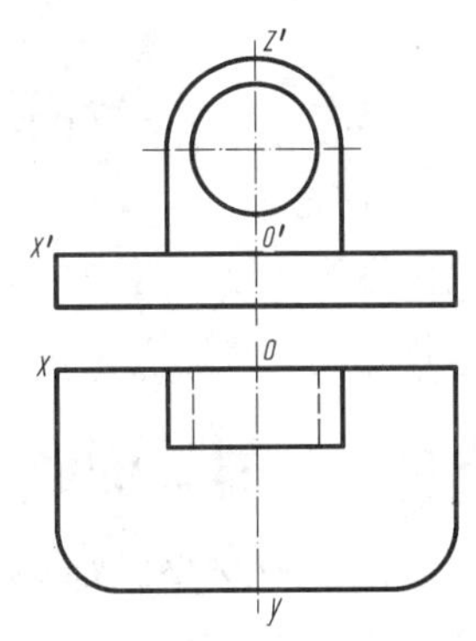

图 4-13 支架及轴测轴的确定

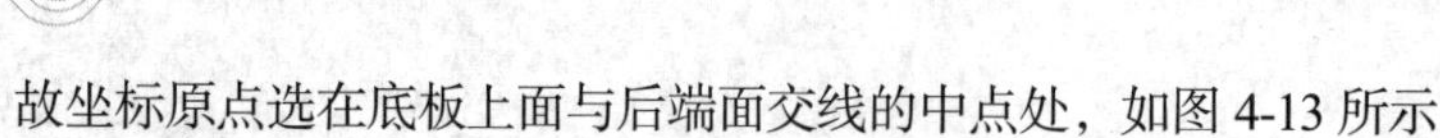

故坐标原点选在底板上面与后端面交线的中点处，如图 4-13 所示。

作图步骤

① 画轴测图时，按叠加法进行。首先画出底板的正等测，再画出立板的正等测，如图 4-14（a）和图 4-14（b）所示。

② 用六点共圆法，画出立板上半部分的圆柱面，如图 4-14（c）所示。

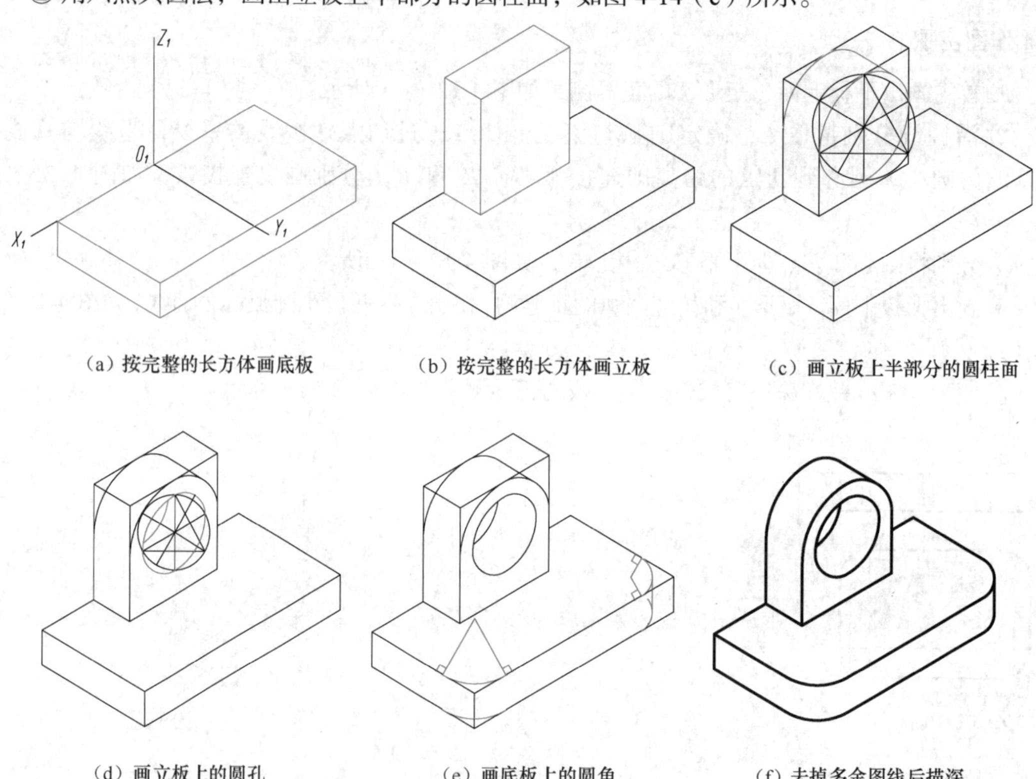

（a）按完整的长方体画底板　（b）按完整的长方体画立板　（c）画立板上半部分的圆柱面

（d）画立板上的圆孔　（e）画底板上的圆角　（f）去掉多余图线后描深

图 4-14　支架的正等测画法

③ 采用六点共圆法，画出立板上方的圆孔，如图 4-14（e）所示。

④ 采用简化画法，画出底板上圆角的正等测，如图 4-14（d）所示。

⑤ 擦去作图线并描深，完成支架的正等测，如图 4-14（f）所示。

*第三节　斜二等轴测图简介

在确定物体的直角坐标系时，使 *OX* 轴和 *OZ* 轴平行轴测投影面，用斜投影法将物体连同其坐标轴一起向轴测投影面投影，所得到的轴测图称为斜二等轴测图，简称斜二测。

一、斜二测的形成及投影特点

由于 *XOZ* 坐标面与轴测投影面平行，*OX* 轴与 *OZ* 轴的轴向伸缩系数相等，即 $p_1=r_1=1$，轴间角$\angle X_1O_1Z_1=90°$。

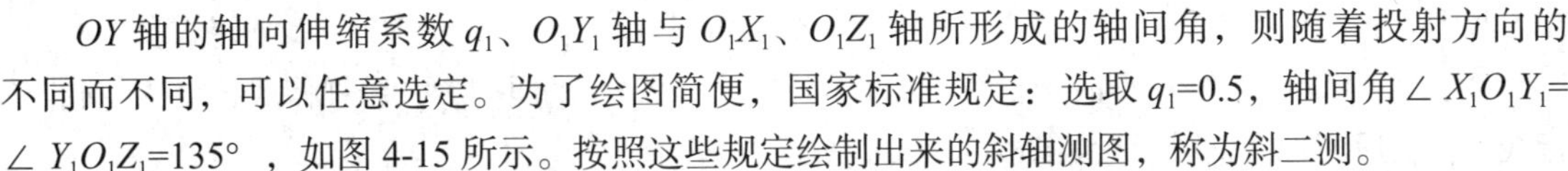

OY 轴的轴向伸缩系数 q_1、O_1Y_1 轴与 O_1X_1、O_1Z_1 轴所形成的轴间角，则随着投射方向的不同而不同，可以任意选定。为了绘图简便，国家标准规定：选取 q_1=0.5，轴间角∠ $X_1O_1Y_1$=∠ $Y_1O_1Z_1$=135°，如图 4-15 所示。按照这些规定绘制出来的斜轴测图，称为斜二测。

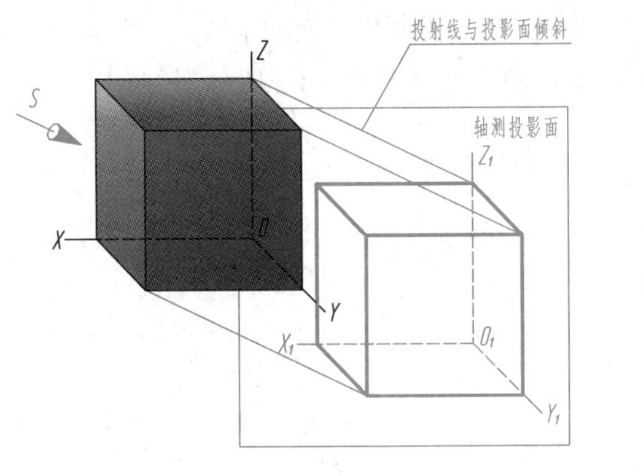

（a）斜二测的形成

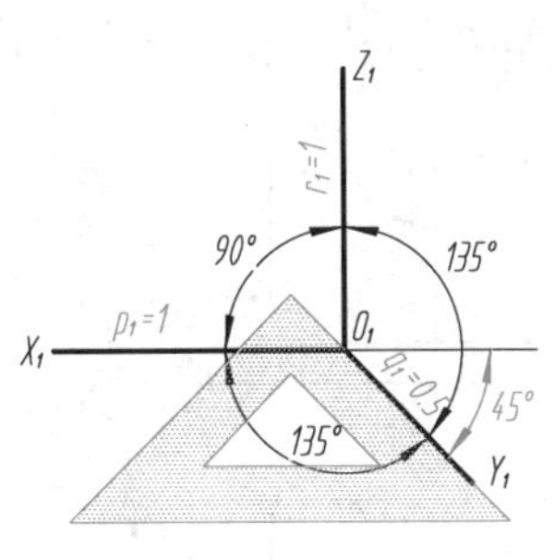

（b）轴间角和轴向伸缩系数

图 4-15　斜二测的形成和轴间角画法

斜二测的特点是：物体上凡平行于 XOZ 坐标面的表面，其轴测投影反映实形。利用这一特点，在绘制沿单方向形状较复杂物体（出现较多的圆）的斜二测时，比较简便易画。

二、斜二测的画法

斜二测的画法与正等测的画法相似，但它们的轴间角及轴向伸缩系数均不同。由于斜二测中 OY 轴的轴向伸缩系数 q_1=0.5，所以在画斜二测时，沿 O_1Y_1 轴方向的长度应取物体上相应长度的一半，如图 4-16 所示。

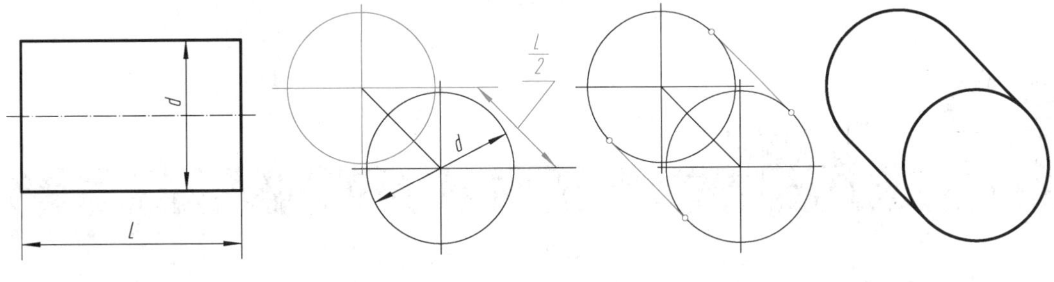

（a）视图　（b）画轴测轴及前、后底圆　（c）作两圆公切线　（d）去掉多余图线后描深

图 4-16　圆柱的斜二测画法

【例 4-8】 根据图 4-17（a）所示轴承座的两视图，画出其斜二测。

分析

轴承座由上下两个等宽的长方体叠加而成。其中下长方体的下边开有矩形通槽，上长方体的上方开有半圆形通槽，轴承座的前面平行于正面，所以采用斜二测作图简便。

作图步骤

① 首先在视图上确定原点和坐标轴，画出 XOY 坐标面的轴测图（与主视图相同），如图 4-17

（a）和图 4-17（b）所示。

② 过各角顶向后作 Y_1 轴的平行线，如图 4-17（c）所示。量取 $L/2$，分别作 X_1 轴、Z_1 轴的平行线，画出后面的完整图形，如图 4-17（d）所示。

③ 过 Z_1 点向后作 Y_1 轴的平行线，得到圆心点 A，画出后面的半圆，如图 4-17（e）所示。

④ 擦去作图线并描深，完成轴承座的斜二测，如图 4-17（f）所示。

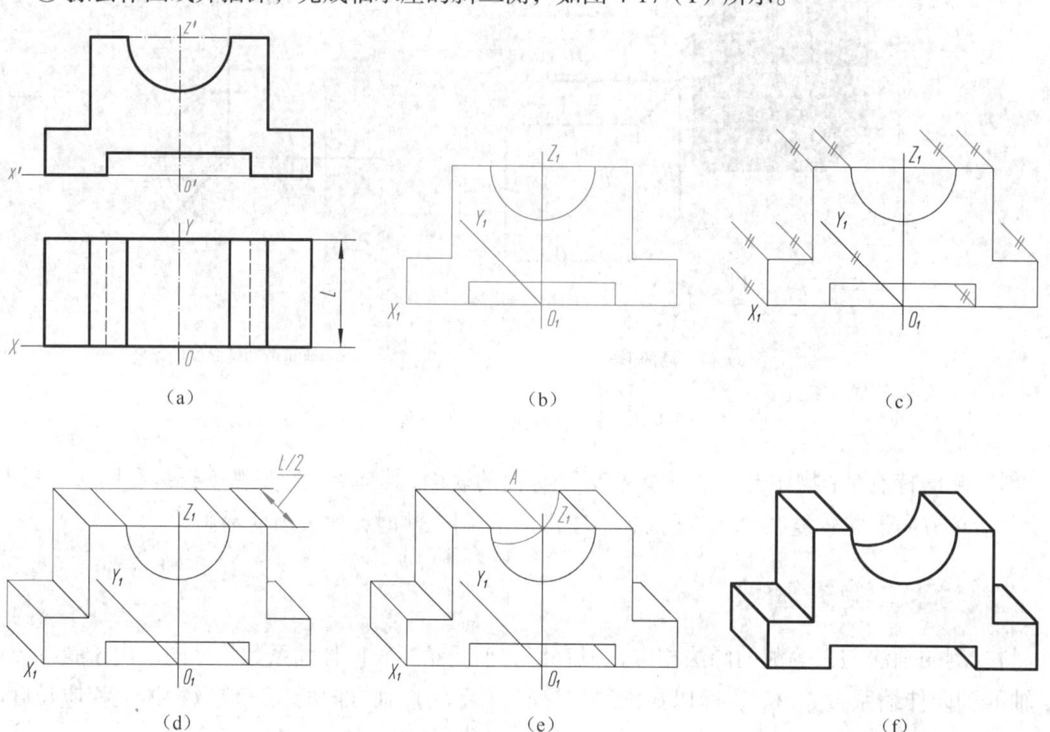

图 4-17　轴承座的斜二测画法

比较与归纳

【活动内容】将正等测与斜二测进行比较。

【活动目的】1. 比较两种常用轴测图的优缺点。

2. 掌握两种常用轴测图在绘图时的不同点。

【活动方法】1. 组织学生观察图 4-18 所示同一立体的两种轴测图。

2. 比较两种轴测图的轴间角、轴向伸缩系数、立体感。

3. 讨论两种轴测图的优缺点。

4. 教师进行归纳总结。

课堂活动

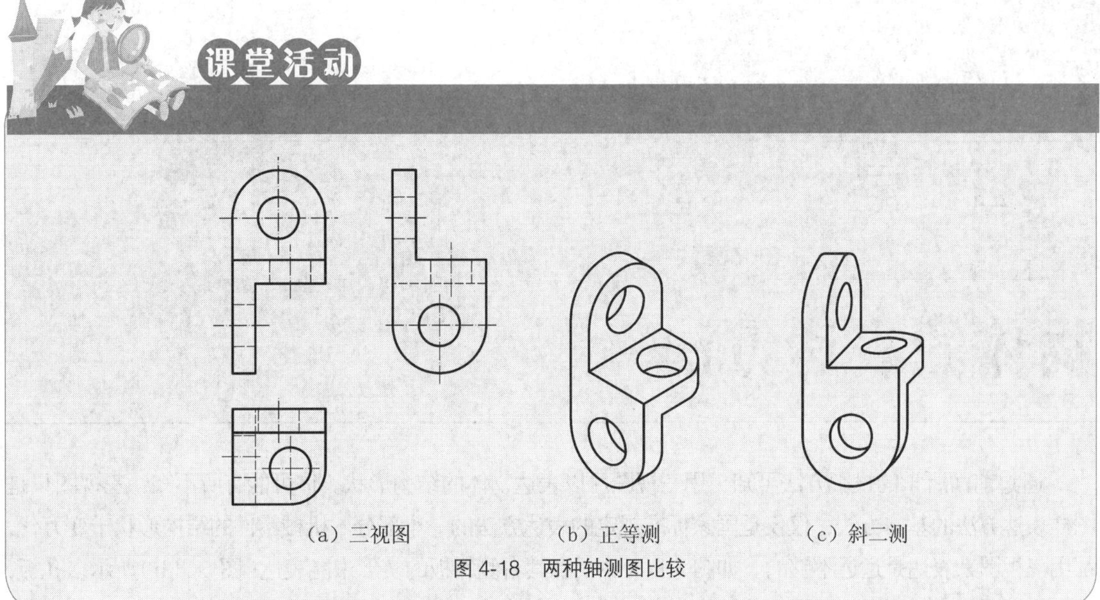

图 4-18　两种轴测图比较

第五章

物体的表达方法

通过前面所学的投影方法可知，用三视图可以表达物体的结构形状。你可能有所不知，三视图只是图样表达方法的基本方法，仅仅是国家标准规定的表达方法的一小部分。机械零件的结构形状千变万化，都用三视图来表达是远远不够的。如图 5-1（a）所示，其右侧斜板的实形未能表达；图 5-1（b）所示多孔板，太多的孔画起来相当麻烦；图 5-1（c）所示图上虚线多的令人发晕……为了解决工程实际遇到的各种问题，制图国家标准规定了一系列的物体表达方法。本章列举的表达方法也只是其中常用的一部分。你可在学习本章的时候，多留意各种表达方法的特点，只有这样，才能在今后的绘图工作中灵活选用。

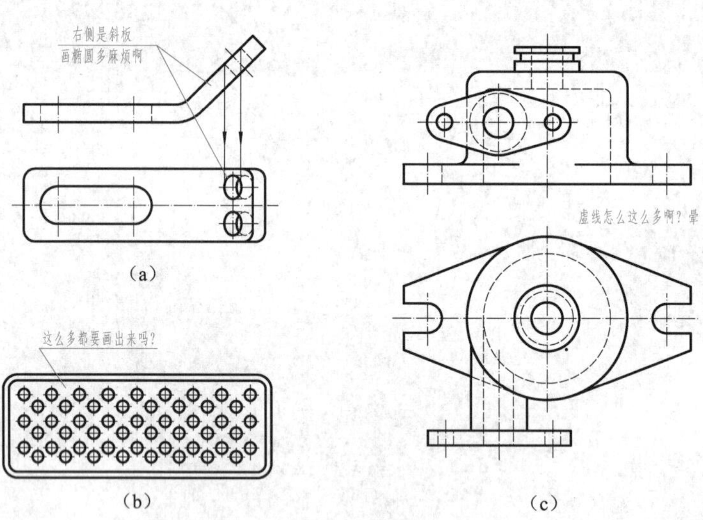

图 5-1　图例

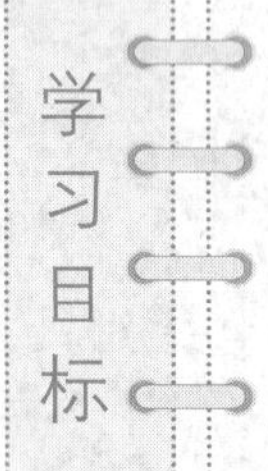

- 熟悉基本视图、向视图、局部视图和斜视图的形成、画法及配置关系。
- 理解剖视的概念，掌握与基本投影面平行、用单一剖切面获得的全剖视图、半剖视图和局部剖视图的画法与标注，掌握识读剖视图的方法。
- 了解用单一斜剖切面、几个相互平行的剖切平面、几个相交的剖切平面获得的剖视图的画法与标注。
- 能识读移出断面、重合断面和局部放大图的画法，以及常用的简化画法。

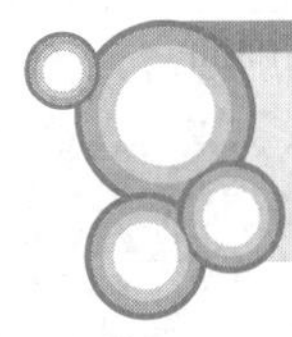

第一节 视图

根据有关标准和规定，用正投影法所绘制出物体的图形，称为视图。视图主要用于表达物体的可见部分，必要时才画出其不可见部分。

一、基本视图（GB/T 17451—1998）

将物体向基本投影面投射所得的视图，称为基本视图。

当物体的构形复杂时，为了完整、清晰地表达物体各方面的形状，国家标准规定，在原有3个投影面的基础上，再增设3个投影面，组成一个正六面体，六面体的6个面称为基本投影面，如图5-2（a）所示。将物体置于六面体中，由*a*、*b*、*c*、*d*、*e*、*f* 6个方向，分别向基本投影面投射，即在主视图、俯视图、左视图的基础上，又得到了右视图、仰视图和后视图，这6个视图为基本视图，如图5-2（b）所示。

主视图（或称*A*视图）——自物体的前方（*a*方向）投射所得的视图；

俯视图（或称*B*视图）——自物体的上方（*b*方向）投射所得的视图；

左视图（或称*C*视图）——自物体的左方（*c*方向）投射所得的视图；

右视图（或称*D*视图）——自物体的右方（*d*方向）投射所得的视图；

仰视图（或称*E*视图）——自物体的下方（*e*方向）投射所得的视图；

后视图（或称*F*视图）——自物体的后方（*f*方向）投射所得的视图。

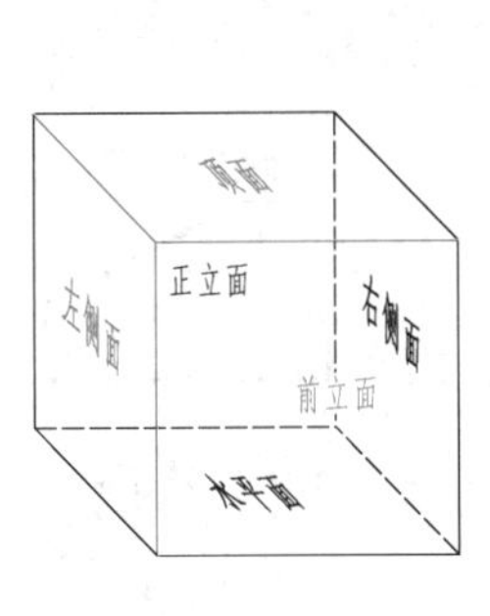

（a）6个基本投影面

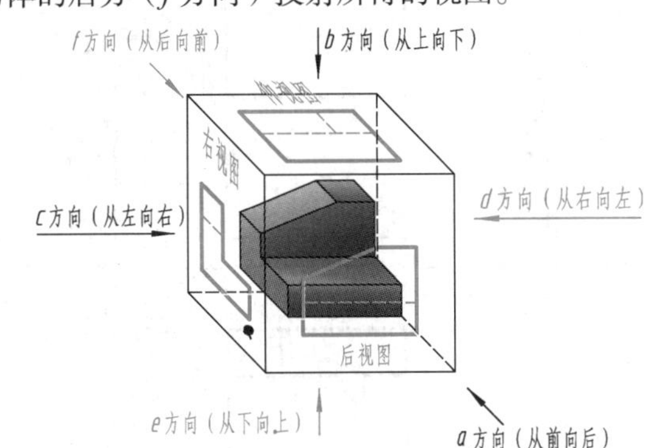

（b）6个投射方向

图5-2 基本视图的获得

6个基本投影面展开的方法如图5-3所示，即正面保持不动，其他投影面按箭头所示方向旋转到与正面共处在同一平面。

6个基本视图在同一张图样内按图5-4配置时，各视图一律不注图名。6个基本视图仍符合“长对正、高平齐、宽相等”的投影规律，即

主、俯、仰、后“长对正”；

主、左、右、后“高平齐”；

俯、左、右、仰“宽相等”。

除后视图外，其他视图靠近主视图的一边是物体的后面，远离主视图的一边是物体的前面。

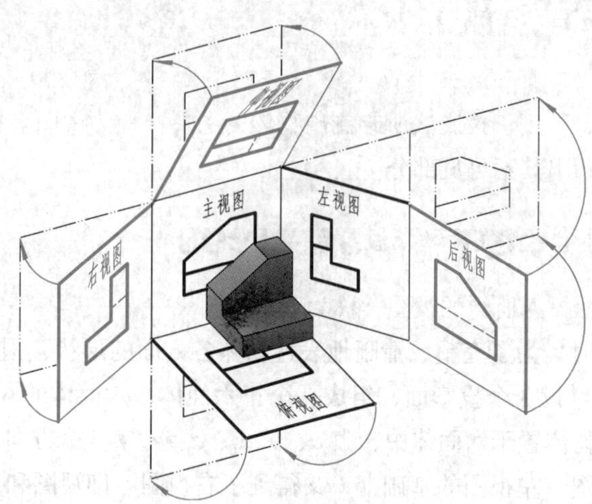

图 5-3　6 个基本投影面的展开

在绘制机械图样时，一般并不需要将物体的 6 个基本视图全部画出，而是根据物体的结构特点和复杂程度，选择适当的基本视图，优先采用主、俯、左视图。

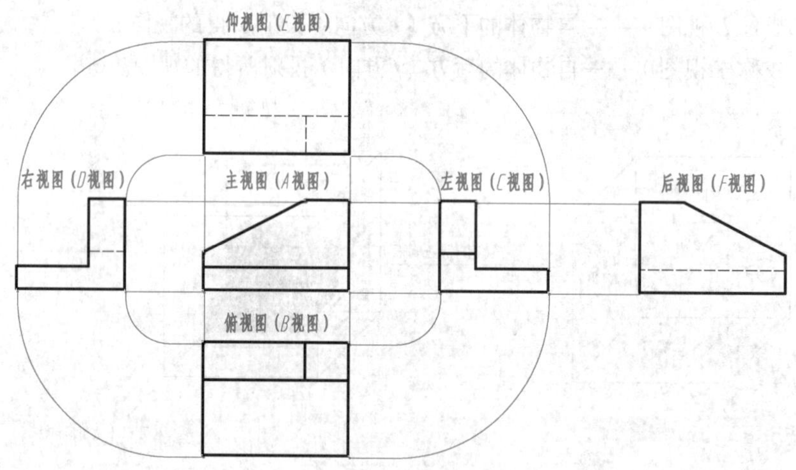

图 5-4　6 个基本视图的配置

二、向视图（GB/T 17451—1998）

向视图是可以自由配置的基本视图。

在实际绘图过程中，有时难以将 6 个基本视图按图 5-4 的形式配置，此时如采用向视图的形式配置，即可使问题得到解决。如图 5-5 所示，在向视图的上方标注“×”（× 为大写拉丁字母，即基本视图 *A*、*B*、*C*、*D*、*E*、*F* 中的某一个），在相应的视图附近，用箭头指明投射方向，并标注相同的字母。

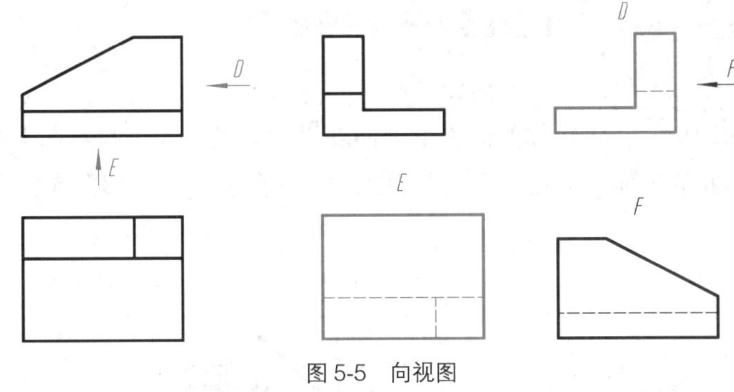

图 5-5　向视图

提示　向视图是基本视图的另一种表达形式。向视图与基本视图的主要区别在于视图的配置形式不同。

三、局部视图（GB/T 17451—1998）

将物体的某一部分向基本投影面投射所得的视图，称为局部视图。

如图 5-6（a）和图 5-6（b）所示，物体左侧的凸台在主、俯视图中未表达清楚，若画出完整的左视图，则大部分图形重复，如图 5-6（d）所示。这时可用“A”向局部视图表示。局部视图可按向视图的配置形式配置并标注，局部视图的断裂边界通常以波浪线（或双折线）表示，如图 5-6（c）所示。

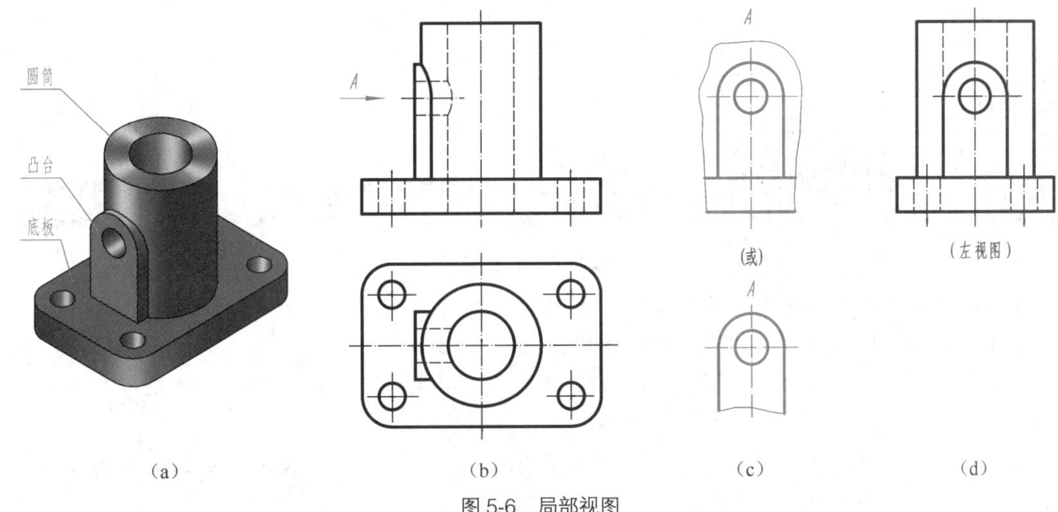

图 5-6　局部视图

为了节省绘图时间和图幅，对称物体的视图也可按局部视图绘制，即只画一半或四分之一，并在对称线的两端画出对称符号（即两条与对称线垂直的平行细实线），如图 5-7 所示。

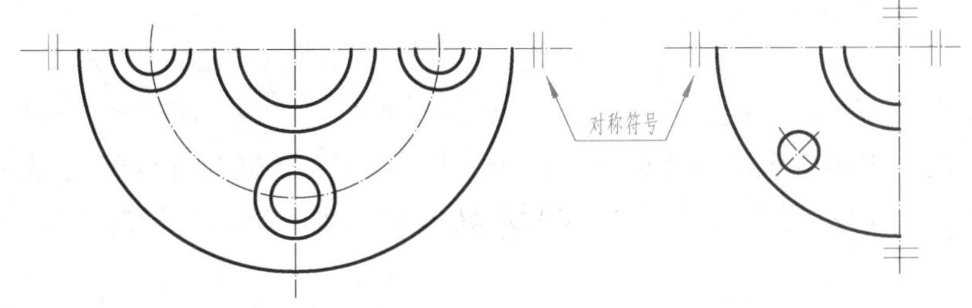

图 5-7　对称物体的视图

四、斜视图（GB/T 17451—1998）

将物体向不平行于基本投影面的平面投射所得的视图，称为斜视图。

当物体上有倾斜结构时，将物体的倾斜部分向新设立的投影面（与物体上倾斜部分平行，且垂直于一个基本投影面的平面）上投射，便可得到倾斜部分的实形，如图 5-8 所示。

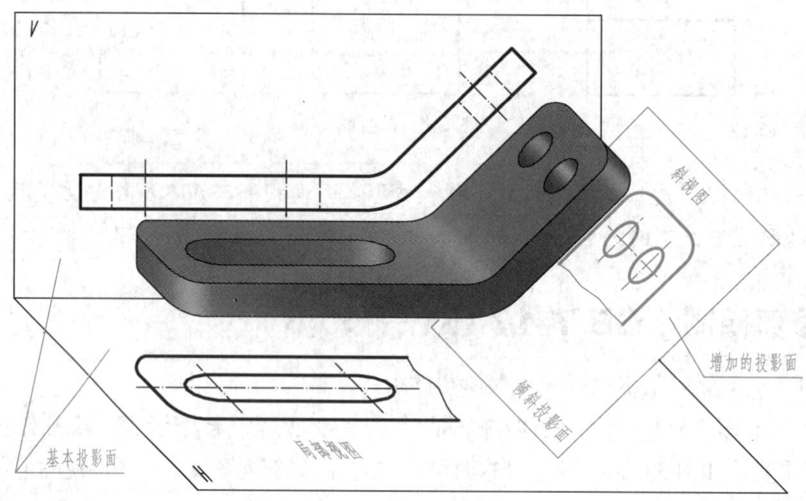

图 5-8　斜视图的形成

课堂活动

视图也要守纪律

【活动内容】在基本视图的基础上学习向视图。

【活动目的】1. 进一步掌握 6 个基本视图的位置关系。

2. 掌握向视图的概念，能正确对向视图进行标注。

3. 对学生进行遵章守纪教育。

【视频播放】利用多媒体课件绘图软件（CAXA 电子图板）演示 6 个基本视图的位置关系。

【活动方法】1. 提出问题：有一个基本视图换位置了该怎样处理？

2. 处理意见：因为 6 个基本视图的位置是固定的，所以不能随便换，一旦需要换位，必须要举手示意（标注视图名称），并指明来自何处（相应视图旁边的标注）。

斜视图通常按向视图的配置形式配置并标注，如图 5-9（a）所示。必要时，可将斜视图旋转配置。此时表示该视图名称的大写拉丁字母，应靠近旋转符号的箭头端，如图 5-9（b）所示的“*A* ⌒”。旋转符号的方向应与实际旋转方向一致。旋转符号的半径应等于字体高度 h。

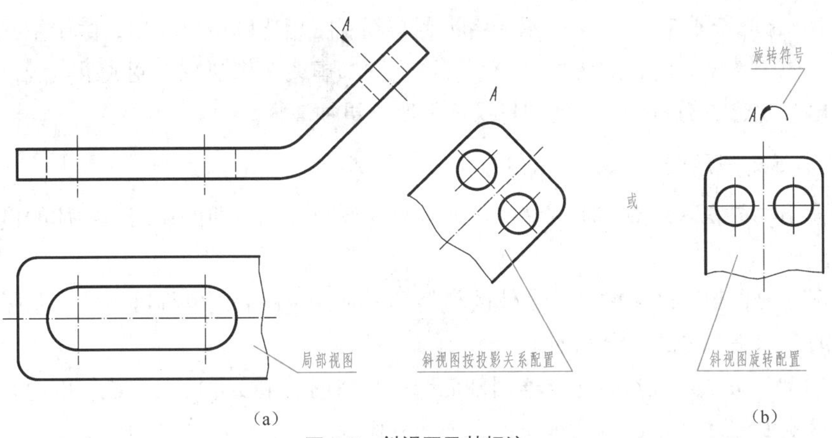

图 5-9　斜视图及其标注

斜视图一般只画出倾斜部分的局部形状，其断裂边界用波浪线表示。

第二节　剖视图

当物体的内部结构比较复杂时，视图中就会出现较多的细虚线，既影响图形清晰，又不利于标注尺寸。为了清晰地表示物体的内部形状，国家标准规定了剖视图的画法。

一、剖视图的基本概念

1．剖视图的获得（GB/T 17452—1998、GB/T 4458.6—2002）

假想用剖切面剖开物体，将处在观察者和剖切面之间的部分移去，而将其余部分向投影面投射所得的图形，称为剖视图，简称剖视，如图 5-10（a）所示。

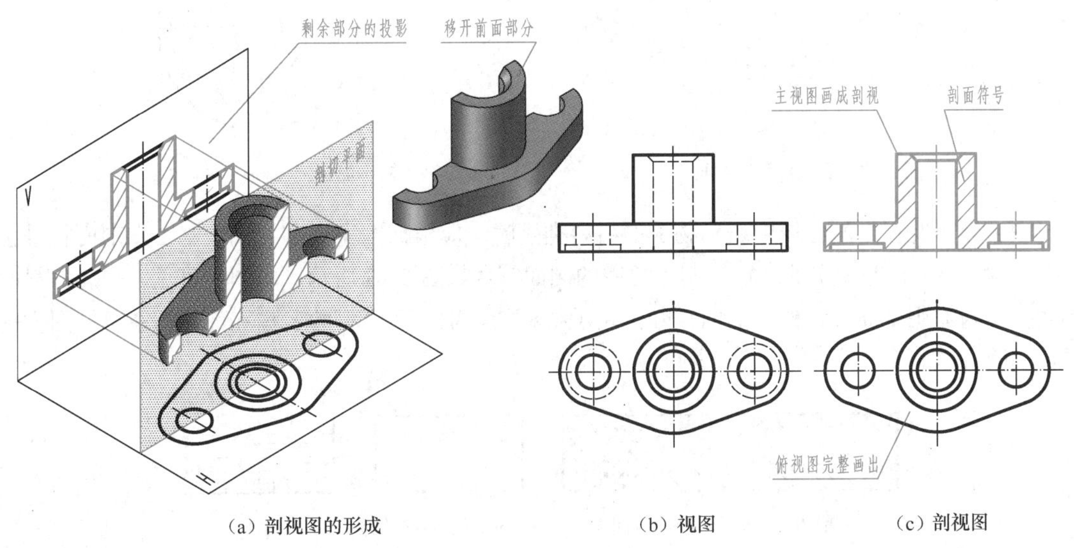

图 5-10　剖视图

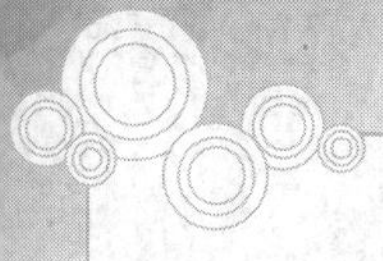

如图 5-10（b）和图 5-10（c）所示，将视图与剖视图相比较可以看出，由于主视图采用了剖视图的画法，原来不可见的孔成为可见的，视图上的细虚线在剖视图中变成了实线，再加上在剖面区域内画出了规定的剖面符号，使图形层次分明，更加清晰。

2．剖面区域的表示法（**GB/T 17453—2005**）

为了增强剖视图表达效果，明辨虚实，通常要在剖面区域（即剖切面与物体的接触部分）画出剖面符号。

（1）当不需要在剖面区域中表示物体的材料类别时，应根据国家标准《技术制图　图样画法　剖面区域的表示法》中的规定，即

① 剖面符号用通用剖面线表示。通用剖面线是与图形的主要轮廓线，或与剖面区域的对称线成 45°、且间距（≈3）相等的细实线，向左或向右倾斜均可，如图 5-11 所示。

② 同一物体的各个剖面区域，其剖面线的方向及间隔应一致。在图 5-12 的主视图中，由于物体倾斜部分的轮廓与底面成 45°，而不宜将剖面线画成与主要轮廓成 45° 时，可将该图形的剖面线画成与底面成 30° 或 60° 的平行线，但其倾斜方向仍应与其他图形的剖面线一致。

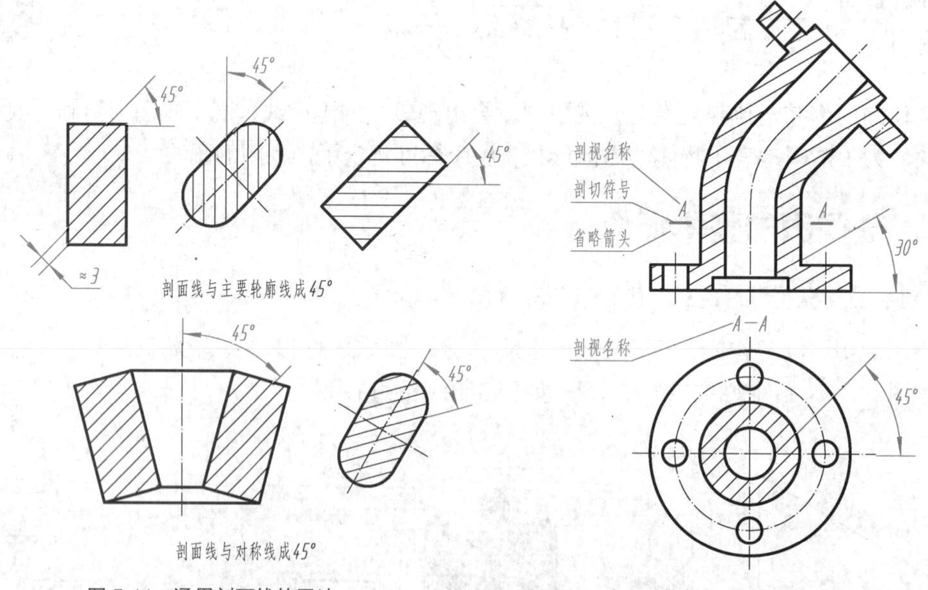

图 5-11　通用剖面线的画法　　图 5-12　30° 或 60° 剖面线的画法

（2）当需要在剖面区域中表示物体的材料类别时，应根据国家标准《机械制图　剖面符号》（GB/T 4457.5—1984）中的规定绘制。常用的剖面符号如图 5-13 所示。由图中可见，金属材料的剖面符号与通用剖面线一致。剖面符号仅表示材料的类别，而材料的名称和代号需在机械图样中另行注明。

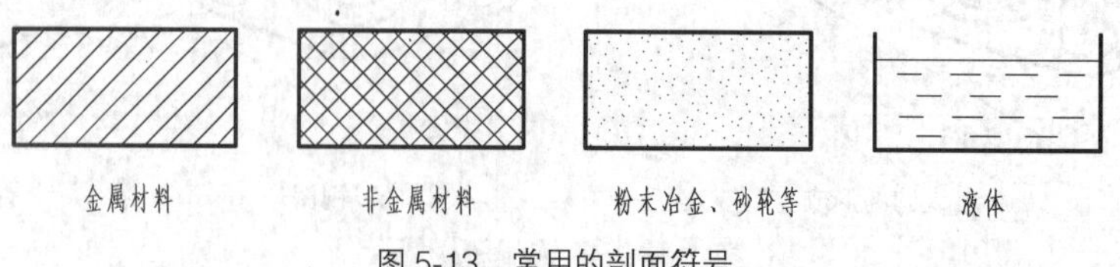

图 5-13　常用的剖面符号

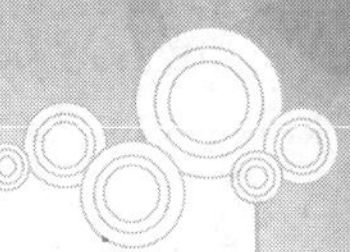

3．剖视图的标注

为了便于看图，在画剖视图时，应将剖切位置、剖切后的投射方向和剖视图名称标注在相应的视图上。标注的内容有以下 3 项。

（1）剖切符号。表示剖切面的位置。在相应的视图上，用剖切符号（粗短画线，线宽（1~ 1.5）d，线长 5~ 8 mm）表示剖切面的起迄和转折处位置，并尽可能不与图形的轮廓线相交。

（2）投射方向。在剖切符号的两端外侧，用箭头指明剖切后的投射方向。

（3）剖视图的名称。在剖视图的上方用大写拉丁字母标注剖视图的名称“×—×”，并在剖切符号的一侧注上同样的字母。

在下列情况下，可省略或简化标注。

① 当单一剖切平面通过物体的对称面或基本对称面，且剖视图按投影关系配置，中间又没有其他图形隔开时，不必标注，如图 5-10（c）和图 5-14（b）所示。

② 当剖视图按投影关系配置，中间又没有其他图形隔开时，可以省略箭头，如图 5-12、图 5-17（b）和图 5-19（b）所示。

边看边学

【活动内容】剖视图的形成过程。

【活动目的】1. 理解剖视图的概念。

2. 了解剖视图的获得方法。

3. 掌握剖视图的标注方法。

【视频播放】组织学生观看多媒体课件，用课件演示剖视图的形成过程。

【活动方法】用绘图软件（CAXA 电子图板）演示剖视图的标注，进行正误对比。

二、画剖视图时应注意的问题

（1）因为剖视图是物体被剖切后剩余部分的完整投影，所以，凡是剖切面后面的可见轮廓线应全部画出，不得遗漏，如表 5-1 所示。

表 5-1 剖视图中漏画线的示例

轴 测 剖 视	正 确 画 法	漏 线 示 例
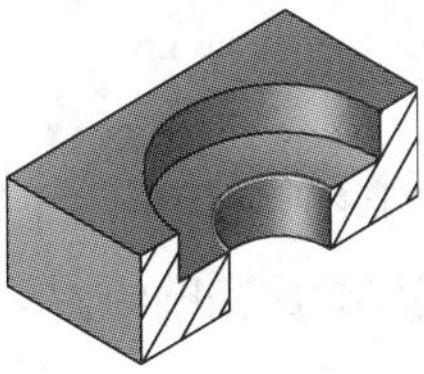	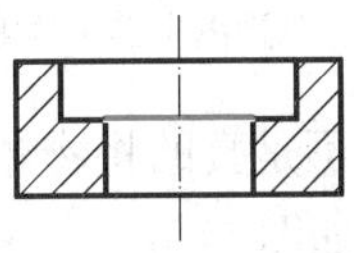	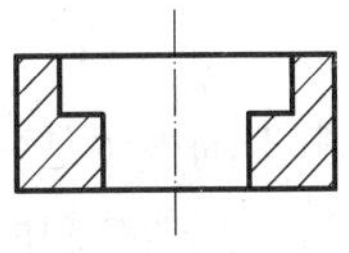

续表

轴测剖视	正确画法	漏线示例
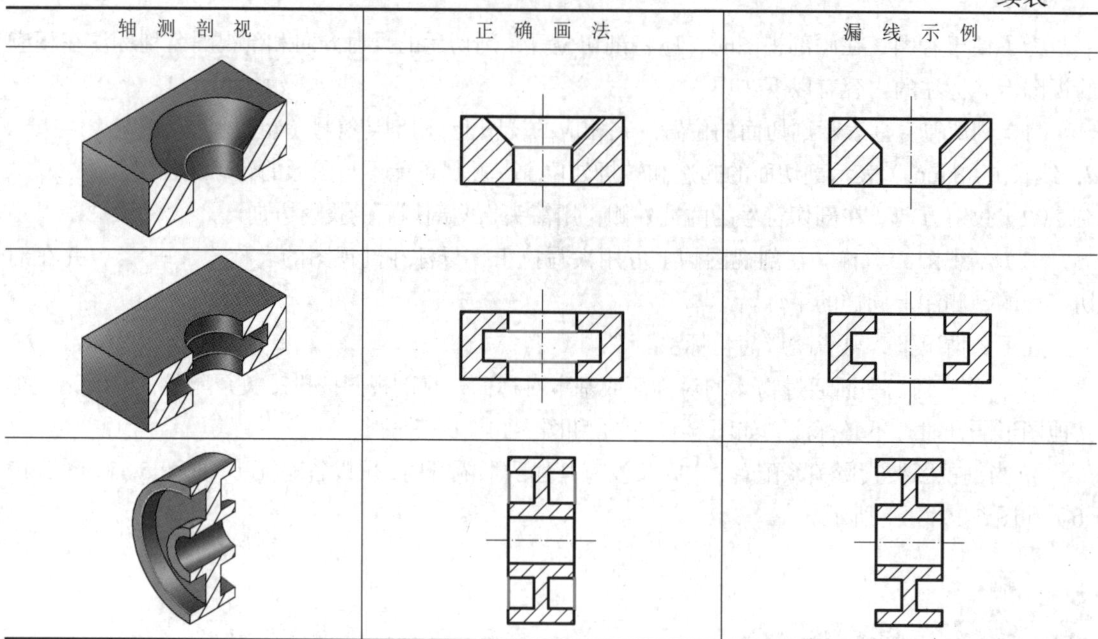		

（2）剖切面一般应通过物体的对称面和基本对称面或内部孔、槽的轴线，并与投影面平行。如图 5-10（c）和图 5-12 中的剖切面通过物体的前后对称面且平行于正面。

（3）在剖视图中，表示物体不可见部分的细虚线，如在其他视图中已表达清楚，可以省略不画。如图 5-14（c）所示，主视图中上下突缘的后部，在剖视图中是不可见的，该结构在俯视图中已表达清晰，主视图中的细虚线若全部画出，则略显多余，如图 5-14（a）所示。只有对尚未表达清楚的结构形状，才用细虚线画出，如图 5-14（b）所示。

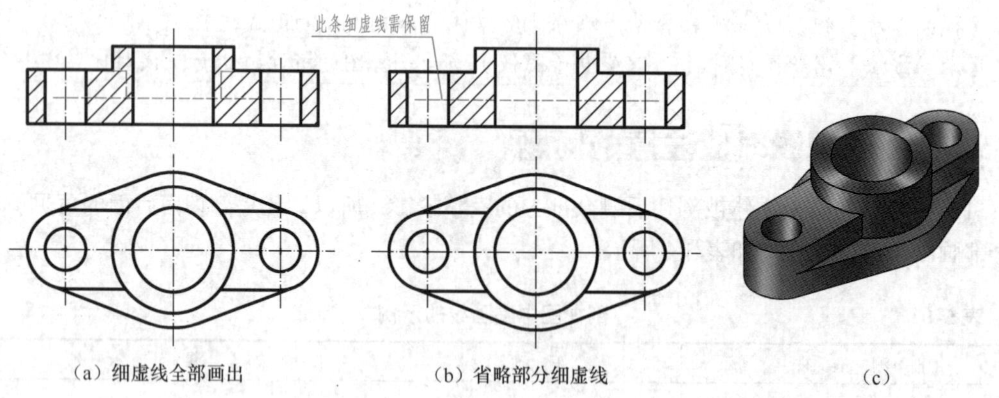

（a）细虚线全部画出　　（b）省略部分细虚线　　（c）

图 5-14　剖视图中必要的细虚线

（4）由于剖视图是一种假想画法，并不是真的将物体切去一部分，因此当物体的一个视图画成剖视图后，其他视图应该完整地画出，如图 5-10（c）中的俯视图，仍应画成完整的。

三、剖视图的种类

根据剖开物体的范围，可将剖视图分为全剖视图、半剖视图和局部剖视图。国家标准规定，

剖切面可以是平面也可以是曲面，可以是单一的剖切面也可以是组合的剖切面。绘图时，应根据物体的结构特点，恰当地选用单一剖切面、几个平行的剖切平面或几个相交的剖切面（交线垂直于某一投影面），绘制物体的全剖视图、半剖视图和局部剖视图。

1．全剖视图

用剖切面完全地剖开物体所得的剖视图，称为全剖视图，简称全剖视。全剖视主要用于表达外形简单、内形复杂而又不对称的物体。全剖视的标注规则如前所述。

（1）用单一剖切面获得的全剖视图。单一剖切面通常指平面或柱面。图 5-10（c）、图 5-12 和图 5-14（b）所示都是用单一剖切平面剖切得到的全剖视图，是最常用的剖切形式。

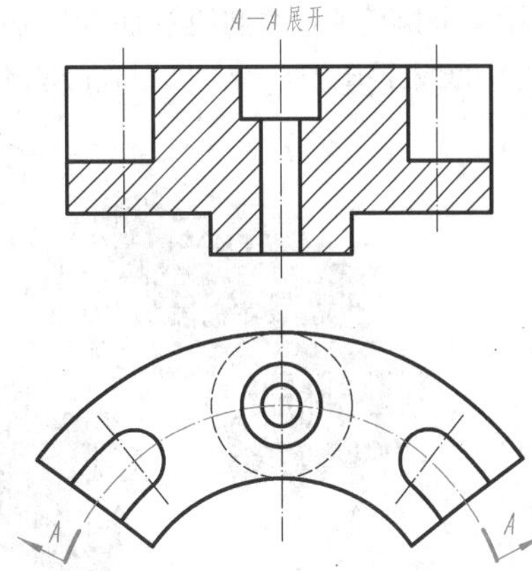

图 5-15　用单一柱面剖切获得的全剖视图

图 5-15 所示为用单一柱面剖切物体所得的全剖视图。采用柱面剖切物体时，剖视图应展开绘制，并在剖视图的上方加注“×—× 展开”字样。

图 5-16 中的“*A—A*”剖视图，是用单一斜剖切面完全地剖开物体得到的全剖视。主要用于表达物体上倾斜部分的结构形状。如图 5-16（b）所示，用单一斜剖切面获得的剖视图，一般按投影关系配置，也可将剖视图平移到适当位置。必要时允许将图形旋转配置，但必须标注旋转符号。对此类剖视图必须进行标注，不能省略。

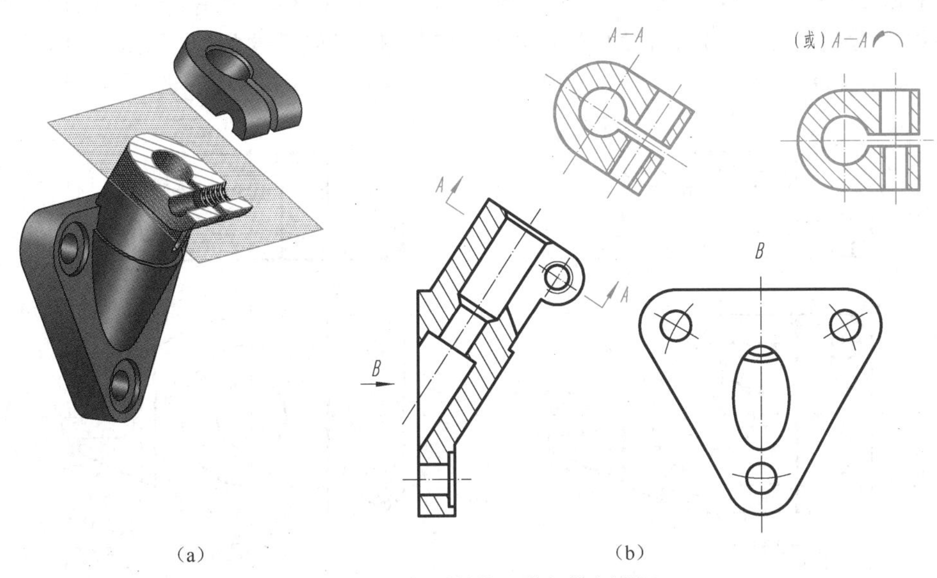

图 5-16　用单一斜剖切面获得的全剖视图

（2）用几个平行的剖切平面获得的全剖视图。当物体上有若干不在同一平面上而又需要表达的内部结构时，可采用几个平行的剖切平面剖开物体。几个平行的剖切平面可能是两个或两个以上，各剖切平面的转折必须是直角。

如图 5-17（a）所示，物体上的 3 个孔不在前后对称面上，用一个剖切平面不能同时剖到。这时，

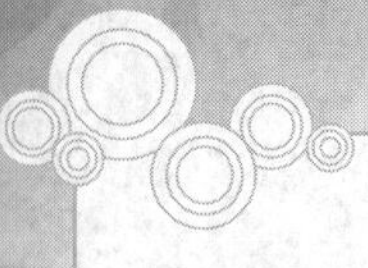

可用两个相互平行的剖切平面分别通过左侧的阶梯孔和前后对称面，再将两个剖切平面后面的部分，同时向基本投影面投射，即得到用两个平行平面剖切的全剖视图，如图 5-17（b）所示。

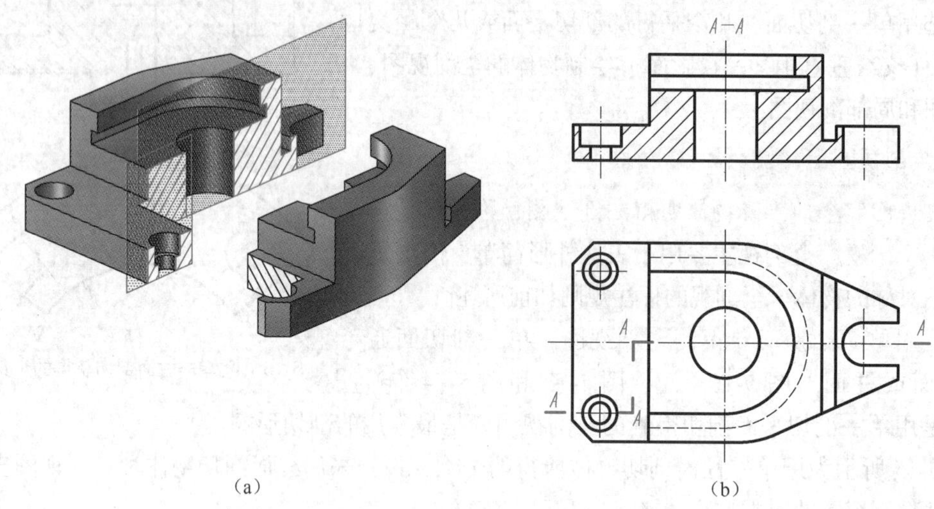

图 5-17 用两个平行的剖切平面获得的全剖视图

用几个平行的剖切平面剖切时，应注意以下几点。

① 在剖视图的上方，用大写拉丁字母标注图名"×—×"，在剖切平面的起迄和转折处画出剖切符号，并注上相同的字母。若剖视图按投影关系配置，中间又没有其他图形隔开时，允许省略箭头，如图 5-17（b）所示。

② 在剖视图中一般不应出现不完整的结构要素，如图 5-18（a）所示。在剖视图中不应画出剖切平面转折处的界线，且剖切平面的转折处也不应与图中的轮廓线重合，如图 5-18（b）所示。

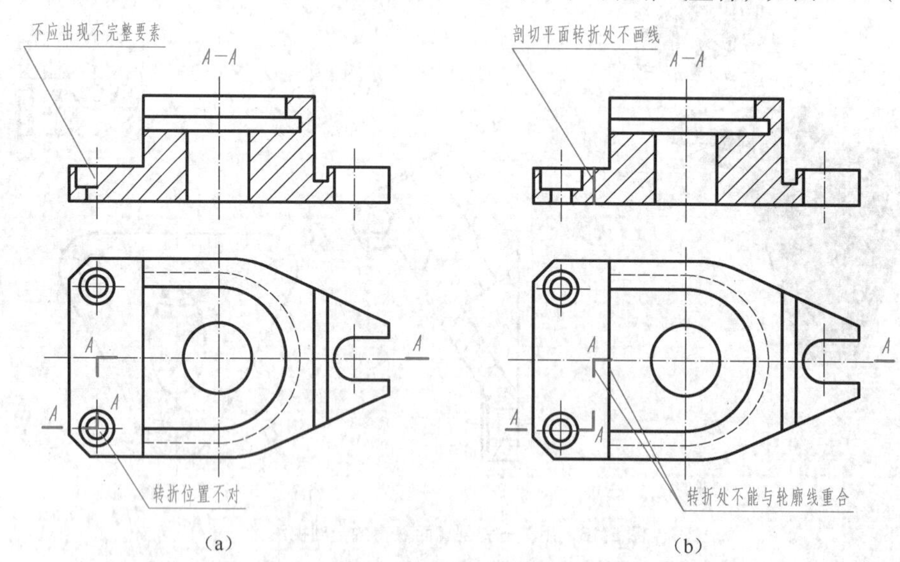

图 5-18 用几个平行平面剖切时的错误画法

（3）用几个相交的剖切面获得的全剖视图。当物体上的孔（槽）等结构不在同一平面上，但却沿物体的某一回转轴线分布时，可采用几个相交于回转轴线的剖切面剖开物体，将剖切面剖开的结构及有关部分，旋转到与选定的投影面平行后，再进行投射。几个相交剖切面的交线，必须垂直于某一基本投影面。

如图 5-19（a）所示，用相交的侧平面和正垂面将物体剖切，先将倾斜部分绕轴线旋转到与侧平面平行后，再向侧面投射，即得到用两个相交平面剖切的全剖视图，如图 5-19（b）所示。

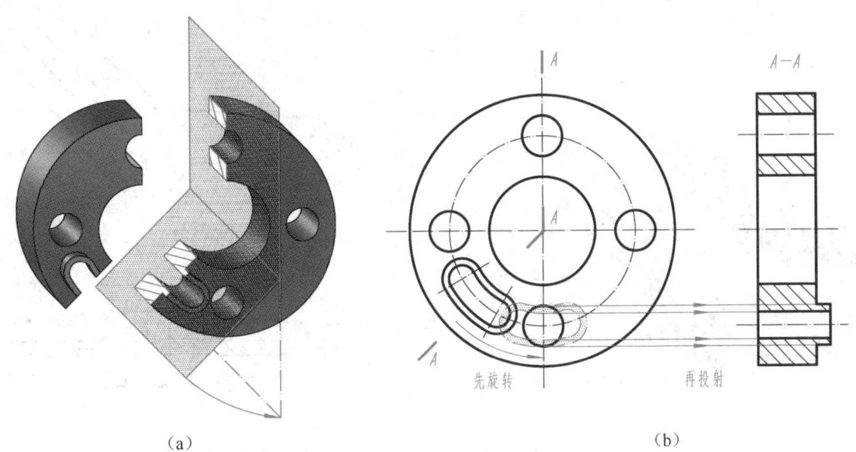

图 5-19　两个相交剖切平面获得的全剖视图

用几个相交的剖切面剖切时，应注意以下几点。

① 这里强调的是切开后先旋转，而不是将要表达的结构先旋转，然后再切开。因此，采用几个相交剖切面剖切时，往往有些部分的图形会伸长，如图 5-20（c）所示。

② 剖切平面后的其他结构，一般仍按原来的位置进行投射，如图 5-21（b）所示。

③ 剖切平面的交线应与物体的回转轴线重合。

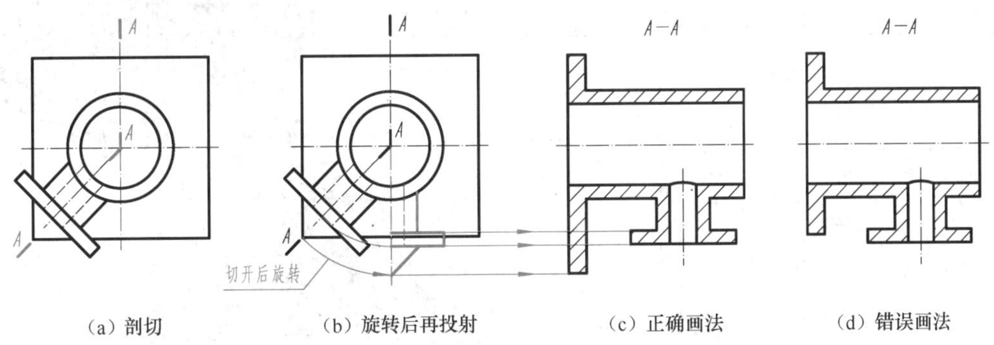

图 5-20　先切开再旋转的画法

2．半剖视图

当物体具有对称平面时，向垂直于对称平面的投影面投射所得的图形，可以以对称中心线为界，一半画成剖视图，另一半画成视图，这种组合的图形称为半剖视图，简称半剖视，如图 5-22（a）所示。半剖视图主要用于内外形状都需要表示，且具有对称结构的物体。

画半剖视应注意以下几点。

（1）视图部分和剖视图部分必须以对称中心线（细点画线）为界。在半剖视图中，剖视部分的位置通常可按以下原则配置。

① 在主视图中，位于对称中心线的右侧。

② 在俯视图中，位于对称中心线的下方。

③ 在左视图中，位于对称中心线的右侧。

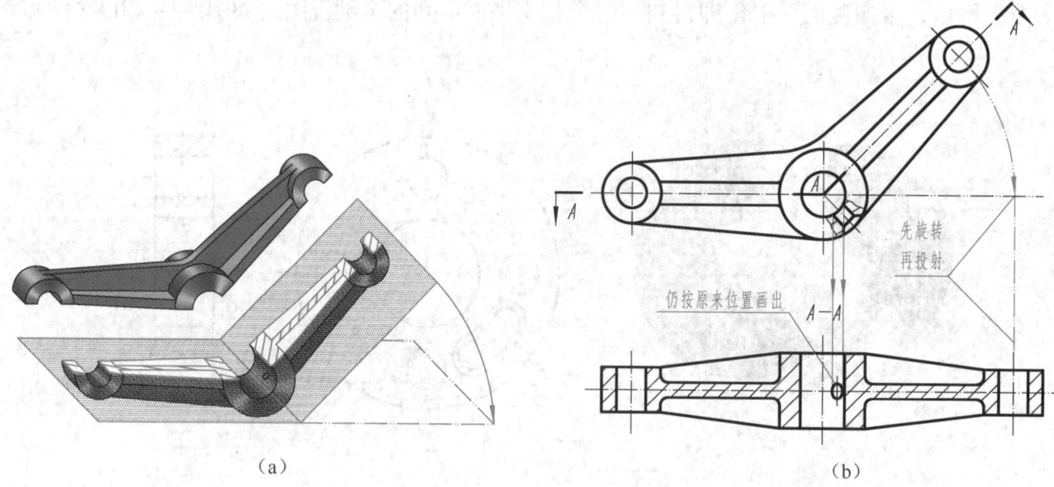

（a）　　　　（b）

图 5-21　剖切平面后的结构画法

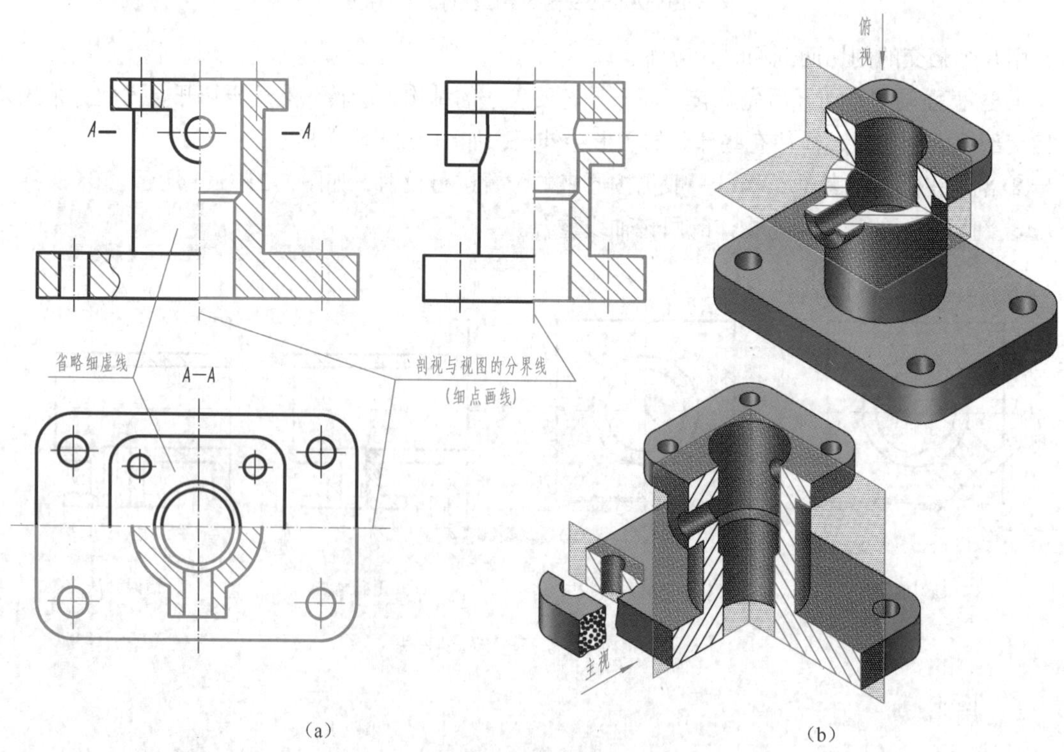

（a）　　　　（b）

图 5-22　半剖视图

（2）由于物体的内部形状已在半个剖视中表示清楚，所以在半个视图中的细虚线省略，但对孔、槽等仍需用细点画线表示其中心位置。

（3）对于那些在半剖视中不易表达的部分，如图 5-22（a）中安装板上的孔，可在视图中以局部剖视的方式表达。

（4）半剖视的标注方法与全剖视相同。但要注意：剖切符号应画在图形轮廓线以外，如图 5-22（a）主视图中的“*A*—　　—*A*”。

图 5-23 所示为采用两个平行的剖切平面获得的半剖视示例，图 5-24 所示为采用组合剖切面

获得的半剖视图示例。

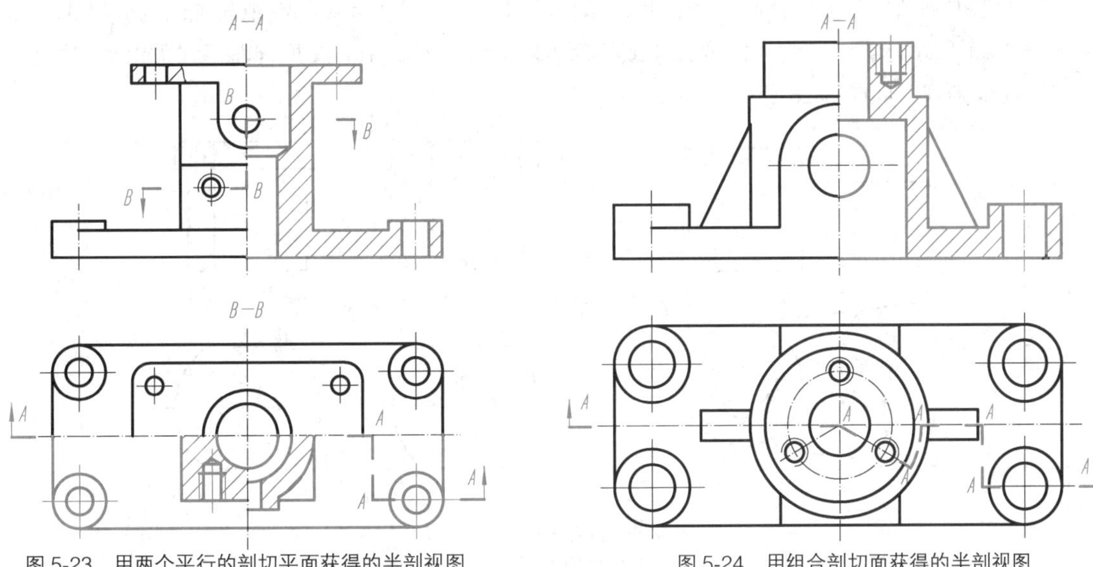

图 5-23 用两个平行的剖切平面获得的半剖视图

图 5-24 用组合剖切面获得的半剖视图

3. 局部剖视图

用剖切面局部地剖开物体所得的剖视图，称为局部剖视图，简称局部剖视。当物体只有局部内形需要表示，而又不宜采用全剖视时，可采用局部剖视表达，如图 5-25（a）所示。局部剖视是一种灵活、便捷的表达方法。它的剖切位置和剖切范围，可根据实际需要确定。

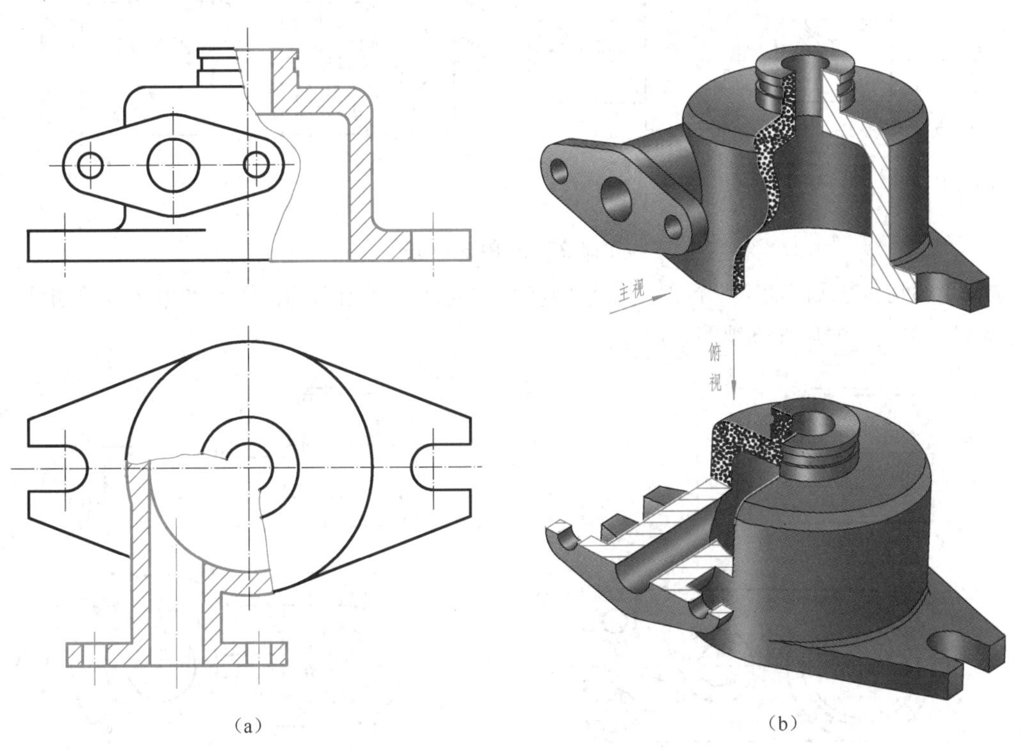

图 5-25 局部剖视图

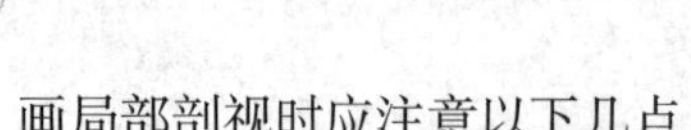

画局部剖视时应注意以下几点。

（1）当被剖结构为回转体时，允许将该结构的对称中心线作为局部剖视与视图的分界线，如图 5-26（a）所示。当对称物体的内部（或外部）轮廓线与对称中心线重合而不宜采用半剖视时，可采用局部剖视，如图 5-26（b）所示。

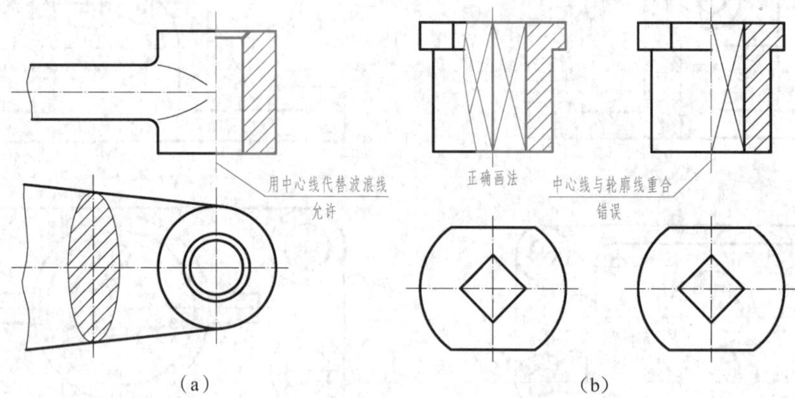

图 5-26　局部剖视的特殊情况

（2）局部剖视图的视图部分和剖视部分以波浪线分界。波浪线不能与其他图线重合，如图 5-27（a）所示。波浪线要画在物体的实体部分，不应超出视图的轮廓线，如图 5-27（b）所示。

（3）对于剖切位置明显的局部剖视，一般不予标注，如图 5-25（a）和图 5-26 所示。必要时，可按全剖视的标注方法标注。

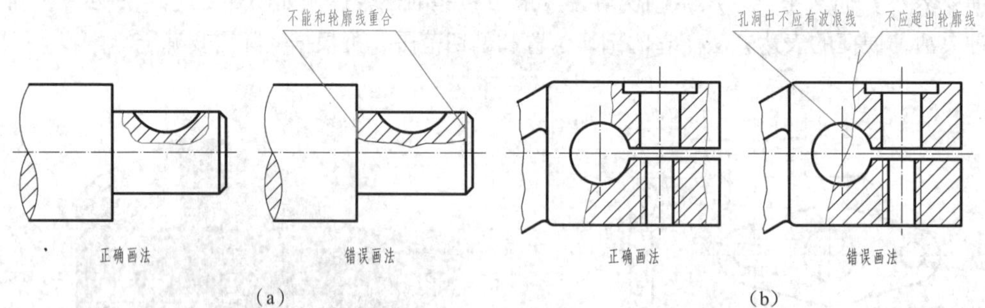

图 5-27　波浪线的画法

图 5-28 所示为采用两个平行的剖切平面获得的局部剖视图示例，图 5-29 所示为采用两个相交的剖切平面获得的局部剖视图示例。

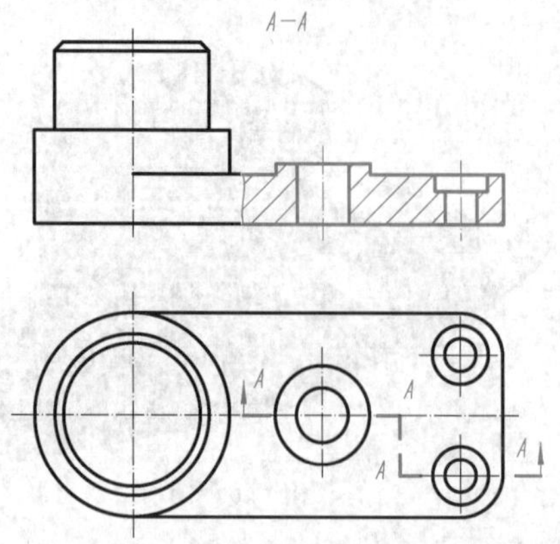

图 5-28　用两个平行的剖切平面获得的局部剖视图

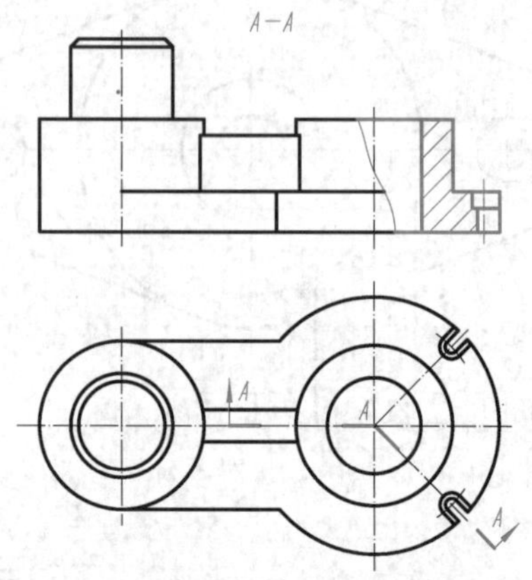

图 5-29　用两个相交的剖切平面获得的局部剖视图

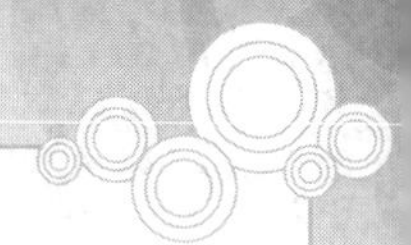

四、剖视图中的规定画法

（1）画各种剖视图时，对于物体上的肋板、轮辐及薄壁等，若按纵向剖切，这些结构都不画剖面符号，而用粗实线将它们与邻接部分分开。

如图 5-30（a）中的左视图，当采用全剖视时，剖切平面通过中间肋板的纵向对称平面，在肋板的范围内不画剖面符号，肋板与其他部分的分界处均用粗实线绘出。图 5-30（a）中的“*A—A*”剖视图，因为剖切平面垂直于肋板和支承板（即横向剖切），所以仍要画出剖面符号。

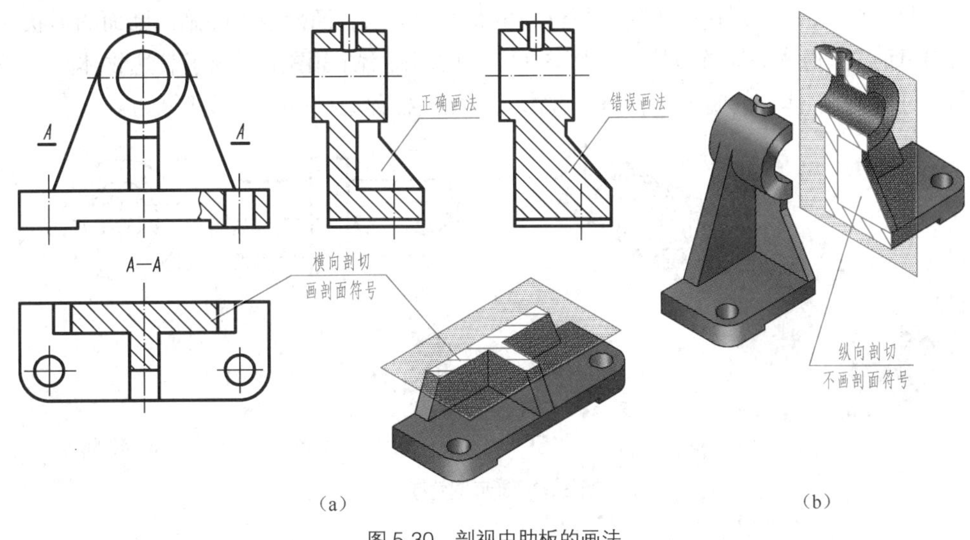

图 5-30 剖视中肋板的画法

（2）回转体上均匀分布的肋板、孔等结构不处于剖切平面上时，可假想将这些结构旋转到剖切平面上画出，如图 5-31 所示。

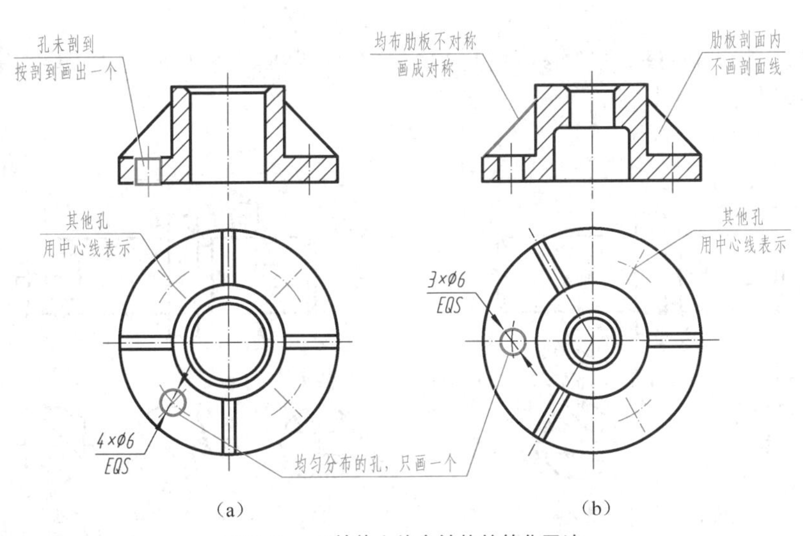

图 5-31 回转体上均布结构的简化画法

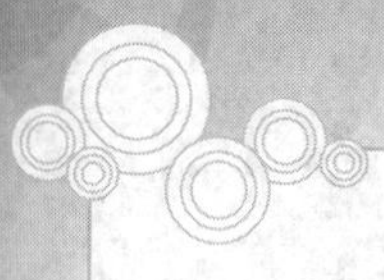

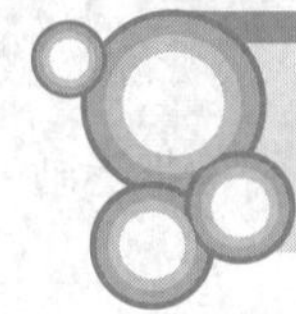

第三节 断面图

假想用剖切平面将物体的某处切断，仅画出该剖切面与物体接触部分的图形，称为断面图，简称断面。

断面图，实际上就是使剖切平面垂直于结构要素的中心线（轴线或主要轮廓线）进行剖切，然后将断面图形旋转 90°，使其与纸面重合而得到的，如图 5-32（a）和图 5-32（b）所示。

断面图与剖视图的区别在于：断面图仅画出断面的形状，而剖视图除画出断面的形状外，还要画出剖切面后面物体的完整投影，如图 5-32（c）所示。断面图主要用于表达物体某一局部的断面形状，例如，物体上的肋板、轮辐、键槽、小孔、各种型材的断面形状等。

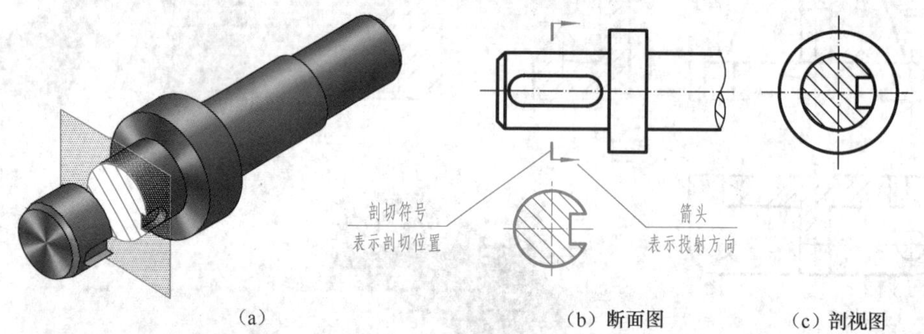

图 5-32 断面图的概念

根据断面在图样中的不同位置，可分为移出断面图和重合断面图。

一、移出断面图（GB/T 17452—1998、GB/T 4458.6—2002）

画在视图之外的断面图，称为移出断面图，简称移出断面。移出断面的轮廓线用粗实线绘制，如图 5-33 所示。

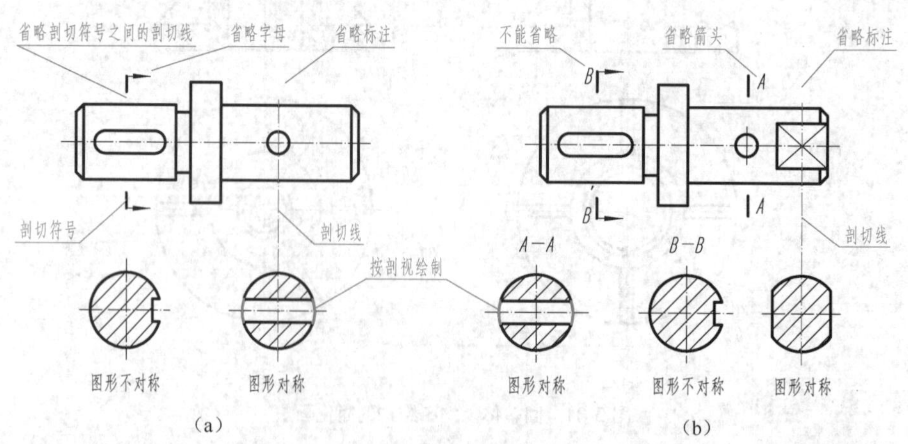

图 5-33 移出断面的配置及标注

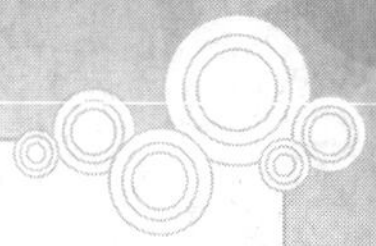

1．画移出断面图的注意事项

（1）移出断面应尽量配置在剖切符号或剖切线的延长线上，如图 5-33（a）所示；也可配置在其他适当位置，如图 5-33（b）中的“*A—A*”、“*B—B*”断面。

（2）当剖切平面通过回转面形成的孔（或凹坑）的轴线时，这些结构按剖视图绘制，如图 5-34 所示。

（3）当剖切平面通过非圆孔，会导致出现完全分离的两个断面时，则这些结构按剖视图绘制，如图 5-35 所示。

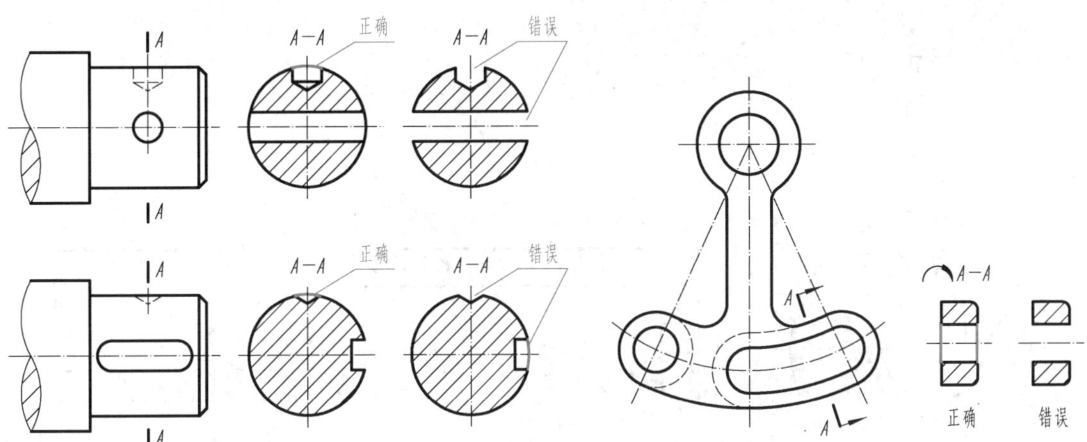

图 5-34　带有孔或凹坑的断面图

图 5-35　按剖视图绘制的移出断面图

（4）断面图的图形对称时，可画在视图的中断处，如图 5-36 所示。当移出断面图是由两个或多个相交的剖切平面形成时，断面图的中间应断开，如图 5-37 所示。

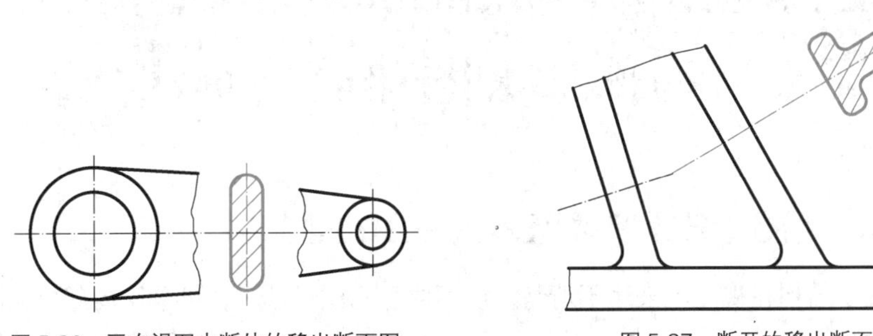

图 5-36　画在视图中断处的移出断面图

图 5-37　断开的移出断面图

2．移出断面图的标注

移出断面图的标注形式及内容与剖视图基本相同。根据具体情况，标注可简化或省略，如图 5-33 所示。

（1）对称的移出断面图。画在剖切符号的延长线上时，可省略标注；画在其他位置时，可省略箭头。

（2）不对称的移出断面图。画在剖切符号的延长线上时，可省略字母；画在其他位置时，要标注剖切符号、箭头和字母（即哪一项都不能省略）。

二、重合断面图（GB/T 17452—1998、GB/T 4458.6—2002）

画在视图之内的断面图，称为重合断面图，简称重合断面。重合断面图的轮廓线用细实线绘制，如图 5-38 所示。

画重合断面图应注意以下两点。

（1）重合断面图与视图中的轮廓线重叠时，视图的轮廓线应连续画出，不可间断。

（2）重合断面图省略标注，如图 5-38 所示。

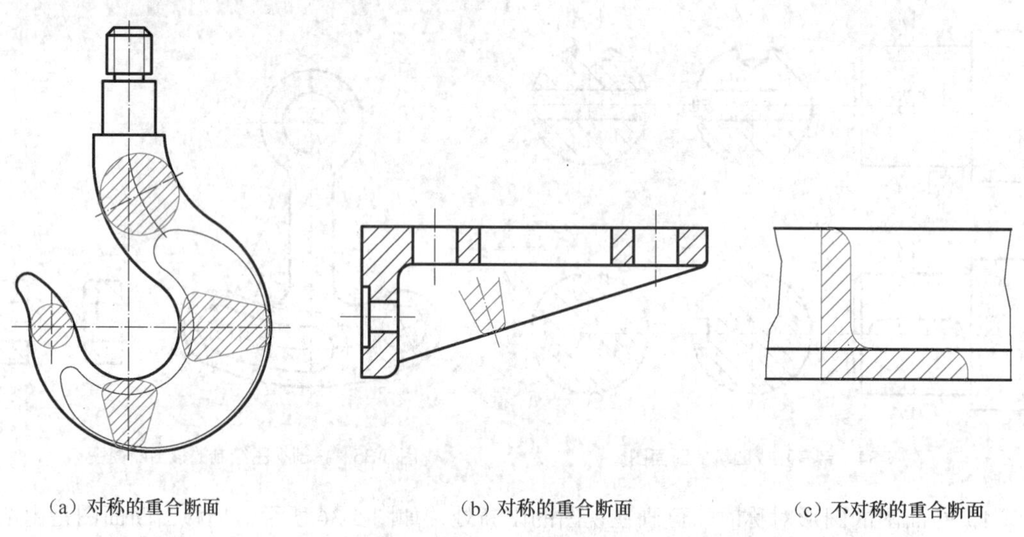

（a）对称的重合断面　（b）对称的重合断面　（c）不对称的重合断面

图 5-38　重合断面图

第四节　局部放大图和简化画法

一、局部放大图（GB/T 4458.1—2002）

当物体上的细小结构在视图中表达不清楚，或不便于标注尺寸时，可采用局部放大图。将图样中所表示的物体的部分结构，用大于原图形的比例绘出的图形，称为局部放大图，如图 5-39 所示。局部放大图的比例，系指该图形中物体要素的线性尺寸与实际物体相应要素的线性尺寸之比，而与原图形所采用的比例无关。

局部放大图可以画成视图、剖视图和断面图，与被放大部分的原表达方式无关。

画局部放大图应注意以下几点。

（1）局部放大图应尽量配置在被放大部位附近，用细实线圈出被放大的部位。当同一物体上有几处被放大的部位时，必须用罗马数字依次标明被放大的部位，并在局部放大图的上方，标注相应的罗马数字和所采用的比例，如图 5-39 所示。

（2）当物体上只有一处被放大时，在局部放大图的上方只需注明所采用的比例，如图 5-40（a）

所示。

（3）同一物体上不同部位的局部放大图，其图形相同或对称时，只需画出一个，如图 5-40（b）所示。

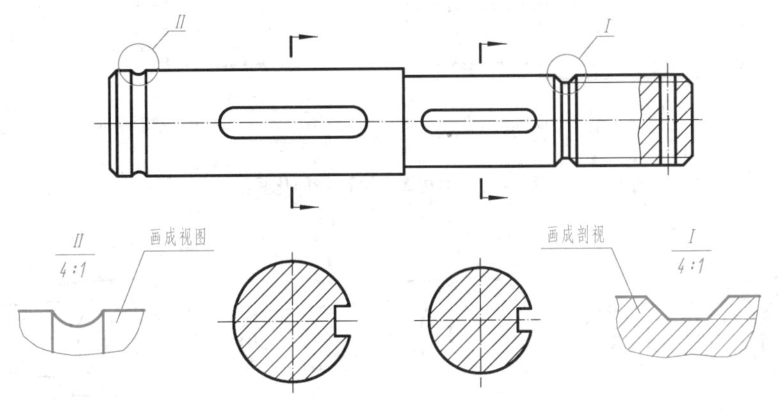

图 5-39　局部放大图（一）

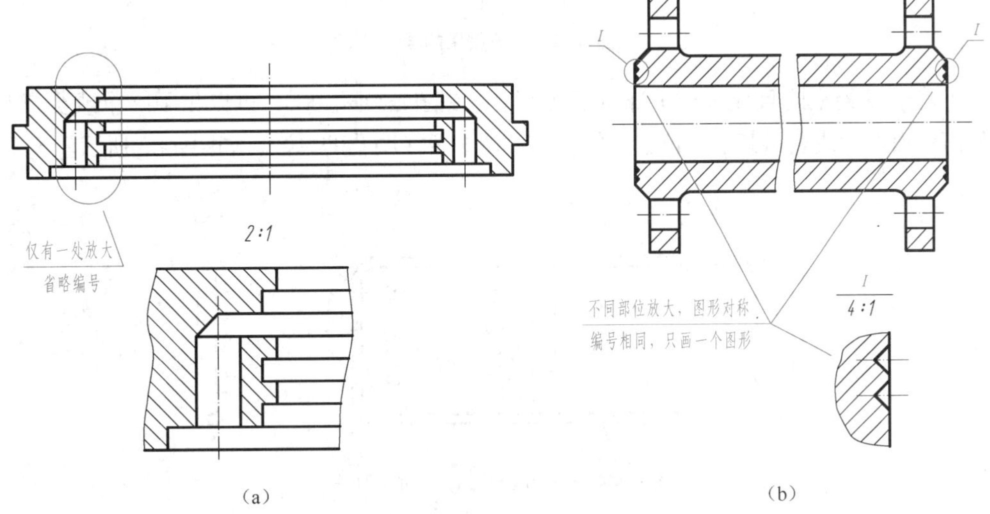

图 5-40　局部放大图（二）

二、简化画法（GB/T 16675.1—1996、GB/T 4458.1—2002）

简化画法是包括规定画法、省略画法、示意画法等在内的图示方法。国家标准《技术制图》和《机械制图》规定了一系列的简化画法，其目的是减少绘图工作量，提高设计效率及图样的清晰度，满足手工制图和计算机制图的要求，适应国际贸易和技术交流的需要。

（1）为了避免增加视图或剖视图，对回转体上的平面，可用细实线绘出对角线表示，如图 5-41 所示。

（2）较长的零件（轴、杆、型材、连杆等）沿长度方向的形状一致或按一定规律变化时，可断开后（缩短）绘制，其断裂边界可用波浪线绘制，也可用双折线或细双点画线绘制，如图 5-42

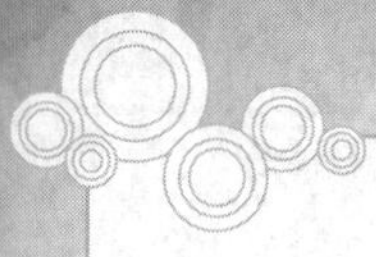

所示。但在标注尺寸时，要标注零件的实长。

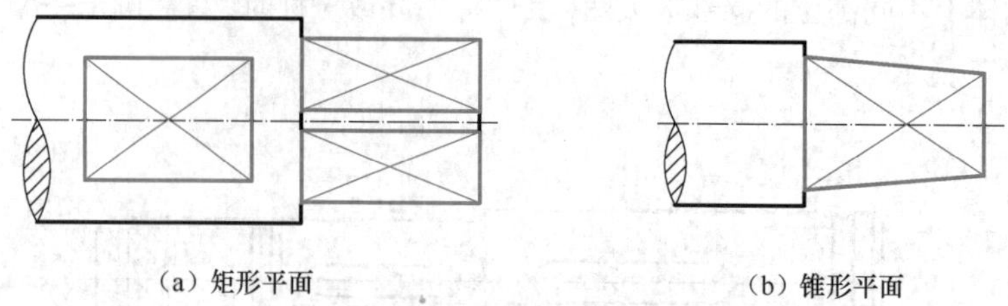

（a）矩形平面　　（b）锥形平面

图 5-41　回转体上平面的简化画法

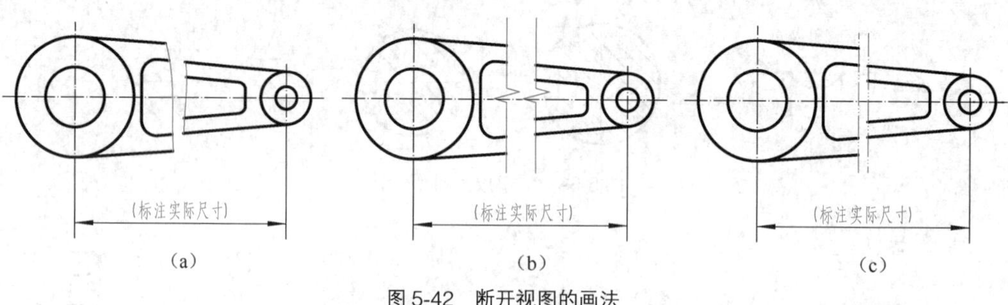

（a）　（b）　（c）

图 5-42　断开视图的画法

（3）若干直径相同且成规律分布的孔（圆孔、螺孔、沉孔等），可以仅画一个或少量几个，其余只需用细点画线表示其中心位置，但在零件图中要注明孔的总数，如图 5-43 所示。

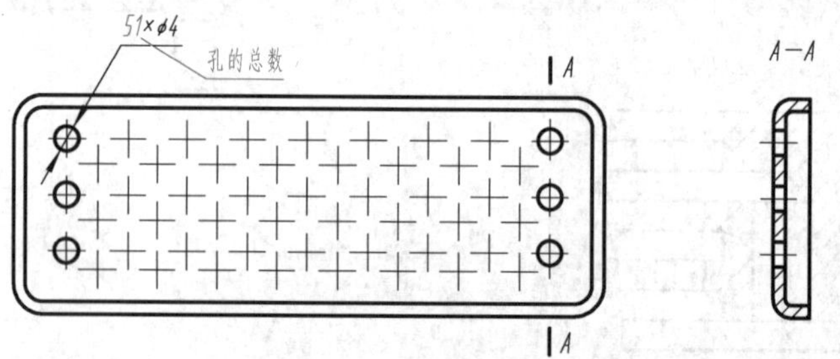

图 5-43　成规律分布的孔的简化画法

（4）零件中成规律分布的重复结构，允许只绘制出其中一个或几个完整的结构，并反映其分布情况，并在零件图中注明重复结构的数量和类型。对称的重复结构，用细点画线表示各对称结构要素的位置。不对称的重复结构，则用相连的细实线代替，如图 5-44 所示。

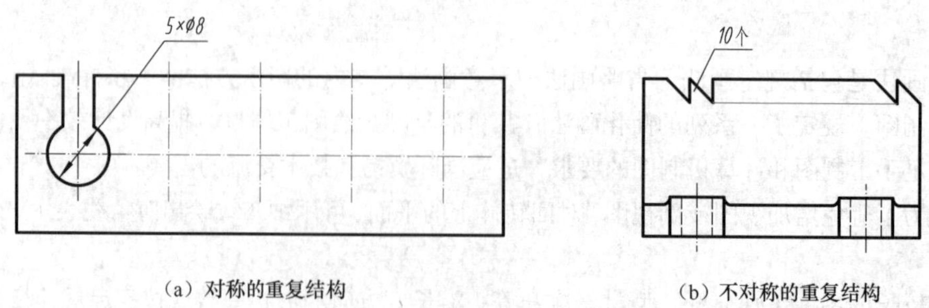

（a）对称的重复结构　　（b）不对称的重复结构

图 5-44　重复结构的简化画法

（5）在不致引起误解时，零件图中的小圆角、倒角均可省略不画，但必须注明尺寸或在技术要求中加以说明，如图 5-45 所示。

（6）零件上的滚花、槽沟等网状结构，应用粗实线完全或部分地表示出来，并在图中按规定标注，如图 5-46 所示。

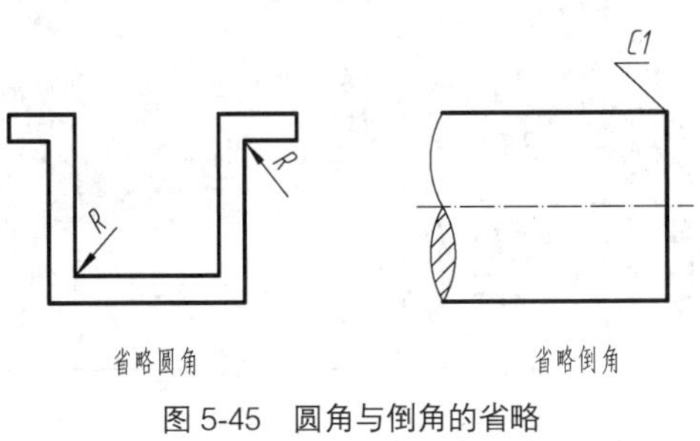

图 5-45 圆角与倒角的省略

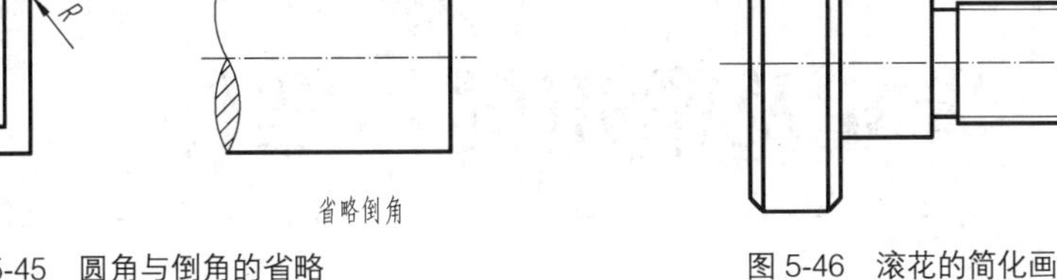

图 5-46 滚花的简化画法

第六章

螺纹、齿轮及常用的标准件

螺纹、齿轮等是日常生活和工业生产中常见的结构和零件。如图 6-1 所示，灯泡上有螺纹；汽车轮毂的连接需要螺纹；气阀与管道连接需要螺纹；机械手表中必需有齿轮。这些结构、零件在日常生活中随处可见，相信你还能找出很多应用的例子。由于螺纹、齿轮等应用广泛，国家对这类零件的结构、尺寸实行了标准化，用相应的代号就可代表它们，依据代号还可以在标准手册中查到它们的规格和尺寸。制图国家标准也规定了一系列比较简单的规定画法，了解这些规定，对你学习机械制图课来讲，那是必需的。

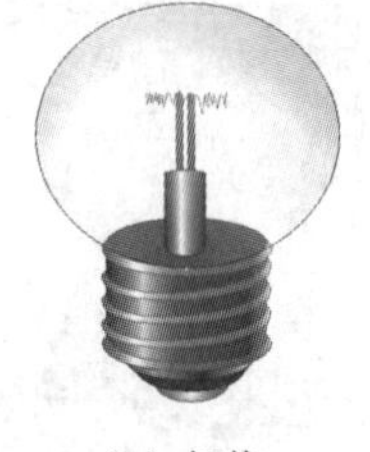

（a）灯炮

（b）轮的连接

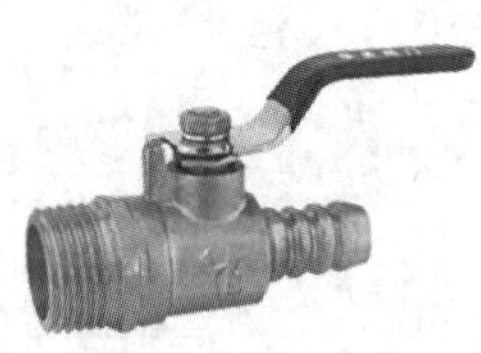

（c）气阀

（d）手表

（e）滚动轴承

图 6-1　螺纹、齿轮等实例

- * 了解螺纹的形成、种类和用途，熟悉螺纹要素。
- 掌握螺纹规定画法和标注方法。
- 熟悉常用螺纹紧固件的种类、标记与查表方法，能识读螺栓连接、螺柱连接和螺钉连接的画法。
- 了解直齿圆柱齿轮轮齿部分的名称与尺寸关系，能识读和绘制单件和啮合的直齿圆柱齿轮图。
- 了解键、销的标记，平键连接与销连接的规定画法。
- 了解常用滚动轴承的类型、代号及其规定画法和简化画法。
- 能识读圆柱螺旋压缩弹簧的规定画法。

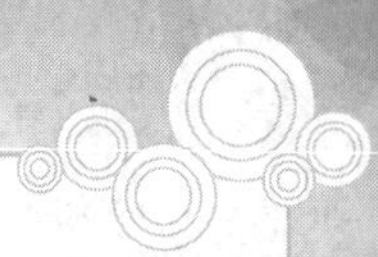

第一节　螺纹

螺纹是零件上常见的一种结构。螺纹是在圆柱或圆锥表面上，沿着螺旋线所形成的具有相同剖面的连续凸起（凸起是指螺纹两侧面间的实体部分，又称牙）。

螺纹分外螺纹和内螺纹两种，成对使用。在圆柱或圆锥外表面上加工的螺纹，称为外螺纹；在圆柱或圆锥内表面上加工的螺纹，称为内螺纹。

工业上制造螺纹有许多种方法，各种螺纹都是根据螺旋线原理加工而成的。图 6-2 表示在车床上加工外、内螺纹的方法。工件做等速旋转，车刀沿轴线方向等速移动，刀尖即形成螺旋线运动。由于车刀刀刃形状不同，在工件表面切掉部分的截面形状也不同，因而得到各种不同的螺纹。

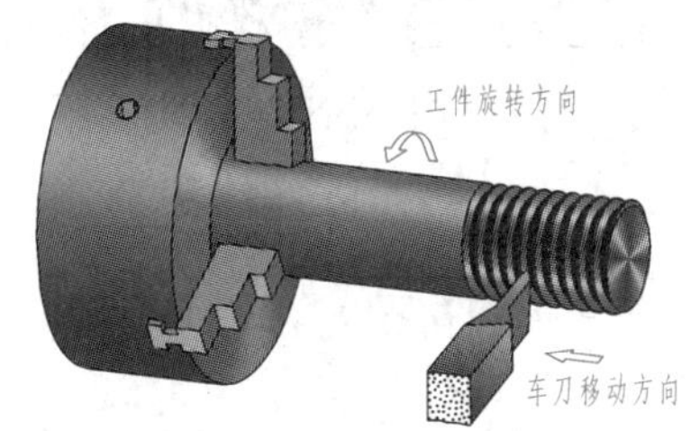

（a）车外螺纹

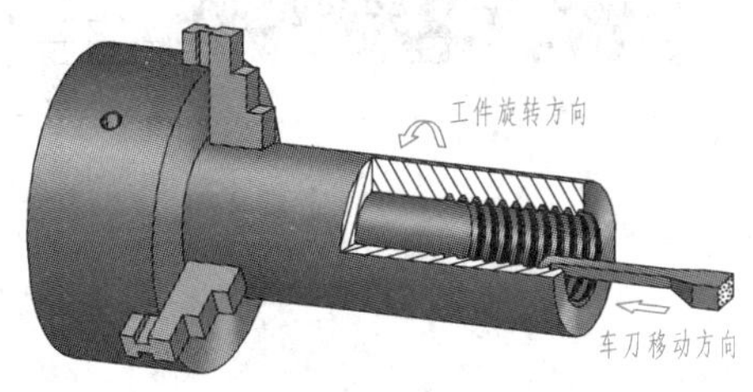

（b）车内螺纹

图 6-2　在车床上车削螺纹

＊一、螺纹的种类

按照螺纹的用途，可将螺纹分成下列 4 种类型。

（1）紧固连接用螺纹（简称紧固螺纹）。如粗牙普通螺纹、细牙普通螺纹、小螺纹。

（2）管用螺纹（简称管螺纹）。如 55º 密封管螺纹、55º 非密封管螺纹。

（3）传动用螺纹（简称传动螺纹）。如梯形螺纹、锯齿形螺纹、矩形螺纹。

（4）专门用途螺纹（简称专用螺纹）。如气瓶螺纹、灯泡螺纹、自行车螺纹等。

＊二、螺纹要素（GB/T 14791—1993）

1．牙型

在通过螺纹轴线的剖面上，螺纹的轮廓形状称为牙型，如图 6-3 所示。常见的有三角形、梯形和锯齿形等。

2．直径

直径有大径（d、D）、中径（d_2、D_2）和小径（d_1、D_1）之分，如图 6-3 所示。其中外螺纹大径（d）和内螺纹小径（D_1）亦称顶径。

大径是指与外螺纹牙顶或内螺纹牙底相切的、假想圆柱或圆锥的直径。

小径是指与外螺纹牙底或内螺纹牙顶相切的、假想圆柱或圆锥的直径。

中径是指一个假想圆柱或圆锥的直径，该圆柱或圆锥的母线通过牙型上沟槽和凸起宽度相等的地方。

提示

普通螺纹大径的基本尺寸称为公称直径，是代表螺纹尺寸的直径。

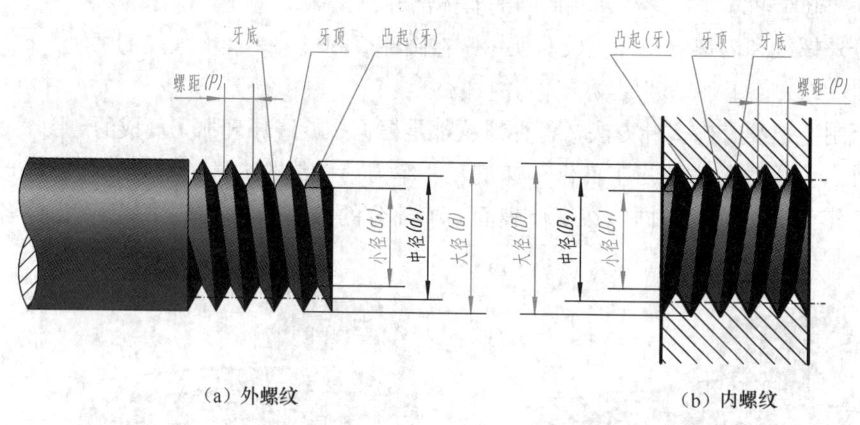

（a）外螺纹　　（b）内螺纹

图 6-3　螺纹的各部名称及代号

3．线数

螺纹有单线与多线之分。沿一条螺旋线所形成的螺纹，称为单线螺纹；沿两条或两条以上在轴向等距分布的螺旋线所形成的螺纹，称为多线螺纹。线数的代号用 n 表示。

4．螺距和导程

螺距（P）是指相邻两牙在中径线上对应两点间的轴向距离，如图 6-4（a）所示；导程（Ph）是指同一条螺旋线上的相邻两牙，在中径线上对应两点间的轴向距离，如图 6-4（b）所示。螺距和导程是两个不同的概念。

螺距、导程、线数之间的关系是：$P=(Ph)/n$。对于单线螺纹，则 $P=Ph$。

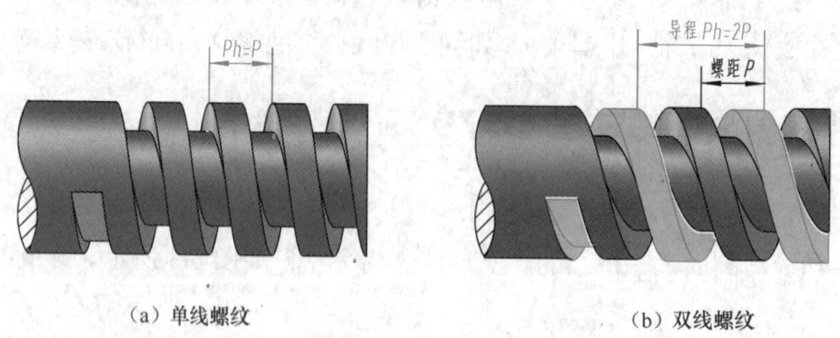

（a）单线螺纹　　（b）双线螺纹

图 6-4　螺距与导程

5．旋向

内、外螺纹旋合时的旋转方向称为旋向。螺纹的旋向有左、右之分：

顺时针旋转时旋入的螺纹，称为右旋螺纹；

逆时针旋转时旋入的螺纹，称为左旋螺纹。

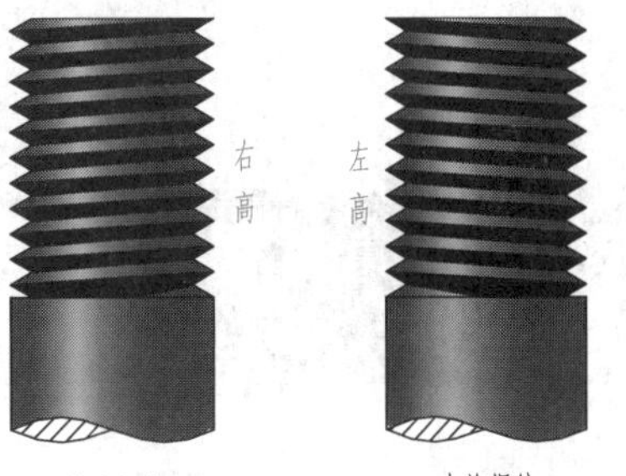

图 6-5 螺纹的旋向

旋向的判定方法如下：

将外螺纹轴线垂直放置，螺纹的可见部分是右高、左低者为右旋螺纹，如图 6-5（a）所示；左高、右低者为左旋螺纹，如图 6-5（b）所示。

对于螺纹来说，只有牙型、大径、螺距、线数和旋向等诸要素都相同，内、外螺纹才能旋合在一起。

在螺纹的诸要素中，牙型、大径和螺距是决定螺纹结构规格的最基本的要素，称为螺纹三要素。凡螺纹三要素符合国家标准的，称为标准螺纹；牙型不符合国家标准的，称为非标准螺纹。表 6-1 中所列的均为标准螺纹。

表 6-1 常用标准螺纹的种类、标记和标注

螺纹类别			特征代号	牙型	标注示例	说明
连接和紧固用螺纹	粗牙普通螺纹		M		M16	粗牙普通外螺纹 公称直径 16；中径公差带和大径公差带均为 6g（省略未注）；中等旋合长度；右旋
	细牙普通螺纹			60°	M16×1	细牙普通内螺纹 公称直径 16，螺距 1；中径公差带和小径公差带均为 6H（省略未注）；中等旋合长度，右旋
管用螺纹	55° 非密封管螺纹		G		G1A G1	55° 非密封圆柱管螺纹 G——螺纹特征代号 1——尺寸代号 A——外螺纹公差等级代号
	55° 密封管螺纹	圆锥内螺纹	R_c	55°	Rc1½ R₁1½	55° 密封管螺纹 R_c——圆锥内螺纹 R_p——圆柱内螺纹 R_1——与圆柱内螺纹相配合的圆锥外螺纹 R_2——与圆锥内螺纹相配合的圆锥外螺纹 1½——尺寸代号
		圆柱内螺纹	R_p			
		圆锥外螺纹	R_1 R_2			

三、螺纹的规定画法（GB/T 4459.1—1995）

1. 外螺纹的规定画法

外螺纹牙顶圆的投影用粗实线表示，牙底圆的投影用细实线表示（牙底圆的投影通常按牙顶圆投影的 0.85 倍绘制），在螺杆的倒角或倒圆部分也应画出，如图 6-6（a）和图 6-6（b）所示。

在垂直于螺纹轴线的投影面的视图中，表示牙底圆的细实线只画约 3/4 圈（空出约 1/4 圈的位置不作规定）。此时，螺杆或螺孔上倒角圆的投影，省略不画，如图 6-6（c）所示。螺纹长度终止线用粗实线绘制，剖面线必须画到粗实线处，如图 6-6（d）所示。

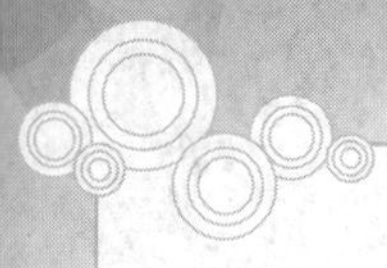

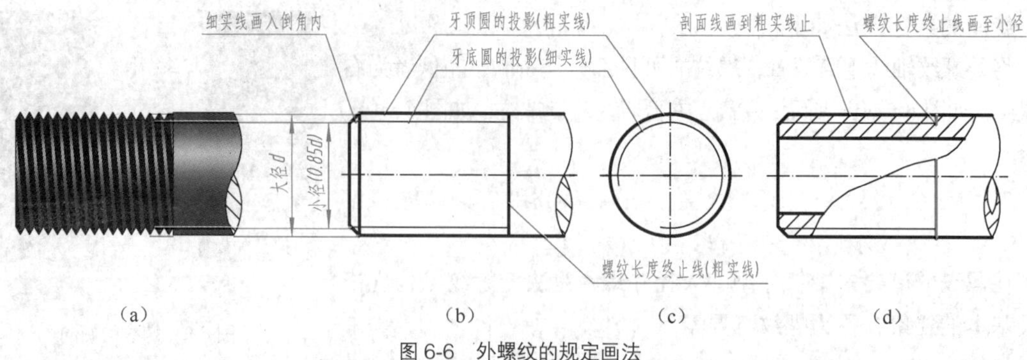

图 6-6　外螺纹的规定画法

2．内螺纹的规定画法

在剖视图或断面图中，内螺纹牙顶圆的投影和螺纹长度终止线用粗实线表示，牙底圆的投影用细实线表示，剖面线必须画到粗实线，如图 6-7（a）和图 6-7（b）所示。

在垂直于螺纹轴线的投影面的视图中，表示牙底圆的细实线仍画 3/4 圈，倒角圆的投影仍省略不画，如图 6-7（c）所示。不可见螺纹的所有图线（轴线除外），均用细虚线绘制，如图 6-7（d）所示。

由于钻头的尖角接近 120°，用它钻出的不通孔，底部便有个顶角接近 120° 的圆锥面，如图 6-8（a）所示。在图中，其顶角要画成 120° ，但不必注尺寸，如图 6-8（b）所示。绘制不穿通的螺孔时，一般应将钻孔深度与螺纹部分深度分别画出，钻孔深应比螺孔深度大 0.5*D*（螺纹大径），如图 6-8（c）所示。两级钻孔（阶梯孔）的过渡处，也存在 120° 的部分尖角，作图时要注意画出，如图 6-8（d）和图 6-8 （e）所示。

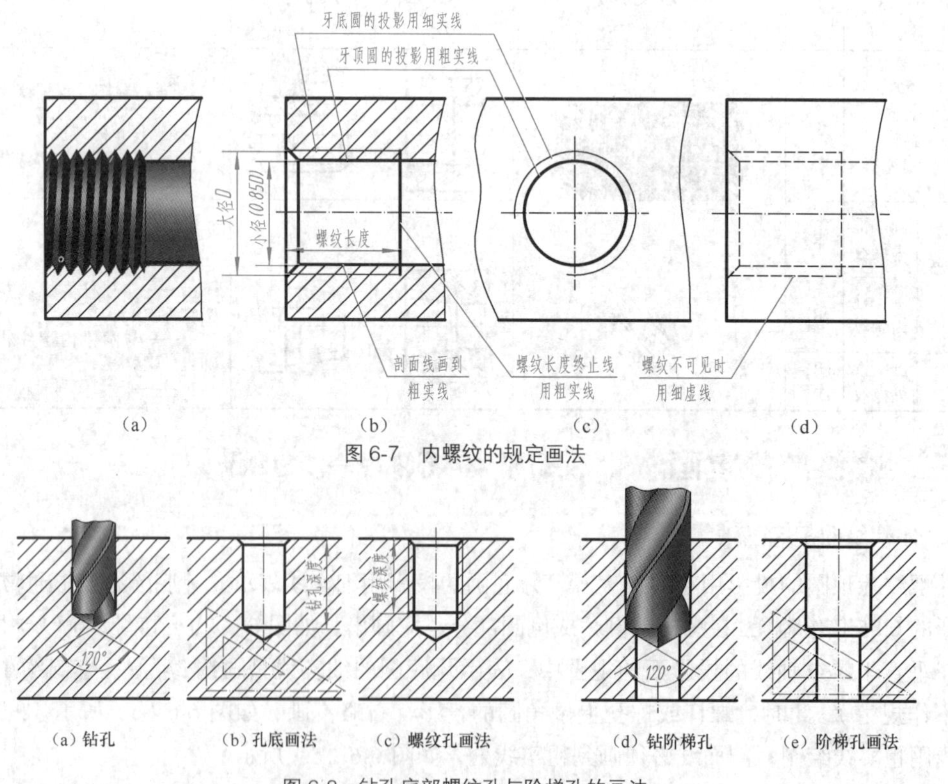

图 6-7　内螺纹的规定画法

图 6-8　钻孔底部螺纹孔与阶梯孔的画法

3．螺纹连接的规定画法

以剖视表示内外螺纹的连接时，其旋合部分应按外螺纹的画法绘制，其余部分仍按各自的画法表示，如图 6-9 所示。

注意 画螺纹连接时，表示内、外螺纹牙顶圆投影的粗实线，与牙底圆投影的细实线应分别对齐，如图 6-9（a）和图 6-9（b）中的主视图所示。

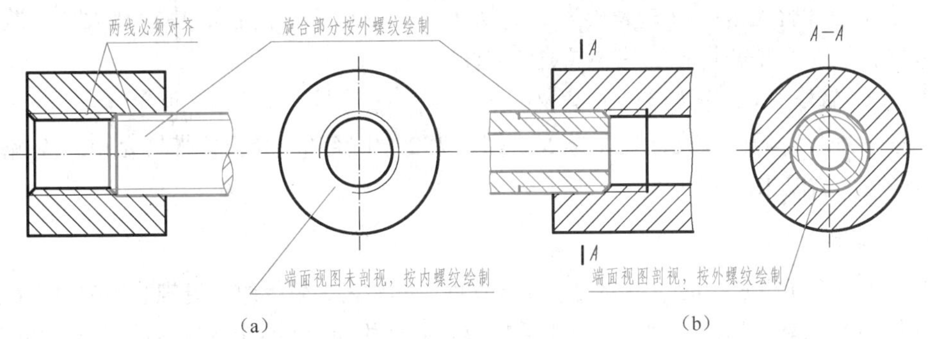

图 6-9　螺纹连接的规定画法

课堂活动

大家来帮忙（一）

【活动内容】找出螺纹画法的错误。

【活动目的】掌握螺纹的规定画法。

【活动方法】1. 小王刚进入某机械厂就想当个设计人员，为了不拘一格选拔人才，厂方让他画几张图。请同学们看配套习题集中习题 6-1 中的变色图形，就是小王绘制的部分图形。

2. 与教材上的螺纹画法相比较，看看有哪些地方不一样。请你帮忙把小王的错误画法改成正确。

3. 说说看小王怎样才能当上合格的设计人员。

四、螺纹的标记及标注

1．普通螺纹的标记

普通螺纹的标记格式如下：

螺纹特征代号　公称直径 × 螺距 - 中径公差带　顶径公差带 - 螺纹旋合长度 - 旋向

螺纹特征代号　螺纹特征代号为 M，公称直径为螺纹大径，粗牙普通螺纹不标注螺距。

公差带代号　公差带代号由中径公差带和顶径公差带（对外螺纹指大径公差带，对内螺纹指小径公差带）两组公差带组成。大写字母代表内螺纹，小写字母代表外螺纹。若两组公差带相同，则只写一组（常用的公差带见附表 1），最常用的中等公差精度螺纹（6g，6H）不标注公差带代号。

旋合长度代号　旋合长度分为短（S）、中等（N）、长（L）3 种。一般采用中等旋合长度，

N 省略不注。

旋向代号 左旋螺纹以“LH”表示，右旋螺纹不标注旋向(所有螺纹旋向的标记，均与此相同)。

【例 6-1】 解释“M24”的含义。

解 表示粗牙普通内螺纹，大径为 24，螺距为 3（省略未注），中径和小径公差带均为 6H（省略未注），中等旋合长度（省略未注），右旋（省略未注）。

【例 6-2】 解释“M12-6h”的含义。

解 表示粗牙普通外螺纹，大径为 12，螺距为 1.75（省略未注），中径和大径公差带均为 6h，中等旋合长度（省略未注），右旋（省略未注）。

【例 6-3】 解释“M20 × 2-LH”的含义。

解 表示细牙普通内螺纹，大径为 20，螺距为 2，中径和小径公差带均为 6H（省略未注），中等旋合长度（省略未注），左旋。

2. 管螺纹的标记

管螺纹是在管子上加工的，主要用于连接管件，故称之为管螺纹。管螺纹的数量仅次于普通螺纹，是使用数量最多的螺纹之一。由于管螺纹具有结构简单、装拆方便的优点，所以在机床、汽车、冶金、石油、化工等行业中应用较多。

（1）55º 密封管螺纹标记。55º 密封管螺纹标记格式如下。

螺纹特征代号　尺寸代号 旋向代号

螺纹特征代号 用 R_c 表示圆锥内螺纹，用 R_p 表示圆柱内螺纹，用 R_1 表示与圆柱内螺纹相配合的圆锥外螺纹，用 R_2 表示与圆锥内螺纹相配合的圆锥外螺纹。

尺寸代号 用 ½，¾，1，1½，…表示，详见附表 2。

旋向代号 与普通螺纹的标记相同。

（2）55º 非密封管螺纹标记。55º 非密封管螺纹标记格式如下。

螺纹特征代号　尺寸代号　公差等级代号 - 旋向代号

螺纹特征代号 用 G 表示。

尺寸代号 用 ½，¾，1，1½，…表示，详见附表 2。

螺纹公差等级代号 对外螺纹分 A、B 两级标记；因为内螺纹公差带只有一种，所以不加标记。

旋向代号 与普通螺纹的标记相同。

3. 螺纹的标注方法

公称直径以 mm 为单位的螺纹(如普通螺纹)，其标记应直接注在大径的尺寸线或其引出线上，如图 6-10（a）、图 6-10（b）和图 6-10（c）所示。

管螺纹的标记一律注在引出线上，引出线应由大径处引出，如图 6-10（d）和图 6-10（e）所示。

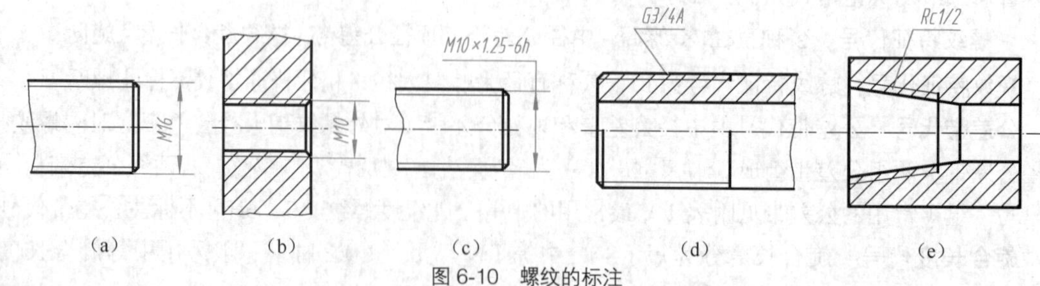

图 6-10　螺纹的标注

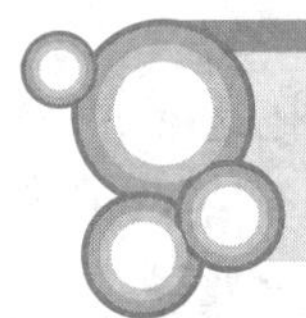

第二节 螺纹紧固件

在机器设备上，常见的螺纹连接形式有螺栓连接、螺柱连接和螺钉连接。螺纹紧固件包括螺栓、螺柱、螺钉、螺母、垫圈等，由于它们的结构和尺寸均已标准化，为了提高绘图效率，对标准件的结构与形状，可不必按其真实投影画出，而只要根据相应的国家标准所规定的画法、代号和标记，进行绘图和标注即可。

一、常用螺纹紧固件的简化标记

常用螺纹紧固件的简化标记及标记示例见表6-2。

表 6-2　　常用螺纹紧固件的简化画法及标记

名称	轴 测 图	画法及规格尺寸	简化标记示例及说明
六角头螺栓			螺栓　GB/T 5780　M12×80 （或）GB/T 5780　M12×80 螺纹规格 d=M12、公称长度 l=80、性能等级为8.8级、表面氧化、杆身半螺纹、产品等级为C级的六角头螺栓
六角螺母			螺母　GB/T 41　M12 （或）GB/T 41　M12 螺纹规格 D=M12、性能等级为5级、不经表面处理、产品等级为C级的六角螺母
垫圈			垫圈　GB/T 97.1　12 （或）GB/T 97.1　12 标准系列、规格12、性能等级为140HV级、不经表面处理、产品等级为A级的平垫圈

大家来帮忙（二）

【活动内容】查表确定标准件的尺寸，并写出其规定标记。

【活动目的】1. 掌握标准件的查表方法。

2. 掌握标准件的规定标记方法。

3. 增强同事间相互帮助、相互协作的团队意识。

【活动方法】1. 小王并没有因为失败而放弃自己的梦想，他继续努力学习，为自己充电。

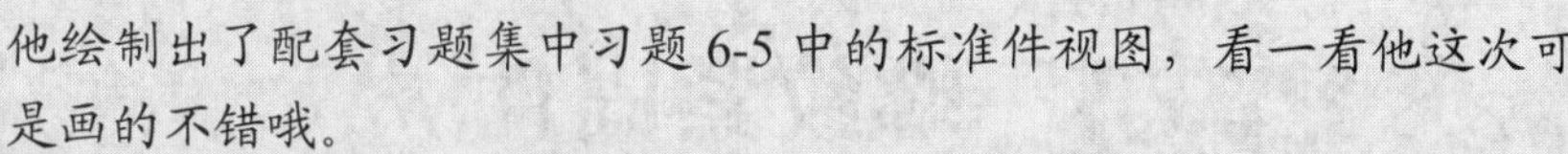

他绘制出了配套习题集中习题 6-5 中的标准件视图，看一看他这次可是画的不错哦。

2. 小王通过查表确定了所绘标准件的部分尺寸，但有一些来还没来得及查出来，请你帮助他查表注出相应的尺寸。

3. 参照本书表 6-2，写出这些标准件的规定标记。

＊二、螺栓连接的画法

螺栓连接是将螺栓的杆身穿过两个被连接零件上的通孔，套上垫圈，再用螺母拧紧，使两个零件连接在一起的一种连接方式，如图 6-11 所示。

为提高画图速度，对连接件的各个尺寸，可不按相应的标准数值画出，而是采用近似画法。采用近似画法时，除螺栓长度按 $l_{计} \approx t_1+t_2+1.35d$ 计算后，再查表取标准值外，其他各部分都取与螺栓直径成一定的比例来绘制。螺栓、螺母、垫圈的各部尺寸比例关系，如图 6-12 所示。

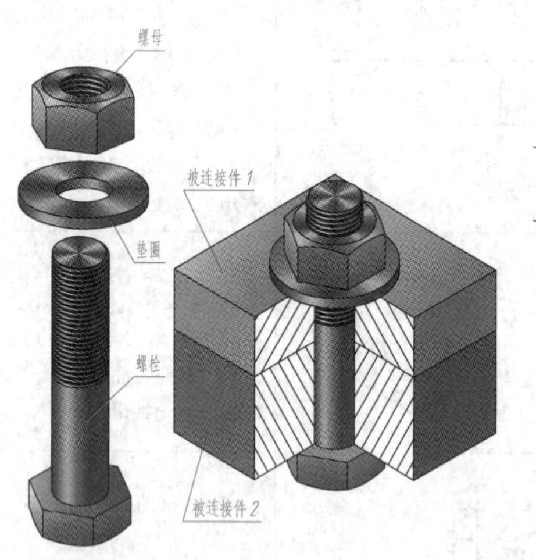

图 6-11　螺栓连接

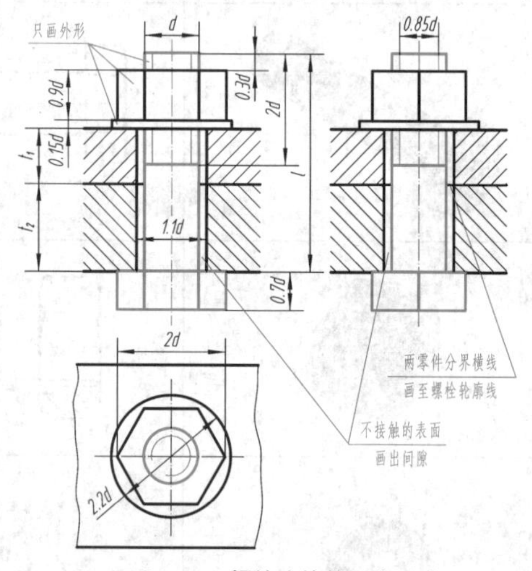

图 6-12　螺栓连接的近似画法

画图时必须遵守下列基本规定。

（1）在装配图中，当剖切平面通过螺栓、螺柱、螺钉、螺母及垫圈等标准件的轴线时，应按未剖切绘制，即只画外形，如图 6-13 所示。

（2）螺栓连接尽量采用简化画法，六角头螺栓和六角螺母的头部曲线可省略不画。螺纹紧固件上的工艺结构，如倒角、退刀槽、缩颈、凸肩等均省略不画，如图 6-13 所示。

（3）两个零件接触面处只画一条粗实线，不得将轮廓线加粗。凡不接触的表面，不论间隙多小，在图上应画出间隙。

（4）在剖视中，相互接触的两个零件其剖面线方向应相反。而同一个零件在各剖视中，剖面线的倾斜方向和间隔应相同。

＊三、螺柱连接和螺钉连接画法简介

1．螺柱连接

双头螺柱多用在被连接件之一较厚，不便使用螺栓连接的地方。这种连接是在机体上加工出

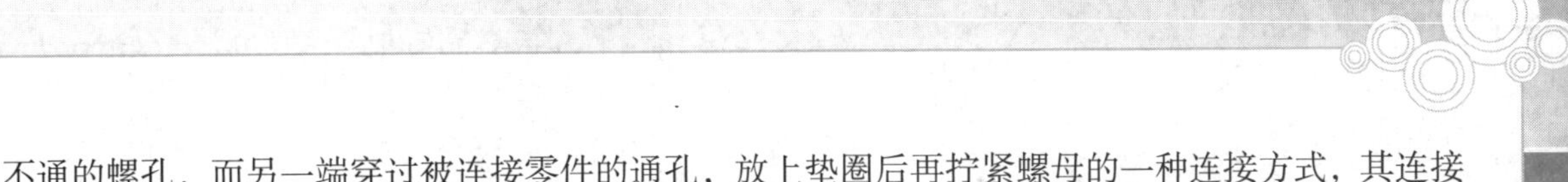

不通的螺孔，而另一端穿过被连接零件的通孔，放上垫圈后再拧紧螺母的一种连接方式，其连接画法如图 6-13（b）所示。画螺柱连接时应注意下面两点。

（1）螺柱旋入端的螺纹长度终止线与两个被连接件的接触面应画成一条线。

（2）螺孔可采用简化画法，即仅按螺孔深度画出，而不画钻孔深度。

2．螺钉连接

螺钉连接用于受力不大和不经常拆卸的地方。这种连接是在较厚的机件上加工出螺孔，而另一被连接件上加工成通孔，用螺钉穿过通孔拧入螺孔，从而达到连接的目的。

螺钉头部的一字槽可画成一条特粗线（约 $2d$），俯视图中画成与水平线成 45°、自左下向右上的斜线；螺孔可不画出钻孔深度，仅按螺纹深度画出，如图 6-13（c）所示。

螺纹紧固件采用弹簧垫圈时，其弹簧垫圈的开口方向应向左倾斜（与水平线成 75°），用一条特粗线（约 $2d$）表示，如图 6-13（a）中的主视图所示。

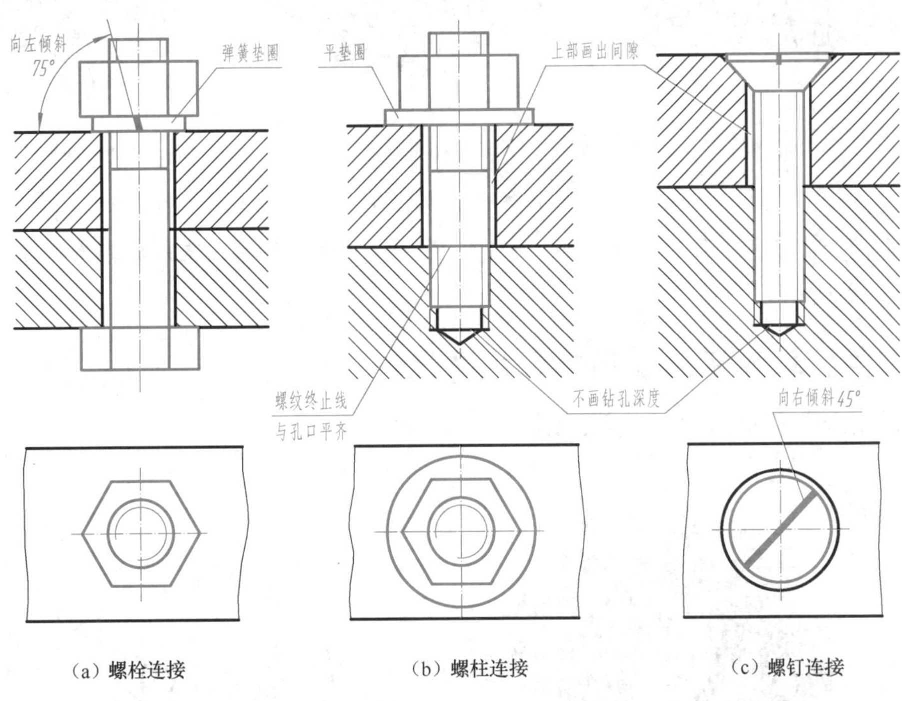

图 6-13　螺纹紧固件的简化画法

第三节　齿轮

齿轮是一个有齿的机械构件，通过一对齿轮啮合，可将一根轴的动力及旋转运动传递给另一根轴，也可改变转速和旋转方向。齿轮上每一个用于啮合的凸起部分，称为轮齿。一对齿轮的齿，依次交替地接触，从而实现一定规律的相对运动的过程和形态，称为啮合。

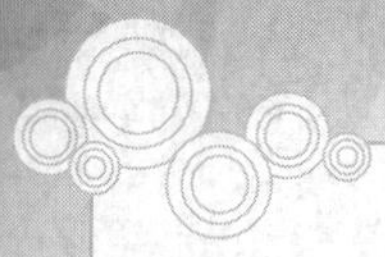

一、齿轮的基本知识

由两个啮合的齿轮组成的基本机构，称为齿轮副。常用的齿轮副按两轴的相对位置不同，分成如下3种。

（1）平行轴齿轮副（圆柱齿轮啮合）。用于两平行轴间的传动，如图6-14（a）所示。

（2）相交轴齿轮副（锥齿轮啮合）。用于两相交轴间的传动，如图6-14（b）所示。

（3）交错轴齿轮副（蜗杆与蜗轮啮合）。用于两交错轴间的传动，如图6-14（c）所示。

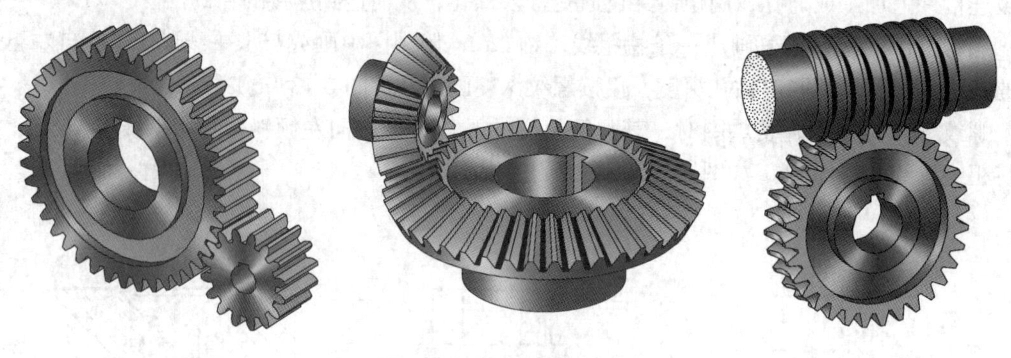

（a）圆柱齿轮啮合　（b）锥齿轮啮合　（c）蜗杆与蜗轮啮合

图6-14　齿轮传动

分度曲面为圆柱面的齿轮，称为圆柱齿轮。其中最常用的是直齿圆柱齿轮（简称直齿轮），如图6-14（a）所示。

二、直齿轮轮齿的各部分名称及代号

直齿轮轮齿的各部分名称及代号，如图6-15所示。

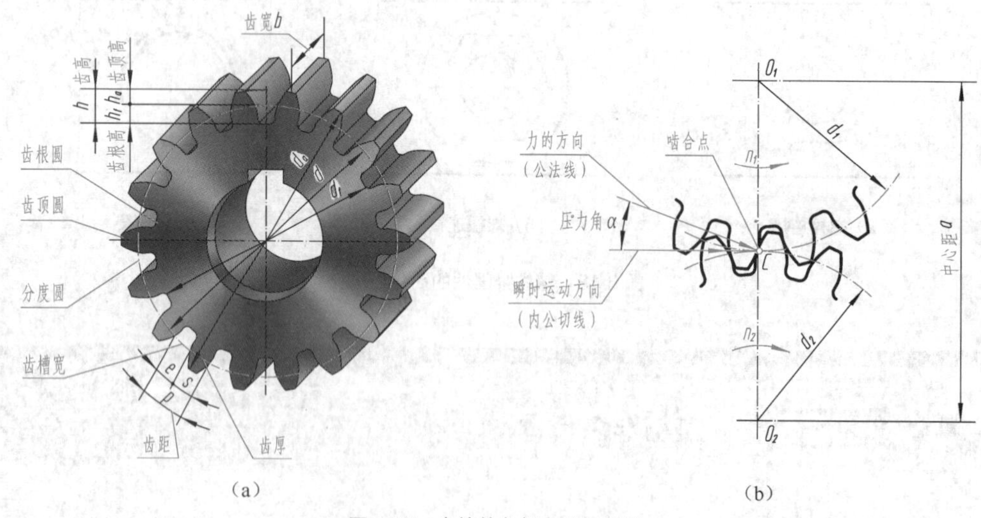

（a）　（b）

图6-15　齿轮的各部名称及代号

（1）顶圆（齿顶圆d_a）。在圆柱齿轮上，其齿顶圆柱面与端平面的交线，称为齿顶圆。

（2）根圆（齿根圆d_f）。在圆柱齿轮上，其齿根圆柱面与端平面的交线，称为齿根圆。

（3）分度圆（d）和节圆（d'）。圆柱齿轮的分度曲面与端平面的交线，称为分度圆；平行

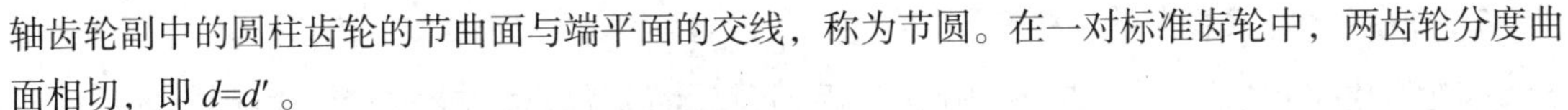

轴齿轮副中的圆柱齿轮的节曲面与端平面的交线，称为节圆。在一对标准齿轮中，两齿轮分度曲面相切，即 $d=d'$ 。

（4）齿顶高（h_a）。齿顶圆与分度圆之间的径向距离，称为齿顶高。

（5）齿根高（h_f）。齿根圆与分度圆之间的径向距离，称为齿根高。

（6）齿高（h）。齿顶圆与齿根圆之间的径向距离，称为齿高。

（7）端面齿距（简称齿距 p）。两个相邻而同侧的端面齿廓之间的分度圆弧长，称为端面齿距。

（8）齿槽宽（端面齿槽宽 e）。齿轮上两相邻轮齿之间的空间称为齿槽。在端平面上，一个齿槽的两侧齿廓之间的分度圆弧长，称为齿槽宽。

（9）齿厚（端面齿厚 s）。在圆柱齿轮的端平面上，一个齿的两侧端面齿廓之间的分度圆弧长，称为齿厚。

提示

在标准齿轮中，齿槽宽与齿厚各为齿距的一半，即 $s=e=p/2$，$p=s+e$。

（10）齿宽（b）。齿轮的有齿部位沿分度圆柱面的直母线方向度量的宽度，称为齿宽。

（11）啮合角和压力角（α）。在一般情况下，两相啮轮齿的端面齿廓在接触点处的公法线，与两节圆的内公切线所夹的锐角，称为啮合角；对于渐开线齿轮，指的是两相啮轮齿在节点上的端面压力角。标准齿轮的压力角 $\alpha=20°$ 。

（12）齿数（z）。一个齿轮的轮齿总数。

（13）中心距（a）。平行轴或交错轴齿轮副的两轴线之间的最短距离，称为中心距。

三、直齿轮的基本参数与轮齿各部分的尺寸关系

1. 模数

齿轮上有多少齿，在分度圆周上就有多少齿距，即分度圆周总长为

$$\pi d=zp \tag{6-1}$$

则分度圆直径

$$d=(p/\pi)z \tag{6-2}$$

齿距 p 除以圆周率 π 所得的商，称为齿轮的模数，用符号“m”表示，尺寸单位为 mm，即

$$m=p/\pi \tag{6-3}$$

将式（6-3）代入式（6-2），得

$$d=mz \tag{6-4}$$

即

$$m=d/z \tag{6-5}$$

相互啮合的一对齿轮，其齿距 p 必须相等。由于 $p=m\pi$，因此它们的模数亦应相等。模数 m 越大，轮齿就越大，齿轮的承载能力也大。模数 m 越小，轮齿就越小，齿轮的承载能力也小。模数是计算齿轮主要尺寸的基本依据，国家标准对模数作了统一规定，如表 6-3 所示。

表 6-3　　标准模数（摘自 GB/T 1357—2008）　　单位：mm

齿轮类型	模数系列	标准模数 m
圆柱齿轮	第一系列（优先）	1，1.25，1.5，2，2.5，3，4，5，6，8，10，12，16，20，25，32，40，50
	第二系列	1.125，1.375，1.75，2.25，2.75，3.5，4.5，5.5，(6.5)，7，9，11，14，18，22，28，35，45

2．模数与轮齿各部分的尺寸关系

齿轮模数确定之后，按照与 m 的比例关系，可算出轮齿部分的基本尺寸，详见表 6-4。

表 6-4　　直齿圆柱齿轮轮齿的各部分尺寸关系　　单位：mm

名称及代号	计 算 公 式	名称及代号	计 算 公 式
模　数 m	$m=d/z$（计算后，再从表 6-3 中取标准值）	分度圆直径 d	$d=mz$
齿顶高 h_a	$h_a=m$	齿顶圆直径 d_a	$d_a=d+2h_a=m(z+2)$
齿根高 h_f	$h_f=1.25m$	齿根圆直径 d_f	$d_f=d-2h_f=m(z-2.5)$
齿　高 h	$h=h_a+h_f=2.25m$	中心距 a	$a=(d_1+d_2)/2=m(z_1+z_2)/2$

四、直齿圆柱齿轮的规定画法

1．单个齿轮的规定画法

齿顶圆和齿顶线用粗实线绘制，分度圆和分度线用细点画线绘制，齿根圆或齿根线用细实线绘制（或省略不画），如图 6-16（a）和图 6-16（c）所示。在剖视图中，当剖切平面通过齿轮的轴线时，轮齿按不剖处理，齿根线用粗实线绘制，如图 6-16（b）所示。

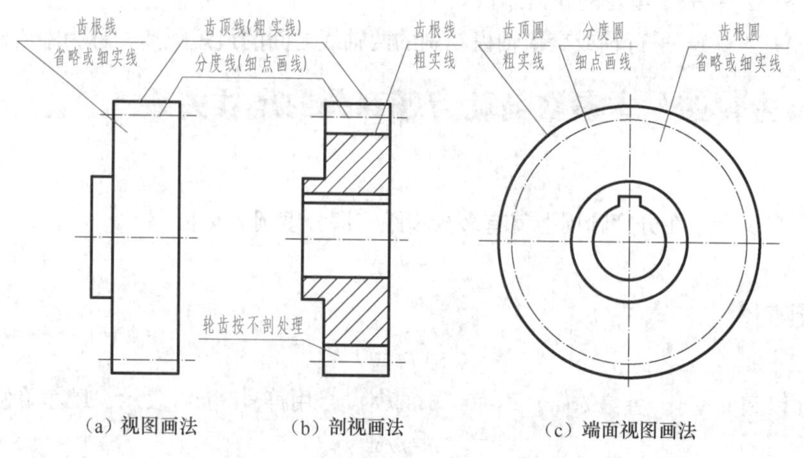

图 6-16　单个圆柱齿轮的规定画法

2．齿轮啮合时的规定画法

在剖视图中，两轮齿啮合部分的分度线重合，用细点画线绘制；在啮合区内，一个轮齿用粗实线绘制，另一个轮齿被遮挡的部分用细虚线绘制（也可省略不画），其余部分仍按单个齿轮的规定画法绘制，如图 6-17（a）所示。

若不作剖视，则啮合区内的齿顶线不必画出，此时分度线用粗实线绘制，如图 6-17（d）所示。

端面视图画法一　在表示齿轮端面的视图中，两齿轮分度圆应相切，啮合区内的齿顶圆均用粗实线绘制，如图 6-17（b）所示。

端面视图画法二　将啮合区内的齿顶圆省略不画，如图 6-17（c）所示。

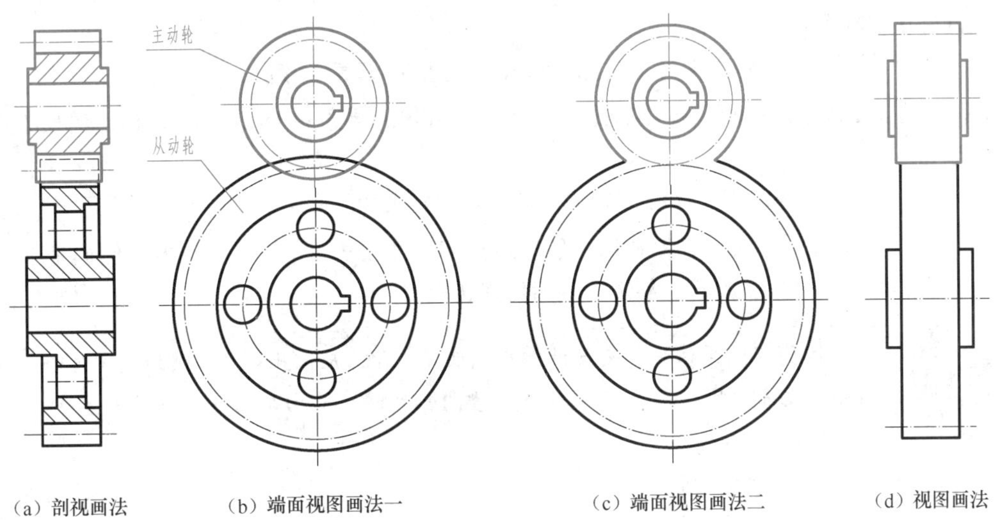

（a）剖视画法　（b）端面视图画法一　（c）端面视图画法二　（d）视图画法

图 6-17　齿轮啮合时的规定画法

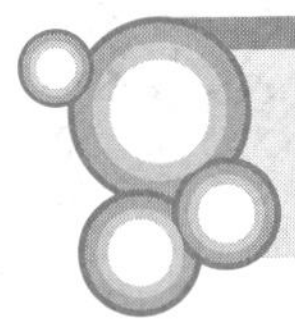

第四节　键连接和销连接

一、键连接

如果要把动力从联轴器、离合器、齿轮、飞轮或带轮等机械零件传递到安装这个零件的轴上，通常在轮孔和轴上分别加工出键槽，把普通平键的一半嵌在轴里，另一半嵌在装配零件的毂里，使它们连在一起转动，如图 6-18 所示。

键连接有多种型式，各有其特点和适用场合。普通平键制造简单，装拆方便，轮与轴的同心度较好，在各种机械上广泛应用。普通平键有圆头（A 型）、平头（B 型）和单圆头（C 型）3 种型式，其形状如图 6-19 所示。

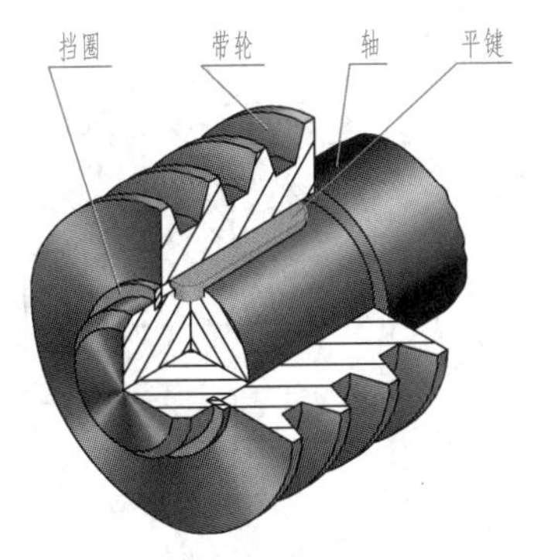

图 6-18　键连接

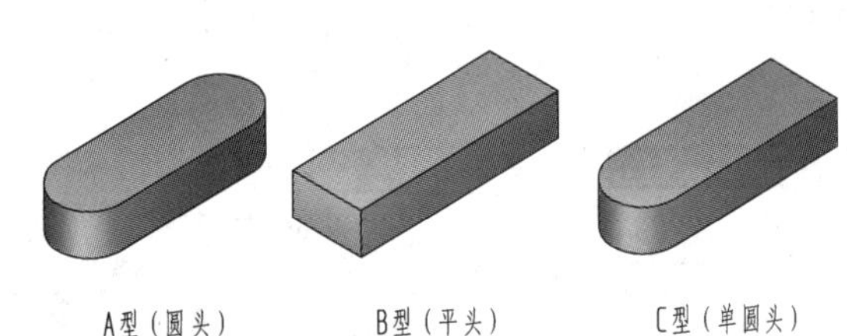

图 6-19　普通平键的型式

普通平键是标准件。选择平键时，先根据轴径 d 从标准中查取键的截面尺寸 $b \times h$，然后按轮毂宽度 B 选定键长 L，一般 $L=B-(5 \sim 10)$，并取 L 为标准值。键和键槽的型式、尺寸，详见附表 6。

键的标记格式为：

标准编号　名称　型式　键宽 × 键高 × 键长

【例 6-4】 A 型普通平键（A 型普通平键不注“A”），键宽 b=18，键高 h=11，键长 L=100，键的标记为：

GB/T 1096　键　18×11×100

图 6-20 所示为在零件图中，键槽的一般表示法和尺寸注法。普通平键的两个侧面是平行的，键侧与键槽的两个侧面紧密配合，靠键的侧面传递转矩。

注意 在键连接的画法中，键与键槽在顶面不接触，应画出间隙；键的倒角省略不画；沿键的纵向剖切时，键按不剖处理；横向剖切时，要画剖面线，如图 6-21 所示。

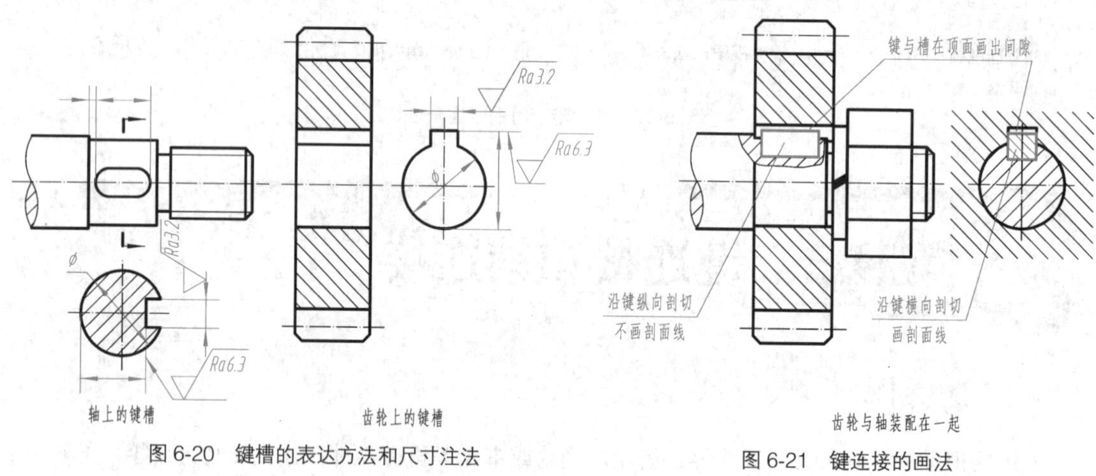

图 6-20　键槽的表达方法和尺寸注法　　图 6-21　键连接的画法

二、销连接

销是标准件，主要用于零件间的连接或定位。销的类型较多，但最常见的两种基本类型是圆柱销和圆锥销，如图 6-22 所示。

销的标记格式为：

名称　标准编号　型式 公称直径 × 长度

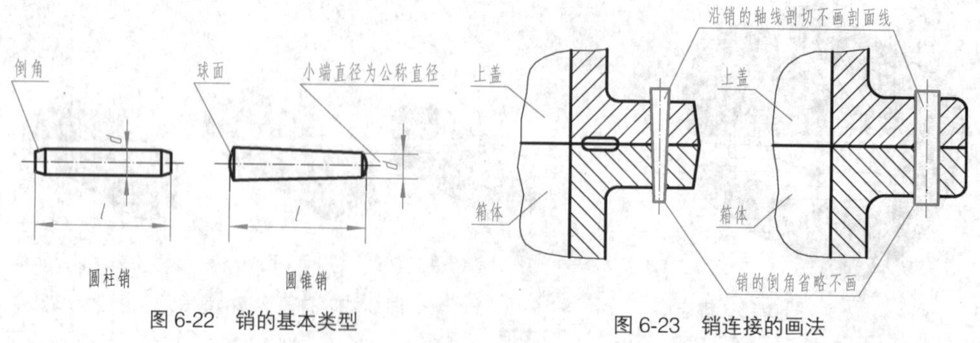

图 6-22　销的基本类型　　图 6-23　销连接的画法

【例 6-5】 公称直径 d=6、公差为 m6、公称长度 L=30、材料为钢、普通淬火、表面氧化的圆柱销，其标记为：

销　GB/T 119.2　6×30；（或）GB/T 119.2　6×30

根据销的标记，即可查出销的型式和尺寸，详见附表 7、附表 8。

注意

① 圆锥销的公称直径是指小端直径。

② 在销连接的画法中，当剖切平面沿销的轴线剖切时，销按不剖处理；垂直销的轴线剖切时，要画剖面线。

③ 销的倒角可省略不画，如图 6-23 所示。

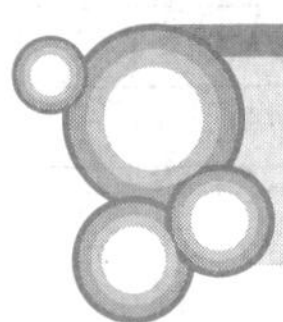

第五节　滚动轴承

滚动轴承是支承轴并承受轴上载荷的标准组件。由于其结构紧凑、摩擦力小，所以得到广泛使用。滚动轴承一般由内圈、滚动体、保持架、外圈等四部分组成，如图 6-24 所示。

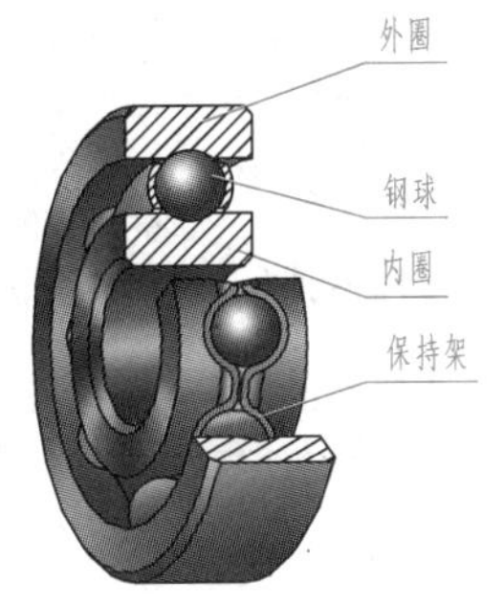

（a）深沟球轴承

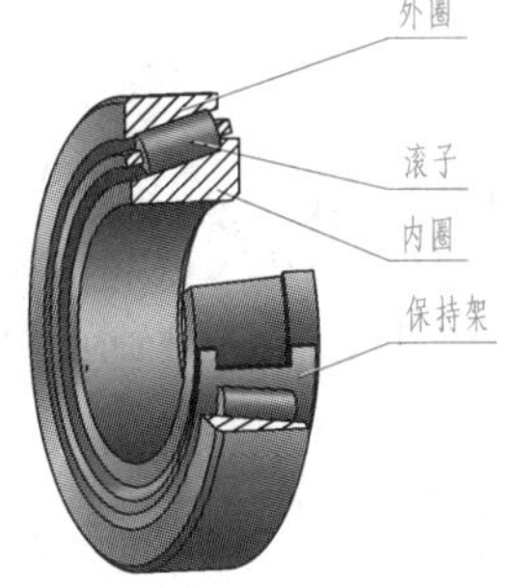

（b）圆锥滚子轴承

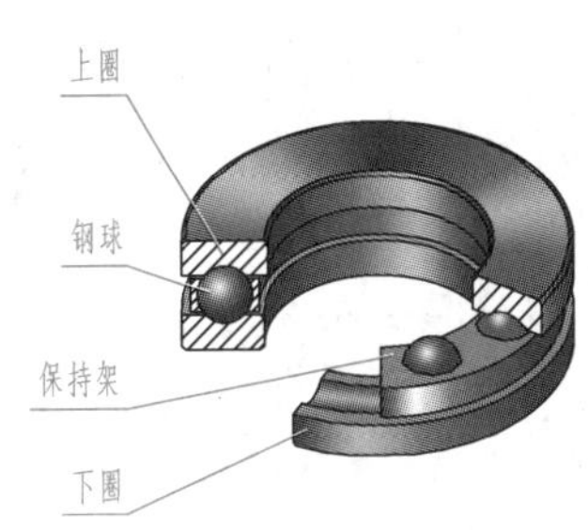

（c）推力球轴承

图 6-24　滚动轴承的结构及类型

一、滚动轴承的基本代号

滚动轴承基本代号表示轴承的基本类型、结构和尺寸，是滚动轴承代号的基础。基本代号的组成方式如下。

轴承类型代号　尺寸系列代号　内径代号

（1）轴承类型代号。滚动轴承类型代号用数字或字母来表示，如表 6-5 所示。

表 6-5　　滚动轴承类型代号（摘自 GB/T 272—1993）

代号	0	1	2	3	4	5	6	7	8	N	U	QJ
轴承类型	双列角接触球轴承	调心球轴承	调心滚子轴承和推力调心滚子轴承	圆锥滚子轴承	双列深沟球轴承	推力球轴承	深沟球轴承	角接触球轴承	推力圆柱滚子轴承	圆柱滚子轴承	外球面球轴承	四点接触球轴承

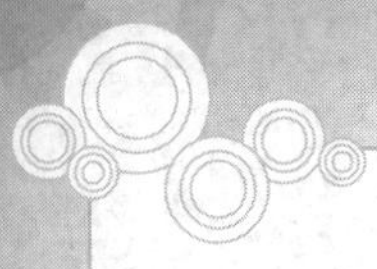

（2）尺寸系列代号。尺寸系列代号包括滚动轴承的宽（高）度系列代号和直径系列代号两部分，用两位阿拉伯数字来表示。它的主要作用是区别内径相同，而宽度和外径不同的滚动轴承。具体代号需查阅相关的国家标准。

（3）内径代号。内径代号表示滚动轴承的公称直径，一般用两位阿拉伯数字表示。其表示方法见表 6-6。

表 6-6　　滚动轴承内径代号（摘自 GB/T 272—1993）

轴承公称内径 /mm		内径代号	示例
10 ～ 17	10	00	深沟球轴承　6200　d=10
	12	01	深沟球轴承　6201　d=12
	15	02	深沟球轴承　6202　d=15
	17	03	深沟球轴承　6203　d=17
20 ～ 480（22、28、32 除外）		公称内径除以 5 的商数，商数为个位数，需在商数左边加“0”，如 08	圆锥滚子轴承　30308　d=40 深沟球轴承　6215　d=75

滚动轴承的基本代号举例：

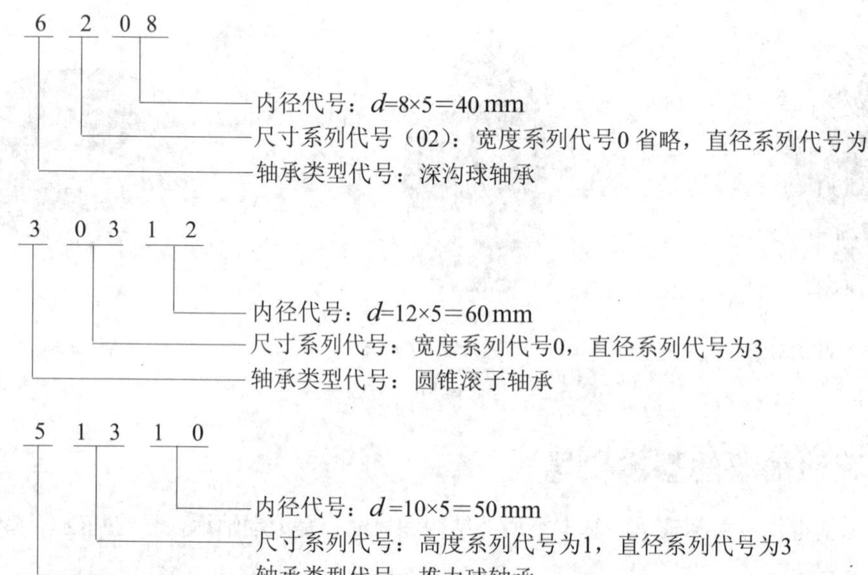

二、滚动轴承的画法

当需要在机械图样上表示滚动轴承时，可采用简化画法（即通用画法和特征画法）或规定画法。

1．简化画法

（1）通用画法。在剖视图中，当不需要确切地表示滚动轴承的外形轮廓、载荷特性、结构特征时，可用矩形线框及位于线框中央正立的十字形符号表示滚动轴承，如图 6-25（a）所示。

（2）特征画法。在剖视图中，如需较形象地表示滚动轴承的结构特征时，可采用在矩形线框内画出其结构要素符号表示滚动轴承，如图 6-25（b）所示。

通用画法和特征画法应绘制在轴的两侧。矩形线框、符号和轮廓线均用粗实线绘制。

2．规定画法

必要时，在滚动轴承的产品图样、产品样本和产品标准中，采用规定画法表示滚动轴承。采用规定画法时，轴承的滚动体不画剖面线，其内外座圈可画成方向和间隔相同的剖面线，倒角省略不画。规定画法一般绘制在轴的一侧，另一侧按通用画法绘制，如图 6-25（c）所示。

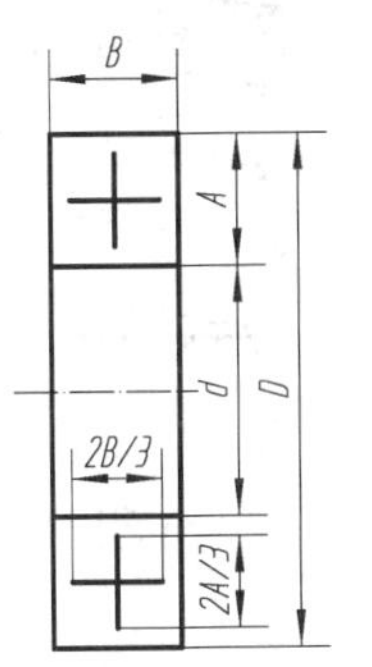

（a）简化画法（通用画法）

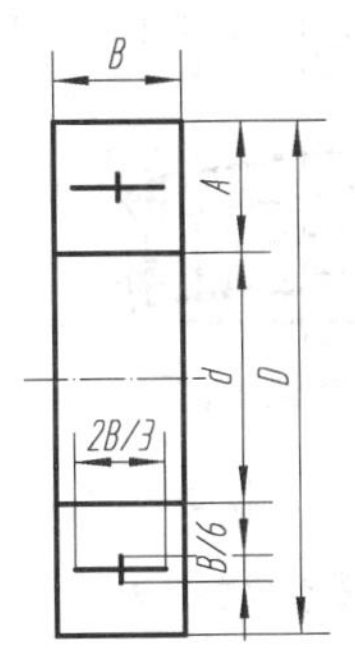

（b）简化画法（特征画法）

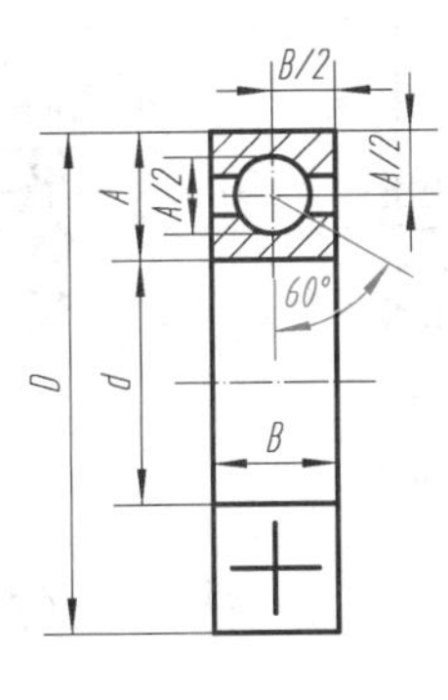

（c）规定画法

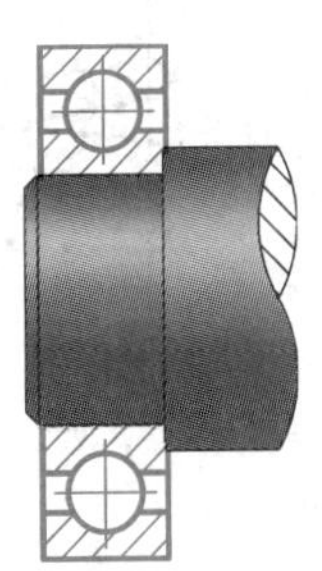

（d）装配示意图

图 6-25　深沟球轴承的画法

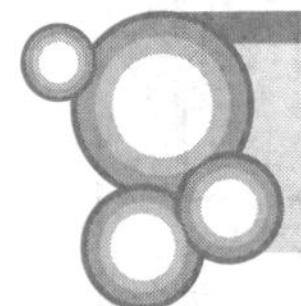

第六节　弹簧

弹簧是一种用来减振、夹紧、测力和储存能量的零件。它的特点是在弹性限度内，受外力作用而变形，去掉外力后，弹簧能立即恢复原状。弹簧的种类很多，用途较广。

图 6-26　圆柱螺旋弹簧

圆柱螺旋弹簧是由金属丝绕制而成的。根据用途不同可分为压缩弹簧（Y 型）、拉力弹簧（L 型）和扭力弹簧（N 型）3 种型式，如图 6-26 所示。

圆柱螺旋弹簧可画成视图、剖视图或示意图，如图 6-27 所示。

画图时，应注意以下几点。

（1）圆柱螺旋弹簧在平行于轴线的投影面上的投影，其各圈的外形轮廓应画成直线。

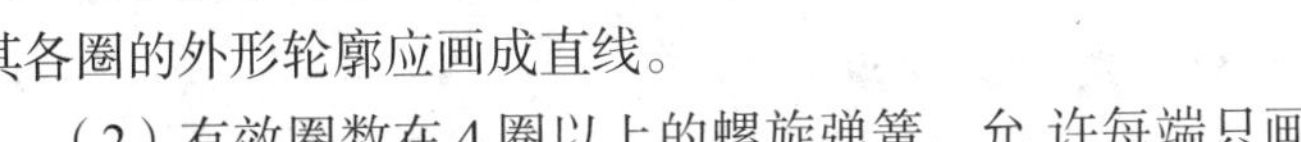

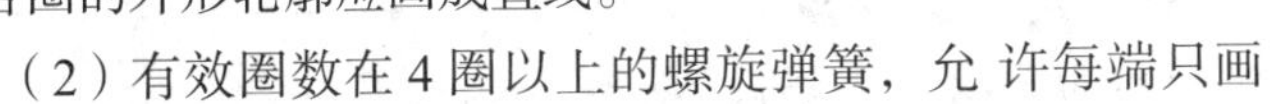

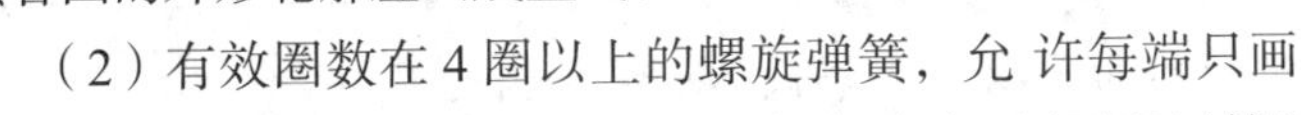

（2）有效圈数在 4 圈以上的螺旋弹簧，允许每端只画两圈（不包括支承圈），中间各圈可省略不画，只画通过簧丝断面中心的两条细点画线。当中间部分省略后，也可适当地缩短图形的长（高）度，如图 6-27（a）和图 6-27（b）所示。

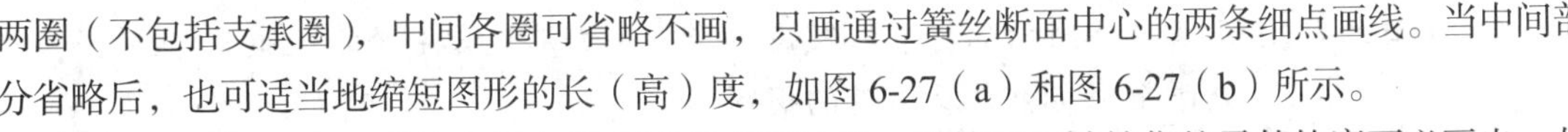

（3）在装配图中，弹簧中间各圈采取省略画法后，弹簧后面被挡住的零件轮廓不必画出，如图 6-28（a）所示。

（4）当簧丝直径在图上小于或等于 2 mm 时，可采用示意画法，如果是断面，可以涂黑表示，如图 6-28（b）和图 6-28（c）所示。

（5）右旋弹簧或旋向不作规定的螺旋弹簧，在图上画成右旋。左旋弹簧允许画成右旋，但左旋弹簧不论画成左旋或右旋，一律要加注“LH”。

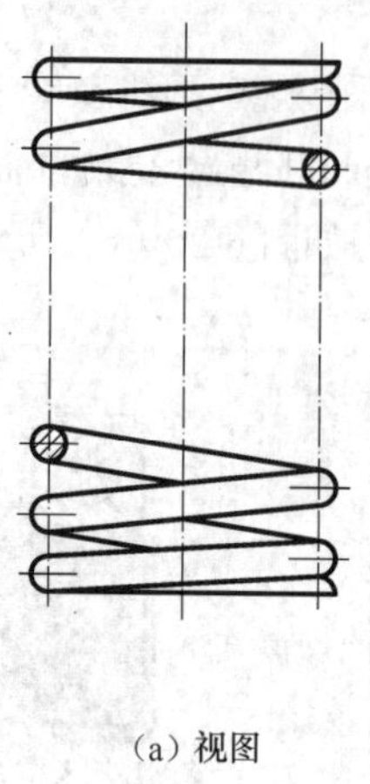
（a）视图

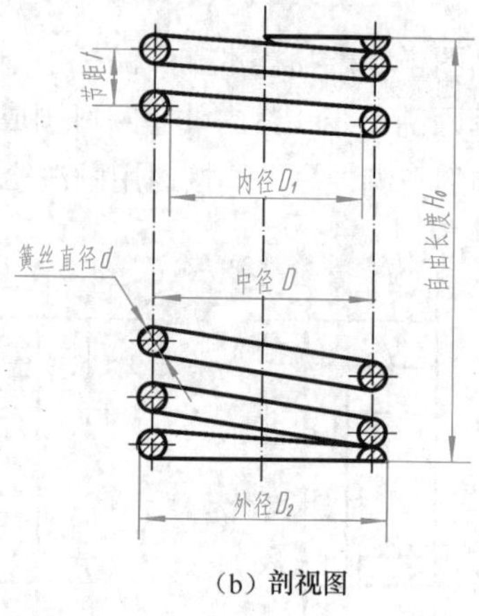

（b）剖视图

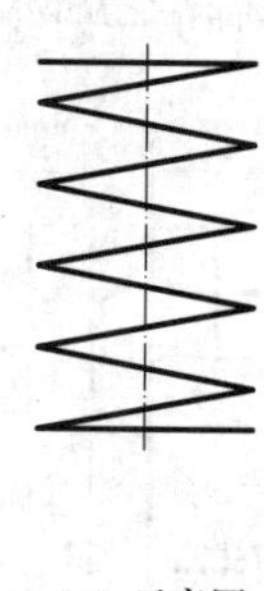
（c）示意图

图 6-27　圆柱螺旋弹簧的画法

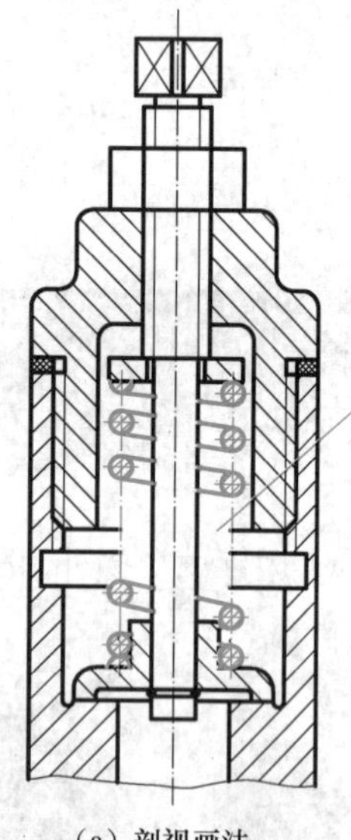
（a）剖视画法

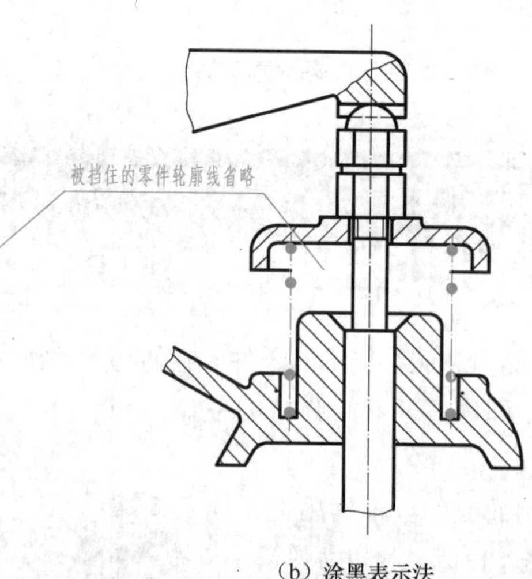

（b）涂黑表示法

（c）示意画法

图 6-28　弹簧在装配图中的画法

课堂活动

找一找、认一认

【活动内容】在本书及配套习题集的后两章图中，寻找标准件及齿轮等。

【活动目的】1. 了解本章所学的标准件及齿轮等，是工厂里常用的零（组）件。

2. 熟悉常用标准件及齿轮的视图。

【视频播放】利用多媒体课件，复习常用标准件及齿轮的表达方法，在学生头脑中强化这些零件的形象储备。

【活动方法】1. 翻看本教材及习题集后两章的图形，找出与本章相关的零件。

2. 在学生中开展竞赛，看谁找得准、找得快、找得全。

第七章

零　件　图

你知道在工厂里加工一个齿轮的依据是什么吗？如图 7-1 所示，加工齿轮的主要工序是在车床上加工出齿轮毛坯，再到铣床上加工出齿轮的轮齿和键槽，这一切都离不开齿轮零件图。如果你在工厂从事与零件加工有关的工作，却看不懂零件图，将无法进行相应的工作。如果在绘制零件图时出现错误，按图加工出的零件必然是无法应用的废品。看来，要想在工厂里一展抱负的你，必须要认认真真地学习零件图的有关知识了。

（a）齿轮

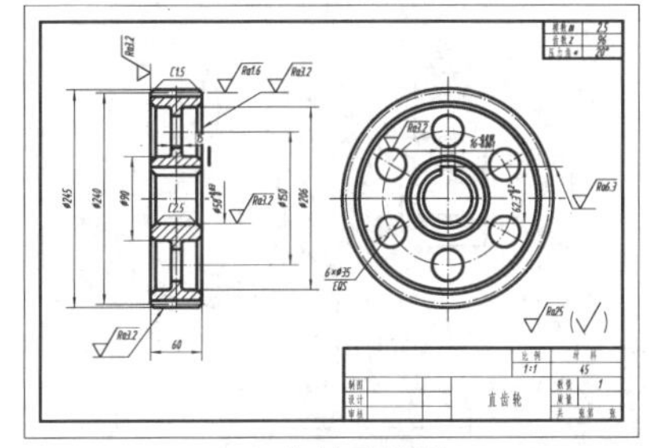

（b）齿轮零件图

（c）车削加工

（d）铣削加工

图 7-1　齿轮的加工过程

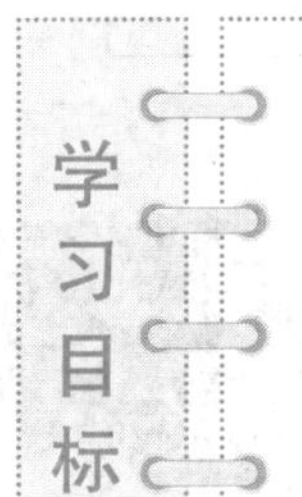

- 理解零件图的作用和内容，熟悉典型零件的表示法。
- 了解尺寸基准的概念、零件上常见工艺结构的画法和尺寸注法，熟悉典型零件图的尺寸注法。
- 了解表面粗糙度的概念，掌握表面粗糙度代号的标注和识读。
- 了解极限与配合的概念，掌握尺寸公差的标注和识读。
- * 能识读中等复杂程度的零件图。
- 掌握零件测绘的方法，能绘制简单的零件图。

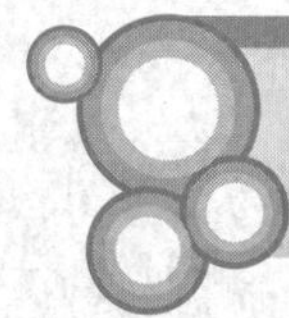

第一节　零件图的作用和内容

任何机器或部件都是由若干零件按一定的装配关系和技术要求组装而成的，因此零件是组成机器或部件的基本单位。制造机器时，先按零件图的要求制造出全部零件，再按装配图的要求将零件装配成机器或部件。表示零件结构、大小和技术要求的图样称为零件图。它是制造和检验零件的依据，是组织生产的主要技术文件之一。

图 7-2 所示为拨叉的零件图。从中可以看出，一张完整的零件图，包括以下 4 方面内容。

（1）一组图形。用一定数量的视图、剖视图、断面图、局部放大图等，完整、清晰地表达零件的结构形状。

（2）一组尺寸。正确、完整、清晰、合理地标注出制造和检验零件所需的全部尺寸。

（3）技术要求。用规定的代号和文字，注写制造、检验零件所达到的技术要求，如表面粗糙度、极限与配合、表面处理等。

（4）标题栏。在图样的右下角绘有标题栏，填写零件的名称、数量、材料、比例、图号以及设计与绘图人员的签名等。

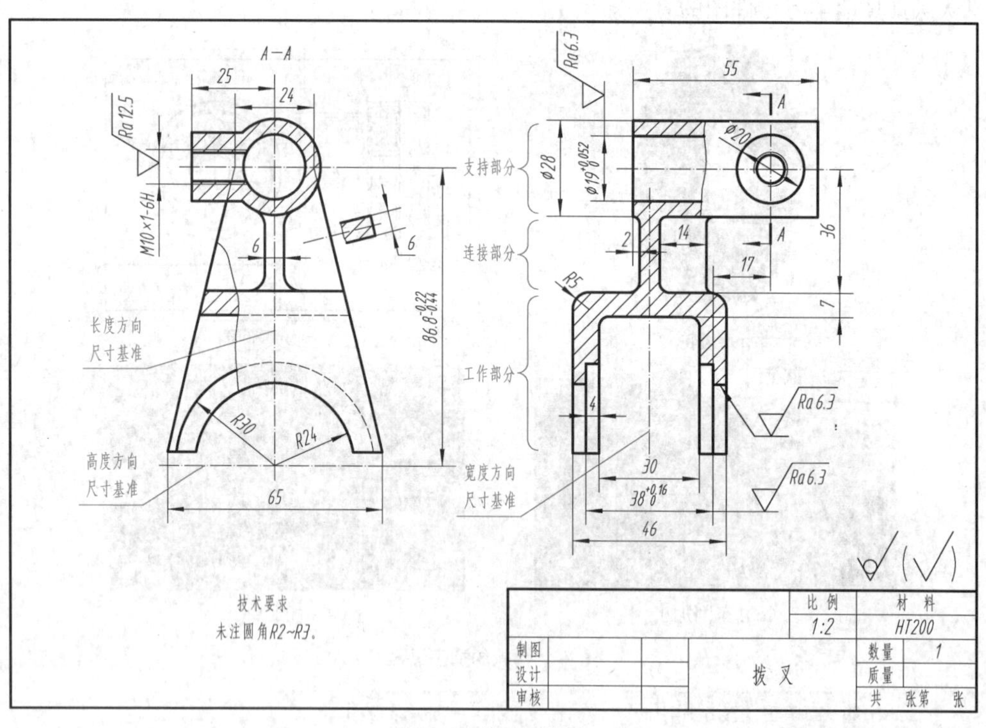

图 7-2　拨叉零件图

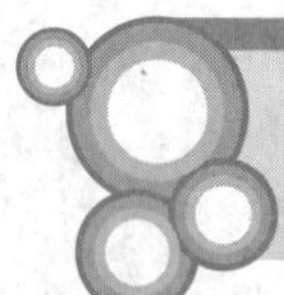

第二节　典型零件的表达方法

根据零件结构的特点和用途，大致可分为轴套类、轮盘类、叉架类和箱体类 4 类典型零件。

它们在视图表达方面虽有共同原则，但各有不同特点。

一、轴（套）类零件

1. 结构特点

轴的主体多数是由几段直径不同的圆柱、圆锥体所组成，构成阶梯状。轴上加工有键槽、螺纹、挡圈槽、倒角、退刀槽、中心孔等结构。为了传递动力，轴上装有齿轮、带轮等，利用键来连接，因此在轴上有键槽；为了防止齿轮轴向蹿动，装有弹簧挡圈，故加工有挡圈槽；为了便于轴上各零件的安装，在轴端车有倒角；轴的中心孔是供加工时装夹和定位用的。这些局部结构主要是为了满足设计要求和工艺要求。

2. 常用的表达方法

为了加工时看图方便，轴类零件的主视图按加工位置选择，一般将轴线水平放置，垂直轴线方向作为主视图的投射方向，使它符合车削和磨削的加工位置，如图 7-3 所示。在主视图上，清楚地反映了阶梯轴的各段形状及相对位置，也反映了轴上各种局部结构的轴向位置。轴上的局部结构，一般采用断面、局部剖视、局部放大图、局部视图来表达。用移出断面反映键槽的深度，用局部放大图表达挡圈槽的结构。

关于套类零件，主要结构仍由回转体组成，与轴类零件不同之处在于套类零件是空心的，因此主视图多采用轴线水平放置的全剖视表示。

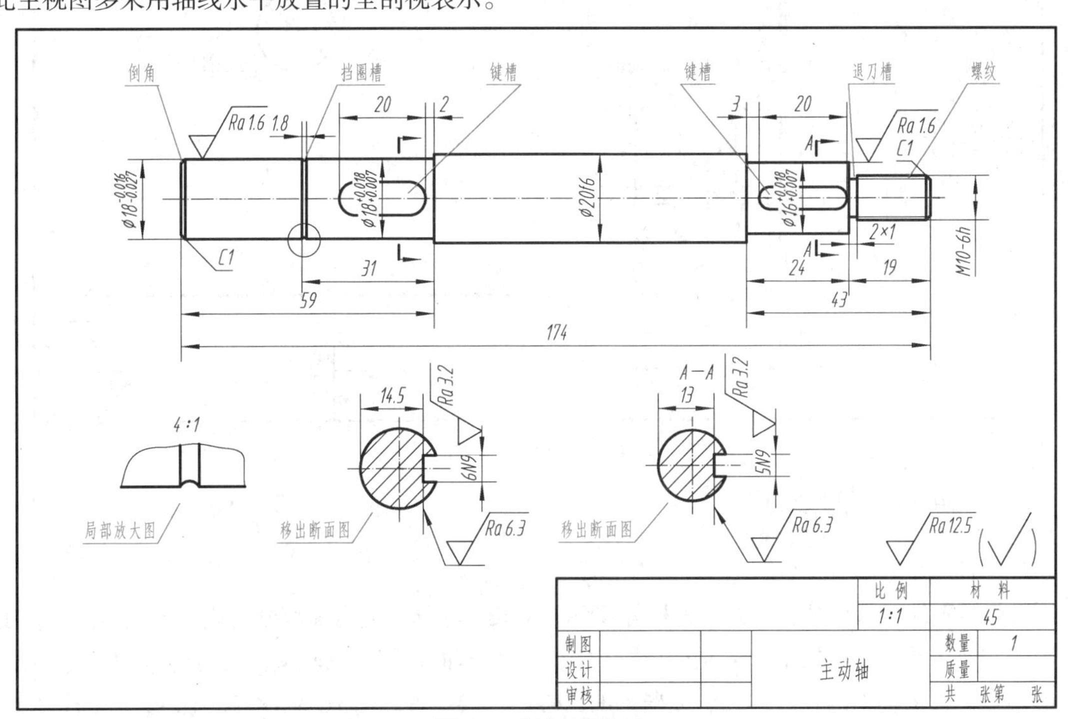

图 7-3 主动轴零件图

二、轮盘类零件

1. 结构特点

轮盘类零件的基本形状是扁平的盘状，主体部分是回转体，大部分是铸件，如各种齿轮、带轮、手轮、减速器中的端盖、齿轮泵的泵盖等都属于这类零件。轮盘类零件一般是由轮毂、轮缘、轮

辐等部分组成。轮毂部分是中空的圆柱体或圆锥体，孔内一般加工有键槽，用于与轴连接并传递动力。轮缘部分加工有轮槽或轮齿等结构，与外界相连传递动力。轮辐是连接轮毂与轮缘的部分，轮辐可以制成辐条、辐板两种形式，为了减轻质量和便于装卸，在辐板上常带有孔。

2．常用的表达方法

根据轮盘类零件的结构特点，主要的加工表面以车削为主，因此在表达这类零件时，其主视图经常是将轴线水平放置，并作全剖视，如图 7-4 所示。在主视图中清楚地反映了带轮轮毂、轮缘、辐板 3 个组成部分的相对位置，同时也表达了轮缘、轮毂的断面形状和辐板的厚度。其他视图一般还需要一个左视图（本例采用一个局部视图），用它表示键槽的宽度和深度，同时便于标注键槽的尺寸。有些局部结构还常用移出断面图或局部放大图表示。

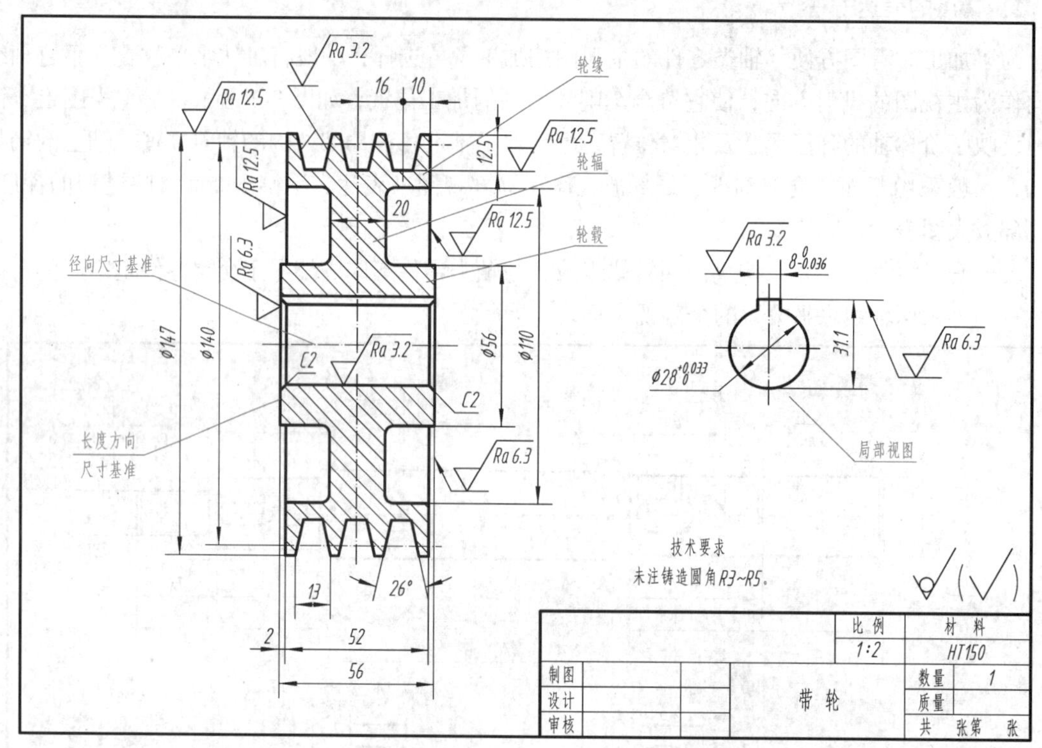

图 7-4 带轮零件图

三、叉架类零件

1．结构特点

叉架类零件包括拨叉、支架、连杆等零件。叉架类零件一般由 3 部分构成，即支持部分、工作部分和连接部分。连接部分多是肋板结构，且形状弯曲、扭斜的较多。支持部分和工作部分，细部结构也较多，如圆孔、螺孔、油槽、油孔等。这类零件，多数形状不规则，结构比较复杂，毛坯多为铸件，需经多道工序加工制成。

2．常用的表达方法

由于叉架类零件加工工序较多，其加工位置经常变化，因此选主视图时，主要考虑零件的形状特征和工作位置。叉架类零件常需要两个或两个以上的基本视图，为了表达零件上的弯曲或扭斜结构，还要选用斜视图、单一斜剖切面剖切的全剖视图、断面图和局部视图等表达方法。画图时，

一般把零件主要轮廓放成垂直或水平位置，如图 7-2 所示。拨叉的套筒凸出部分内部有孔，在主视图上采用局部剖视表达较为合适，并用移出断面表示肋板的断面形状。左视图着重表示了套筒、叉的形状和肋板结构的宽度。

四、箱体类零件

1．结构特点

箱体类零件主要用来支承和包容其他零件，其内外结构都比较复杂，一般为铸件。如泵体、阀体、减速器的箱体等都属于这类零件。

2．常用的表达方法

由于箱体类零件形状复杂，加工工序较多，加工位置不尽相同，但箱体在机器上的工作位置是固定的。因此，箱体的主视图常常按工作位置及形状特征来选择，为了清晰地表达内部结构，常采用剖视的方法。图 7-5 所示为传动器箱体的零件图，采用了三个基本视图。主视图采用全剖视，重点表达其内部结构；左视图内外兼顾，采用了半剖视，并采用局部剖视表达了底板上安装孔的结构；而 *A*—*A* 剖视既表达了底板的形状，又反映了连接支承部分的断面形状，显然比画出俯视图的表达效果要好。

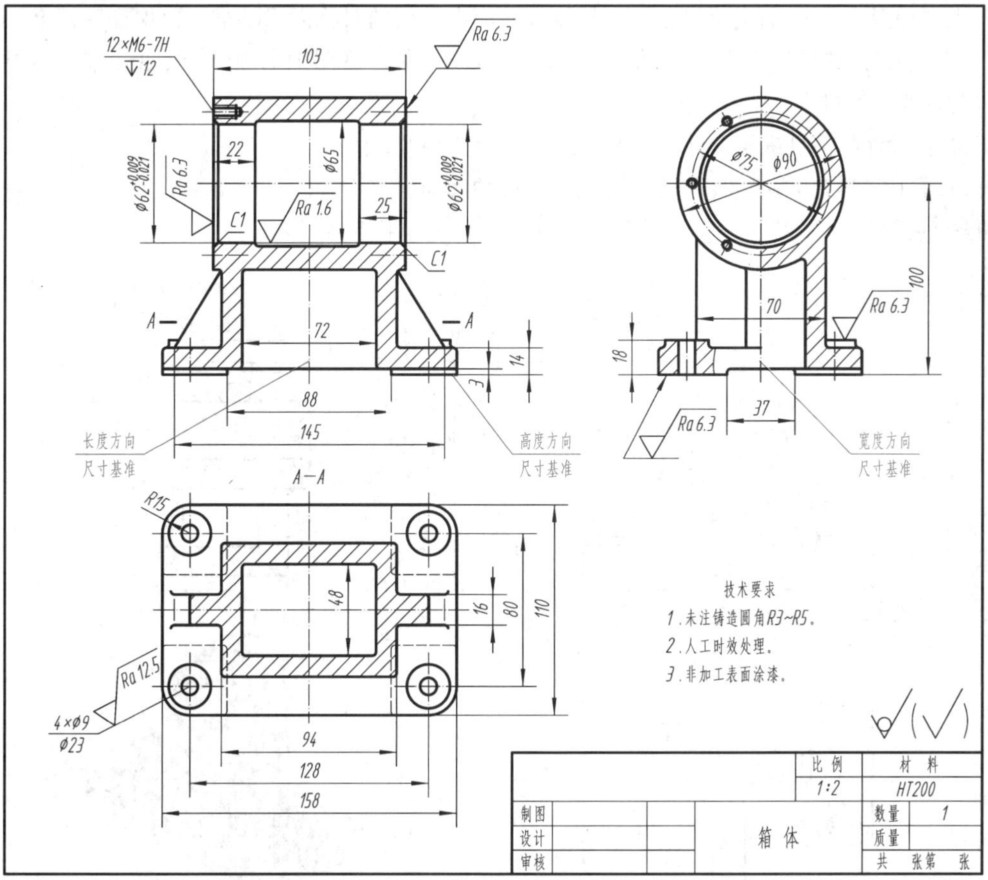

技术要求

1.未注铸造圆角R3~R5。

2.人工时效处理。

3.非加工表面涂漆。

图 7-5　传动器箱体零件图

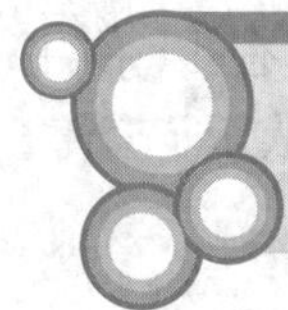

第三节　零件图的尺寸标注

零件图上的尺寸是制造、检验零件的重要依据，生产中要求零件图中的尺寸不允许有任何差错。在零件图上标注尺寸，除要求正确、完整和清晰外，还应考虑合理性，既要满足设计要求，又要便于加工、测量。

一、正确地选择尺寸基准

要合理标注尺寸，必须恰当地选择尺寸基准，即尺寸基准的选择应符合零件的设计要求并便于加工和测量。零件的底面、端面、对称面、主要的轴线、中心线等都可作为基准。

1．设计基准和工艺基准

根据机器的结构和设计要求，用以确定零件在机器中位置的一些面、线、点，称为设计基准。根据零件加工制造、测量和检验等工艺要求所选定的一些面、线、点，称为工艺基准。

图 7-6 所示为轴承座，其轴承孔的高度是影响轴承座工作性能的主要尺寸，主视图中尺寸 40 ± 0.02 以底面为基准，以保证轴承孔到底面的高度。其他高度方向的尺寸，如 10、12、58 均以底面为基准。

在标注底板上两孔的定位尺寸时，长度方向应以底板的对称面为基准，以保证底板上两孔的对称关系，如俯视图中尺寸 65。其他长度方向的尺寸，如主视图中 ϕ10、45、35，俯视图中 90、8 均以对称面为基准。

底面和对称面都是满足设计要求的基准，是设计基准。

轴承座上方螺孔的深度尺寸，若以轴承底板的底面为基准标注，就不易测量。应以凸台端面为基准标注尺寸 6，这样，测量就较方便，故轴承座上方平面是工艺基准。

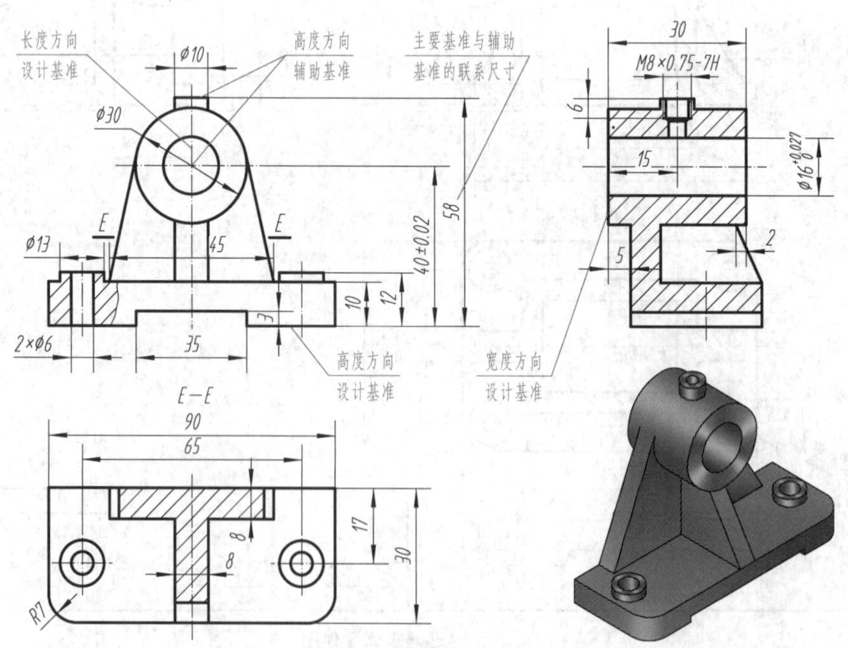

图 7-6　轴承座的尺寸基准

标注尺寸时，应尽量使设计基准与工艺基准重合，使尺寸既能满足设计要求，又能满足工艺要求。例如，图 7-6 中底面是设计基准，加工时又是工艺基准。二者不能重合时，主要尺寸应从设计基准出发标注。

2．主要基准与辅助基准

每个零件都有长、宽、高 3 个方向的尺寸，每个方向至少有一个尺寸基准，且都有一个主要基准，即决定零件主要尺寸的基准。例如，图 7-6 中底面为高度方向的主要基准，对称面为长度方向的主要基准，圆筒的后端面为宽度方向的主要基准。

为了便于加工和测量，通常还附加一些尺寸基准，称为辅助基准。辅助基准必须有尺寸与主要基准相联系。例如，图 7-6 中高度方向的主要基准是底面，而轴承孔轴线与轴承座上方平面为辅助基准（工艺基准），40 ± 0.02 和 58 两个尺寸为辅助基准与主要基准之间的联系尺寸。

二、标注尺寸应注意的几个问题

1．主要尺寸应直接标注

为保证设计的精度要求，主要尺寸应直接注出。例如，图 7-7（a）中的装配图表明了零件凸块与凹槽之间的配合要求。在零件图中应直接注出主要尺寸 $40^{-0.025}_{-0.050}$、$40^{+0.039}_{-0}$、11 和 12，这样就能保证两零件的配合要求，如图 7-7（b）所示。而图 7-7（c）中所注的尺寸，则需经计算得出，是不合理的。

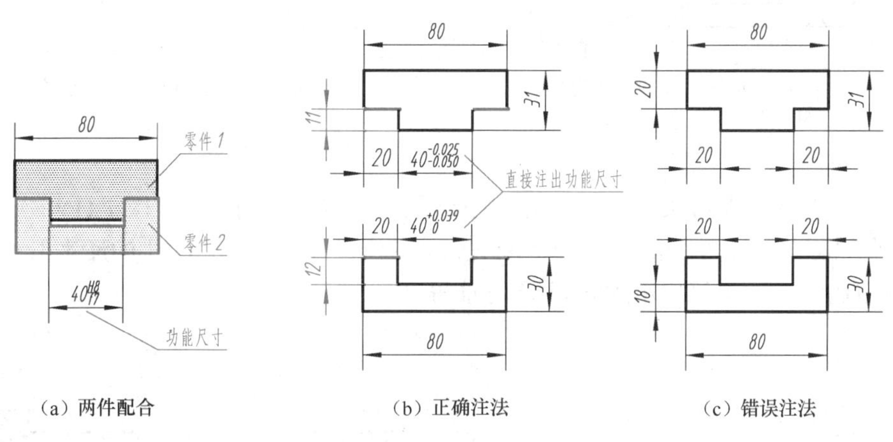

（a）两件配合　（b）正确注法　（c）错误注法

图 7-7 直接注出功能尺寸

2．避免注成封闭的尺寸链

图 7-8 所示为阶梯轴。图 7-8（a）中，长度方向的尺寸 a、b、c、d 首尾相连，构成一个封闭的尺寸链。因为封闭尺寸链中每个尺寸的尺寸精度，都将受链中其他各尺寸误差的影响，即 $b+c+d \neq a$，所以加工时很难保证总长尺寸 a 的尺寸精度。

在这种情况下，应当挑选一个不重要的尺寸空出不注（称为开口环），以使尺寸误差累积在此处，如图 7-8（b）所示。

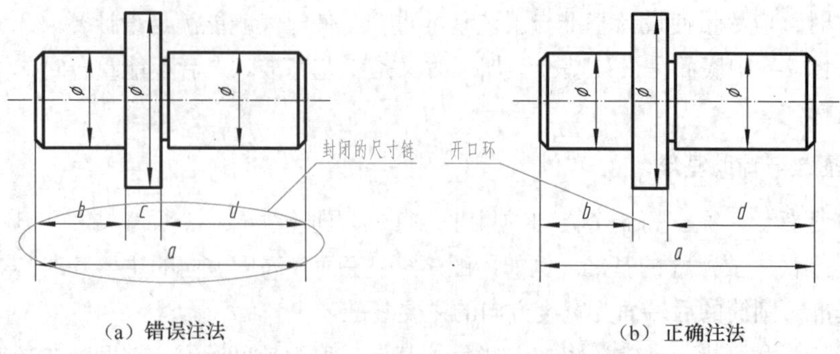

（a）错误注法　　（b）正确注法

图 7-8　避免注成封闭的尺寸链

3．考虑加工方法、符合加工顺序

为使不同工种的工人看图方便，应将零件上的加工面与非加工面尺寸，尽量分别注在图形的两边，如图 7-9 所示。对同一工种的加工尺寸，要适当集中标注，以便于加工时查找，如图 7-10 所示。

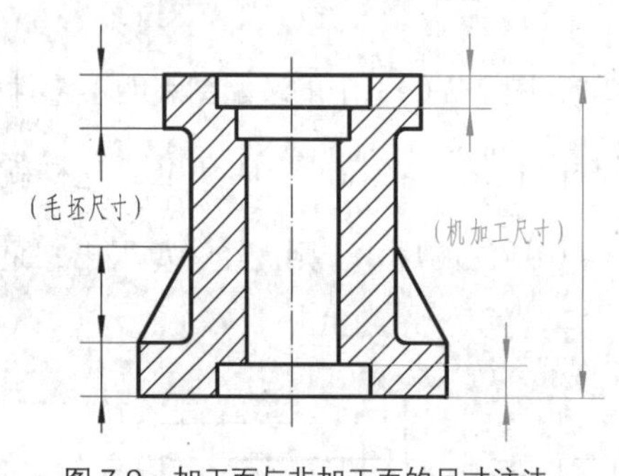

图 7-9　加工面与非加工面的尺寸注法

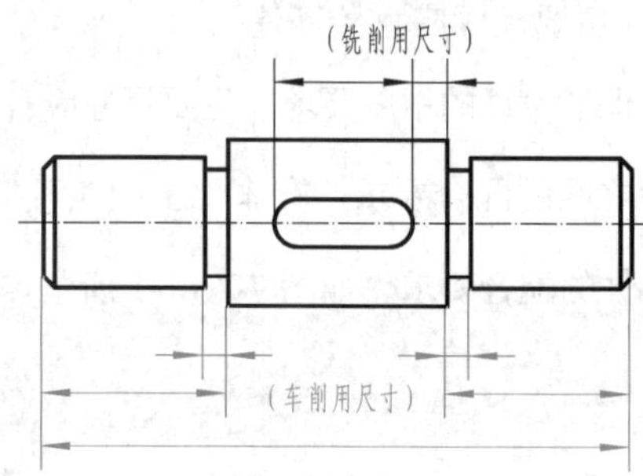

图 7-10　同工种加工的尺寸注法

4．考虑测量方便

孔深尺寸的标注，除了便于直接测量，也要便于调整刀具的进给量。图 7-11（a）中错误注法图例中的孔深尺寸 14 的注法，不便于用深度尺直接测量；图 7-11（b）中的尺寸 5、29、38 在加工时无法直接测量，套筒的外径需经计算才能得出。

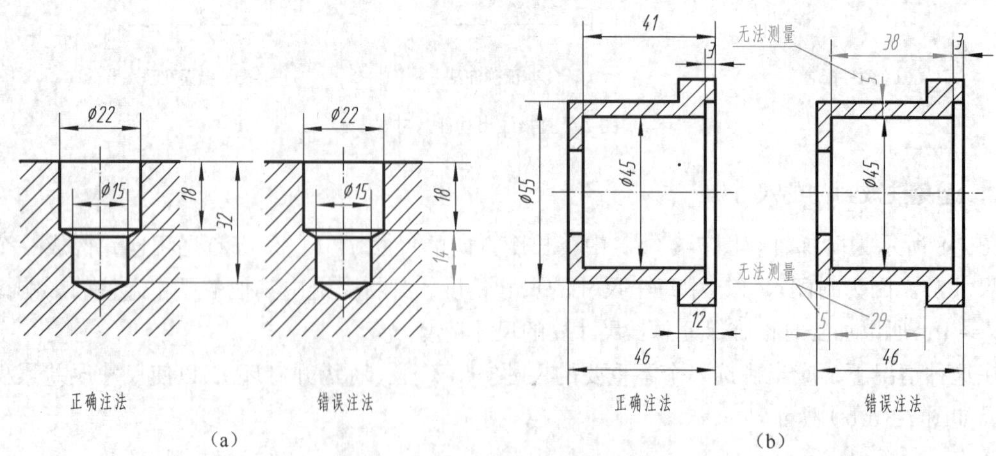

图 7-11　标注尺寸应便于测量

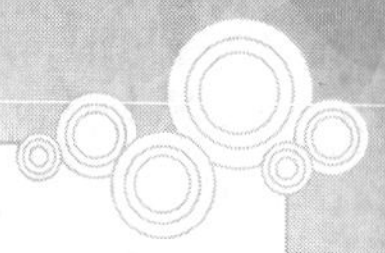

5．长圆孔的尺寸注法

零件上长圆形的孔或凸台，由于作用和加工方法的不同，而有不同的尺寸注法。

一般情况下（如键槽、散热孔以及在薄板零件上冲出的加强肋等），采用第一种注法，如图 7-12（a）所示。当长圆孔是装入螺栓时，中心距就是允许螺栓变动的距离，也是钻孔的定位尺寸，此时采用第二种注法，如图 7-12（b）所示。在特殊情况下，可采用特殊注法，此时宽度“8”与半径“*R*4”不认为是重复尺寸，如图 7-12（c）所示。

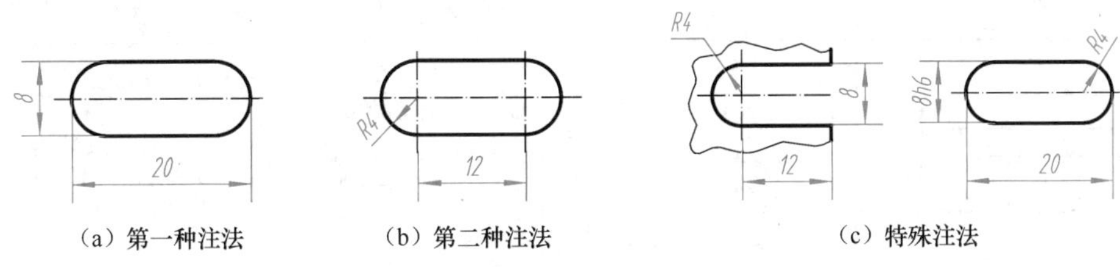

（a）第一种注法　（b）第二种注法　（c）特殊注法

图 7-12　长圆孔尺寸的注法

三、零件上常见结构的尺寸标注

零件上常见的光孔、锪孔、沉孔、螺孔等结构，可参照表 7-1 标注尺寸。它们的尺寸标注分为普通注法和旁注法两种形式，两种注法为同一结构的两种注写形式。标注尺寸时，可根据图形情况及标尺寸的位置参照选用。

表 7-1　　零件上常见孔的尺寸注法

类型	普通注法	旁注法		说明
光孔	4×ϕ4 10	4×ϕ4↧10	4×ϕ4↧10	“↧”为深度符号
	该孔无普通注法。 注意：ϕ4 是指与其相配的圆锥销的公称直径（小端直径）	锥销孔ϕ4 配作	锥销孔ϕ4 配作	“配作”系指该孔与相邻零件的同位锥销孔一起加工
锪孔	ϕ13 4×ϕ6.6	4×ϕ6.6 ⌴ϕ13	4×ϕ6.6 ⌴ϕ13	“⌴”为锪平符号。锪孔通常只需锪出圆平面即可，故沉孔深度一般不注

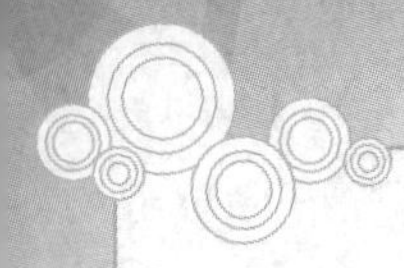

续表

类型	普通注法	旁注法		说明
沉孔	90° Ø13 6×Ø6.6	6×Ø6.6 ⌵Ø13×90°	6×Ø6.6 ⌵Ø13×90°	“⌵”为沉孔符号。该孔为安装开槽沉头螺钉所用
	Ø11 3 4×Ø6.6	4×Ø6.6 ⌴Ø11↧3	4×Ø6.6 ⌴Ø11↧3	该孔为安装内六角圆柱头螺钉所用，承装头部的孔深应注出
螺孔	3×M6 EQS	3×M6 EQS	3×M6 EQS	“EQS”为均布孔的缩写词
	3×M6-6g EQS 10 12	3×M6-6g↧10 ↧12 EQS	3×M6-6g↧10 ↧12 EQS	“EQS”为均布孔的缩写词

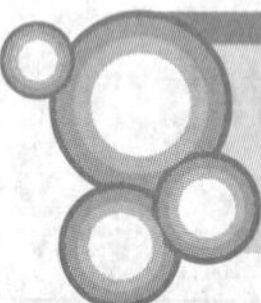

第四节　零件图上技术要求的注写

零件图中除了图形和尺寸以外，还应具备加工和检验零件的技术要求。零件图的技术要求包含以下几方面。

① 零件的表面结构。

② 极限与配合，形状和位置公差。

③ 对零件材料的热处理和表面修饰的说明。

④ 对指定加工方法和检验的说明。

以上内容有的须用符号在图中标注，有的要用文字注写。本节就有关技术要求及其标注方法作简要介绍。

一、表面结构的表示法

在机械图样上，为保证零件装配后的使用要求，除了对零件各部分结构的尺寸、形状和位置给出公差要求，还要根据零件的功能需要，对零件的表面质量——表面结构提出要求。表面结构是表面粗糙度、表面波纹度、表面缺陷、表面纹理和表面几何形状的总称。表面结构的各项要求在图样上的表示法，在 GB/T 131—2006 中均有具体规定。这里主要介绍表面粗糙度的表示法。

1．表面粗糙度基本概念

零件在机械加工过程中，由于机床、刀具的振动，以及材料在切削时产生塑性变形、刀痕等原因，经放大后可见其加工表面是高低不平的，如图 7-13 所示。零件加工表面上具有较小间距与峰谷所组成的微观几何形状特性称为表面粗糙度。表面粗糙度与加工方法、刀具形状及进给量等因素有密切关系。

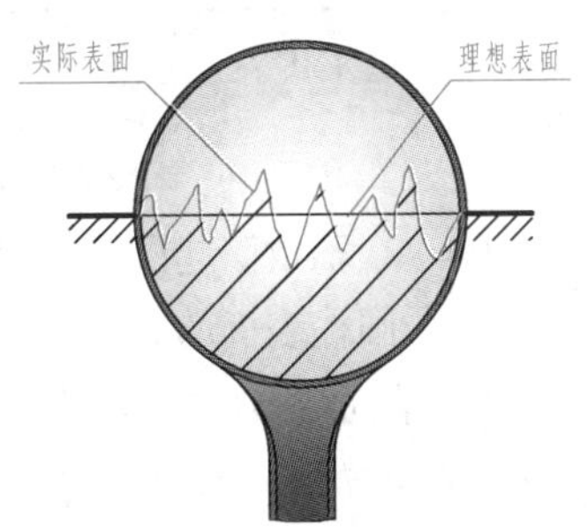

图 7-13　表面粗糙度

表面粗糙度是评定零件表面质量的一项重要技术指标，对于零件的配合、耐磨性、抗腐蚀性以及密封性等都有显著影响，是零件图中必不可少的一项技术要求。零件表面粗糙度的选用，应该既满足零件表面的功用要求，又要考虑经济合理。一般情况下，凡是零件上有配合要求或有相对运动的表面，表面粗糙度参数值要小。表面粗糙度参数值越小，表面质量越高，加工成本也越高。因此，在满足使用要求的前提下，应尽量选用较大的参数值，以降低成本。

2．表面结构的图形符号

标注表面结构要求时的图形符号的种类、名称、尺寸及含义见表 7-2。

表 7-2　　表面结构符号的含义

符号名称	符　号	含　义
基本图形符号	1.4h　60°　60°　3h　符号为细实线 h=字体高度	未指定工艺方法的表面，当通过一个注释解释时可单独使用
扩展图形符号		用去除材料的方法获得的表面；仅当其含义是“被加工表面”时可单独使用
		不去除材料的表面，也可用于表示保持上道工序形成的表面，不管这种状况是通过去除或不去除材料形成的
完整图形符号	允许任何工艺　去除材料　不去除材料	在以上各种图形符号的长边加一横线，以便注写对表面结构的各种要求

3．表面结构要求在图样中的注法

在图样中，零件表面结构要求用代号标注。表面结构符号中注写了具体参数代号及数值等要求后，即称为表面结构代号。标注表面结构代号时，应遵守以下一些规定。

（1）表面结构要求对每一表面一般只注一次，并尽可能注在相应的尺寸及其公差的同一视图上，除非另有说明，所标注的表面结构要求是对完工零件表面的要求。

（2）表面结构的注写和读取方向，与尺寸的注写和读取方向一致，如图 7-2 至图 7-5 和图 7-14 所示。

（3）表面结构要求可标注在轮廓线上，其符号应从材料外指向并接触表面，如图 7-14 和图 7-15

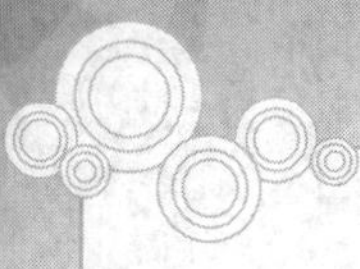

所示。必要时，表面结构也可用带箭头或黑点的指引线引出标注，如图 7-16 所示。

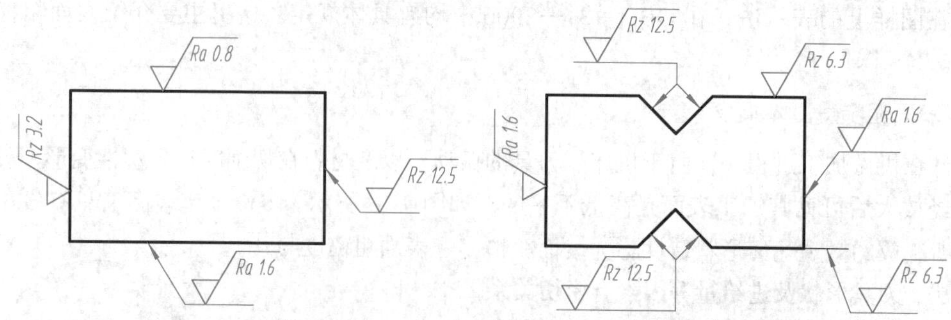

图 7-14　表面结构要求的注写方向　　图 7-15　表面结构要求在轮廓线上标注

（4）在不致引起误解时，表面结构要求可以标注在给定的尺寸线上，如图 7-17 所示。

（5）圆柱表面的表面结构要求只标注一次，如图 7-18 所示。

（6）表面结构要求可以直接标注在延长线上，或用带箭头的指引线引出标注，如图 7-18 和图 7-19 所示。

4．表面结构要求的简化注法

如果在工件的多数（包括全部）表面有相同的表面结构要求时，则其表面结构要求可统一标注在图样的标题栏附近。此时，表面结构要求的符号后面应有：

（1）在圆括号内给出无任何其他标注的基本符号，如图 7-19（a）所示。

（2）在圆括号内给出不同的表面结构要求，如图 7-19（b）所示。

不同的表面结构要求应直接标注在图形中，如图 7-19 所示。

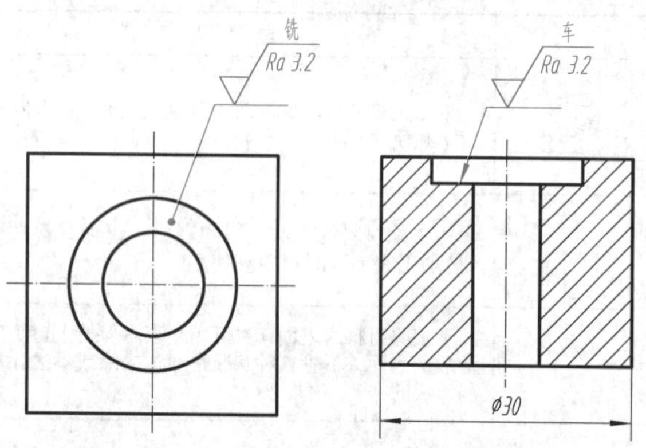

图 7-16　用指引线引出标注表面结构要求

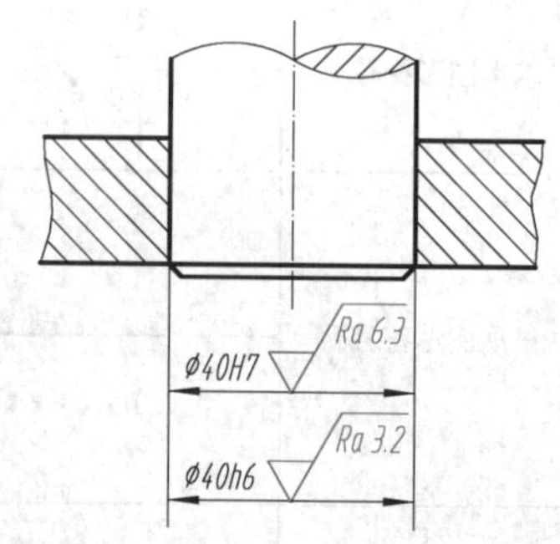

图 7-17　表面结构要求标注在尺寸线上

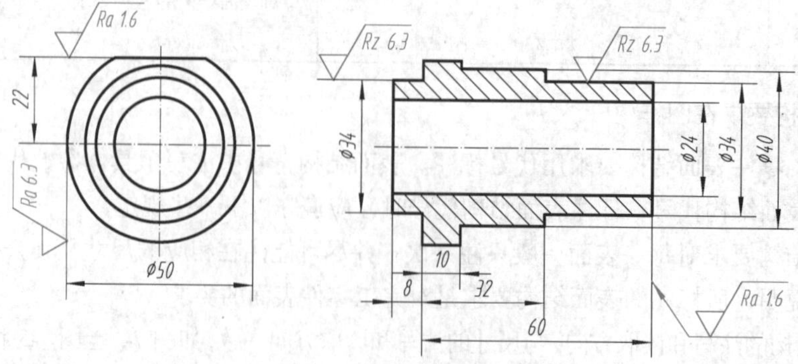

图 7-18　表面结构要求标注在圆柱特征的延长线上

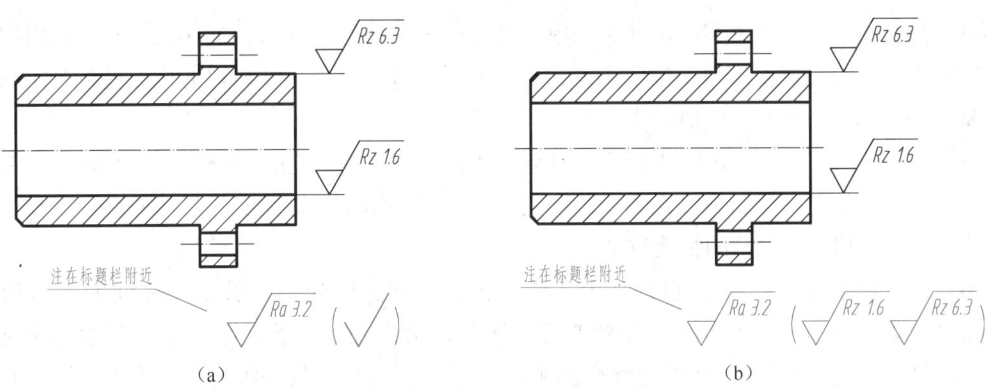

(a) (b)

图 7-19 大多数表面有相同表面结构要求的简化注法

二、极限与配合

在一批相同的零件中任取一个，不需修配便可装到机器上并能满足使用要求的性质，称为互换性。

就尺寸而言，互换性要求尺寸的一致性，并不是要求零件都准确地制成一个指定的尺寸，而只是限定其在一个合理的范围内变动。对于相互配合的零件，这个范围，一是要求在使用和制造上是合理、经济的；二是要求保证相互配合的尺寸之间形成一定的配合关系，以满足不同的使用要求。前者要以“公差”的标准化——极限制来解决，后者要以“配合”的标准化来解决，由此产生了“极限与配合”制度。

1．基本术语及定义

基本术语及定义如图 7-20（a）所示。

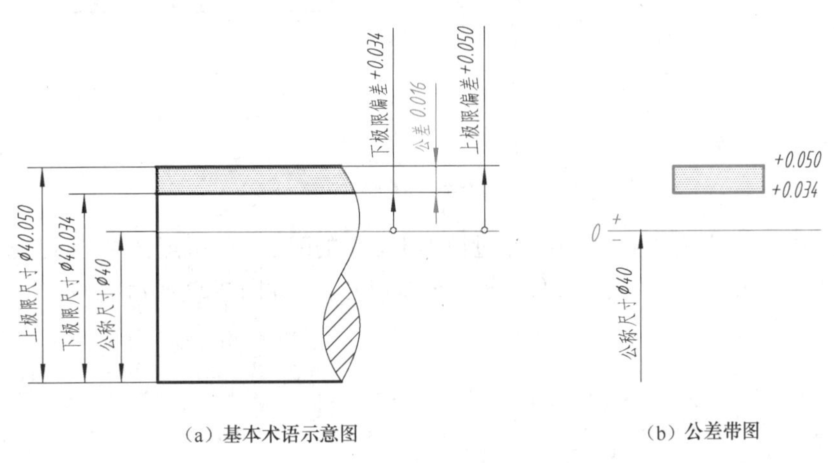

（a）基本术语示意图 （b）公差带图

图 7-20 基本术语和公差带示意图

（1）尺寸。它是以特定单位表示线性尺寸值的数值。它由数字和长度单位组成，包括直径、半径、长度、宽度、高度、厚度及中心距等。

（2）公称尺寸。由图样规范确定的理想形状要素的尺寸叫公称尺寸。公称尺寸也可以是一个小数值。

（3）极限尺寸。尺寸要素允许的尺寸的两个极端。尺寸要素允许的最大尺寸称为上极限尺寸，尺寸要素允许的最小尺寸称为下极限尺寸。极限尺寸可以大于、小于或等于公称尺寸。

（4）偏差。某一尺寸（实际尺寸、极限尺寸等）减其公称尺寸所得的代数差。上极限尺寸减其公称尺寸所得的代数差称为上极限偏差；下极限尺寸减其公称尺寸所得的代数差称为下极限偏差。极限偏差可以是正值、负值或零。

（5）尺寸公差（简称公差）。上极限尺寸减下极限尺寸之差，或上极限偏差减下极限偏差之差。公差是允许尺寸的变动量，恒为正值。公差越小，零件的精度越高，实际尺寸的允许变动量也越小；反之，公差越大，尺寸的精度越低。

（6）公差带和零线。在公差分析中，常把公称尺寸、极限偏差及公差之间的关系简化成公差带图，如图 7-20（b）所示。在公差带图解中，由代表上、下极限偏差的两条直线所限定的一个区域称为公差带。在极限与配合图解中，表示公称尺寸的一条直线简称为零线。通常零线表示公称尺寸，以其为基准确定偏差和公差。

2．配合

公称尺寸相同，并且相互结合的孔和轴公差带之间的关系称为配合。根据使用要求的不同，配合有松有紧。有的具有间隙，有的具有过盈。

（1）间隙配合。具有间隙（包括最小间隙等于零）的配合。间隙配合中孔的下极限尺寸大于或等于轴的上极限尺寸，孔的公差带位于轴的公差带之上，如图 7-21 所示。

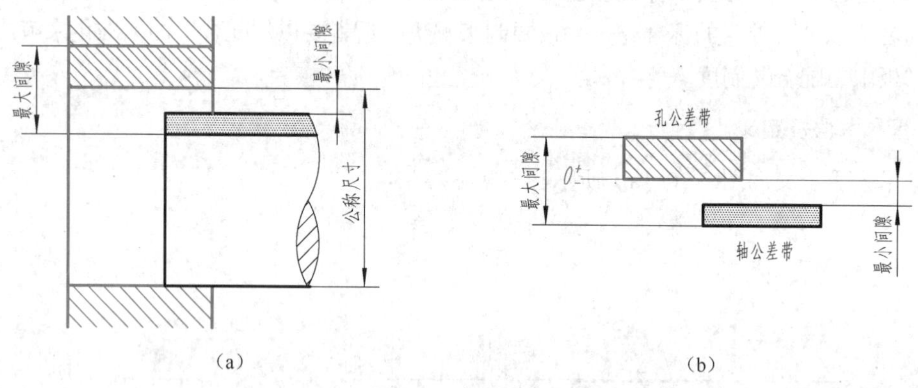

图 7-21　间隙配合

（2）过盈配合。具有过盈（包括最小过盈等于零）的配合。过盈配合中孔的上极限尺寸小于或等于轴的下极限尺寸，孔的公差带位于轴的公差带之下，如图 7-22 所示。

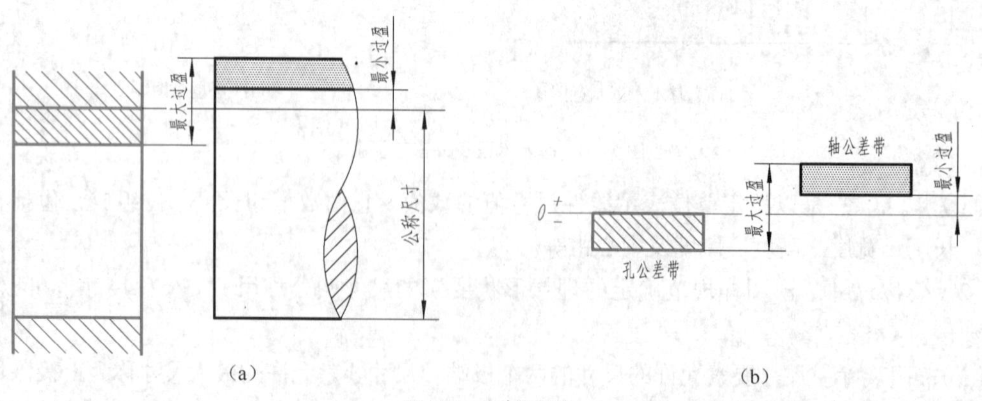

图 7-22　过盈配合

（3）过渡配合。可能具有间隙或过盈的配合。过渡配合中，孔的公差带与轴的公差带相互交叠，如图 7-23 所示。

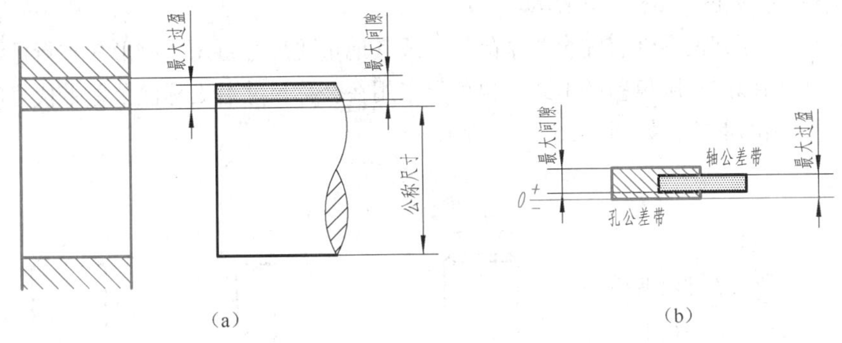

图 7-23　过渡配合

3．配合制

为了满足零件结构和工作要求，在加工制造相互配合的零件时，采取其中一个零件作为基准件，使其基本偏差不变，通过改变另一零件的基本偏差以达到不同的配合性质的要求。国家标准规定了两种配合制。

（1）基孔制配合。基本偏差为一定的孔的公差带，与不同基本偏差的轴的公差带形成各种配合的一种制度，如图 7-24 所示。基孔制中选择基本偏差为 H，即下极限偏差为 0 的孔为基准孔。由于轴比孔易于加工，所以应优先选用基孔制配合。

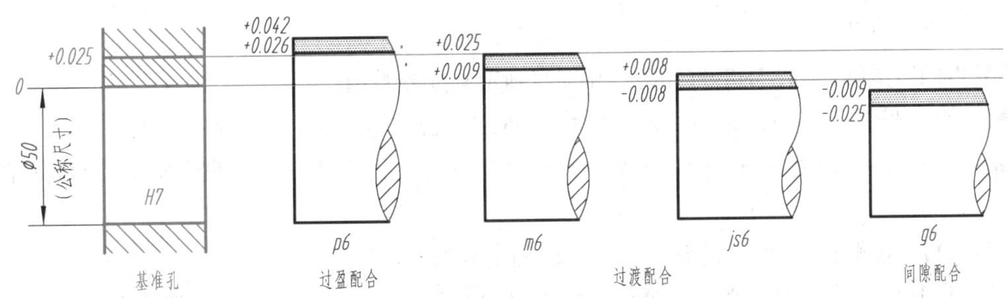

图 7-24 基孔制配合

（2）基轴制配合。基本偏差为一定的轴的公差带，与不同基本偏差的孔的公差带形成各种配合的一种制度，如图 7-25 所示。基轴制中选择基本偏差为 h，即上极限偏差为 0 的轴为基准轴。

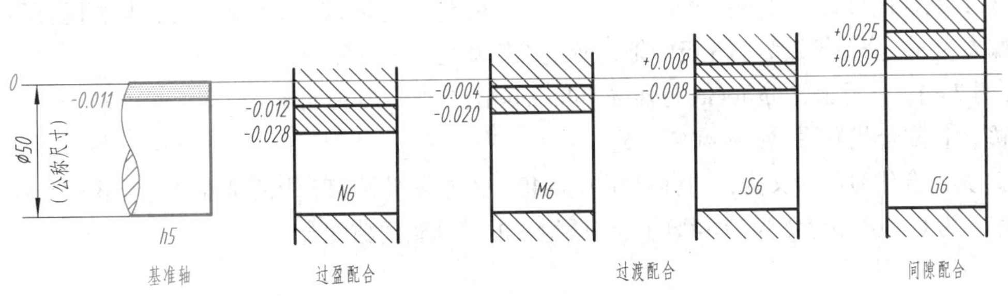

图 7-25　基轴制配合

4. 极限与配合在图样中的标注

在装配图上，极限与配合一般采用代号的形式标注。分子表示孔的代号（大写），分母表示轴的代号（小写），如图 7-26（a）所示。

在零件图上，与其他零件有配合关系的尺寸或其他重要尺寸可用 3 种形式进行标注。一般采用在公称尺寸后面标注极限偏差的形式；也可以采用在公称尺寸后面标注公差带代号的形式；或采用两者同时注出的形式，如图 7-26（b）所示。

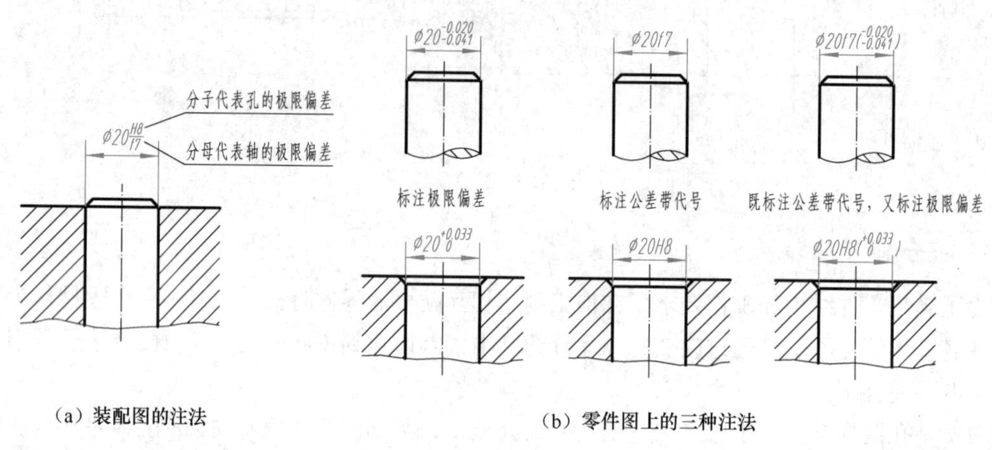

（a）装配图的注法

（b）零件图上的三种注法

图 7-26 极限与配合的标注

5. 极限与配合代号识读

【例 7-1】 试解释 ϕ35H8 的含义，并查表确定其偏差数值。

解 ① 其偏差代号的含义为：公称尺寸为 ϕ35、公差等级为 IT8 级的基准孔。

② 查附表 11，查竖列 H → 8、横排 30 ~ 40 的交点，得到其下极限偏差为 0、上极限偏差为 +0.039。

【例 7-2】 试解释 ϕ25k6 的含义，并查表确定其偏差数值。

解 ① 其偏差代号的含义为：公称尺寸为 ϕ25、基本偏差为 k、公差等级为 IT6 级的轴。

② 查附表 10，查竖列 k → 6、横排 24 ~ 30 的交点，得到其下极限偏差为 +0.015、上极限偏差为 +0.002。

【例 7-3】 试写出孔 ϕ25H7 与轴 ϕ25n6 的配合代号，并说明其含义。

解 ① 配合代号写成：ϕ25H7/n6。

② 其配合代号的含义为：公称尺寸为 ϕ25、公差等级为 IT7 级的基准孔，与相同公称尺寸、基本偏差为 n、公差等级为 IT6 级的轴，所组成的基孔制过渡配合。

【例 7-4】 试写出孔 ϕ40G6 与轴 ϕ40h5 的配合代号，并说明其含义。

解 ① 配合代号写成：ϕ40G6/h5。

② 其配合代号的含义为：公称尺寸为 ϕ40、公差等级为 IT5 级的基准轴，与相同公称尺寸、基本偏差为 G、公差等级为 IT6 级的孔，所组成的基轴制间隙配合。

讨论决策

【活动内容】绘制零件图。

【活动目的】1. 巩固前面所学有关零件图的视图表达、尺寸标注、技术要求注写等知识点。

2. 提高学生分析问题解决问题的能力。

【视频播放】1. 利用“机械制图多媒体课件”，介绍轴的加工过程。

2. 利用“机械制图解题指导”多媒体课件，观察习题 7-17 所示输出轴。

【课堂讨论】围绕以下主题进行课堂讨论。

1. 该轴的主视图怎样选择。需要几个断面图表达不同部位的断面形状。

2. 该轴的轴向尺寸基准怎样确定。

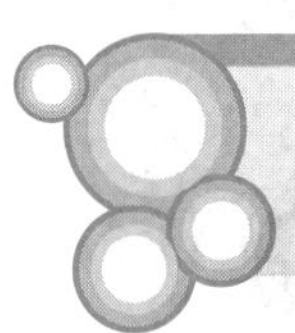

*第五节 零件上常见的工艺结构

零件的结构形状是根据它在机器中的作用来决定的。除了满足设计要求以外，还要考虑在零件加工、测量、装配过程所提出的一系列工艺要求，使零件具有合理的工艺结构。下面介绍一些常见的工艺结构。

一、铸造工艺对结构的要求

1. 起模斜度和铸造圆角

在铸造零件毛坯时，为了便于在砂型中取出木模，一般沿着起模方向设计出起模斜度（通常为 1:20，约 3°），如图 7-27（a）所示。铸造零件的起模斜度在图中可不画出、不标注，必要时可在技术要求中用文字说明，如图 7-27（b）所示。

为便于铸件造型时起模，防止铁水冲坏转角处，冷却时产生缩孔和裂缝，将铸件的转角处制成圆角，此种圆角称为铸造圆角，如图 7-27（c）所示。圆角尺寸通常较小，一般为 *R*2 ~ *R*5，在零件图上可省略不画。圆角尺寸常在技术要求中统一说明，如“全部圆角 *R*3”或“未注圆角 *R*4”等，而不必一一在图样中注出，如图 7-27（b）所示。

2. 过渡线

由于铸件表面的转角处有圆角，因此其表面产生的交线不清晰。为了看图时便于区分不同的表面，在图中仍然画出理论上的交线，但两端不与轮廓线接触，此线称为过渡线。过渡线用细实线绘制。图 7-28 所示为两圆柱面相交的过渡线画法。

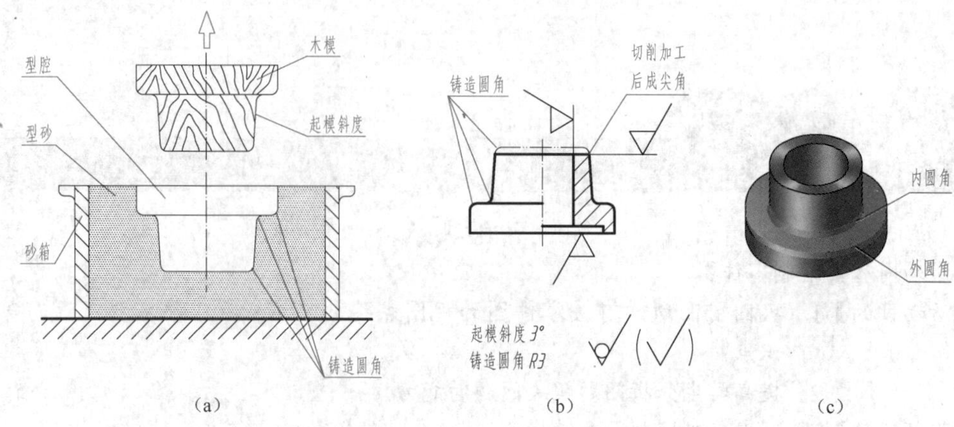

图 7-27 起模斜度和铸造圆角

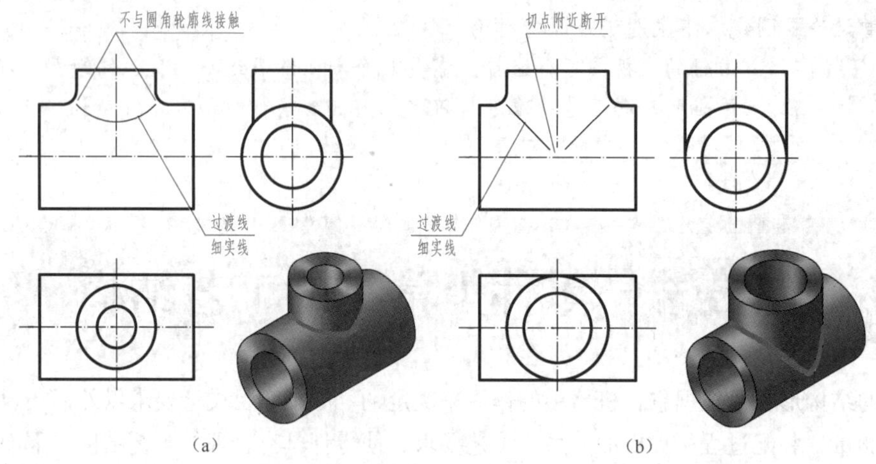

图 7-28 圆柱面相交的过渡线画法

3. 铸件壁厚

铸件的壁厚不宜相差太大，若壁厚不均匀，铁水冷却速度不同，会产生缩孔和裂纹，应采取措施避免，如图 7-29 所示。

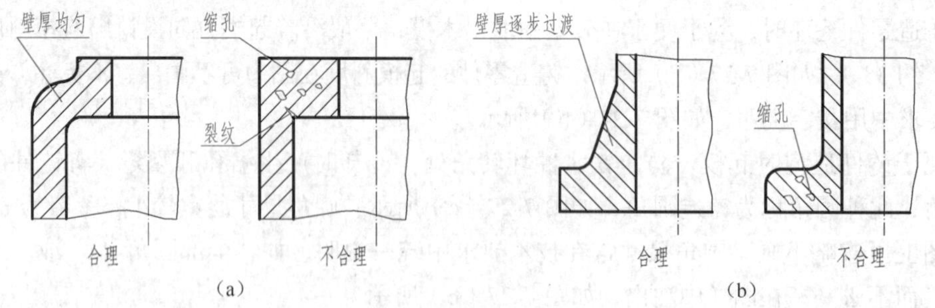

图 7-29 铸件壁厚的处理

二、机械加工工艺结构

1. 倒角和圆角

为便于安装和安全，在轴或孔的端部，一般都加工成倒角；为避免应力集中产生裂纹，在轴

肩处往往加工成圆角过渡，称为倒圆。倒角和圆角的标注如图 7-30 所示。

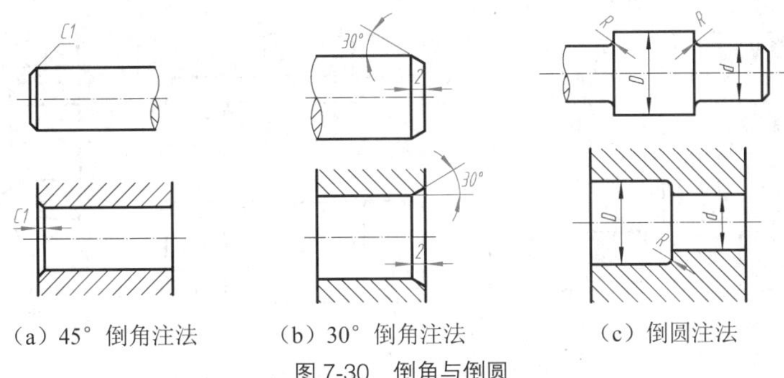

（a）45° 倒角注法　（b）30° 倒角注法　（c）倒圆注法

图 7-30　倒角与倒圆

2．退刀槽和砂轮越程槽

在车削内孔、车削螺纹和磨削零件表面时，为便于退出刀具或使砂轮可以稍越过加工面，常在待加工面的末端预先制出退刀槽或砂轮越程槽。退刀槽的尺寸可按“槽宽 × 槽深”或“槽宽 × 直径”的形式标注，如图 7-31（a）和图 7-31（b）所示。砂轮越程槽的尺寸可按“槽宽 × 槽深”的形式标注，如图 7-31（c）所示。

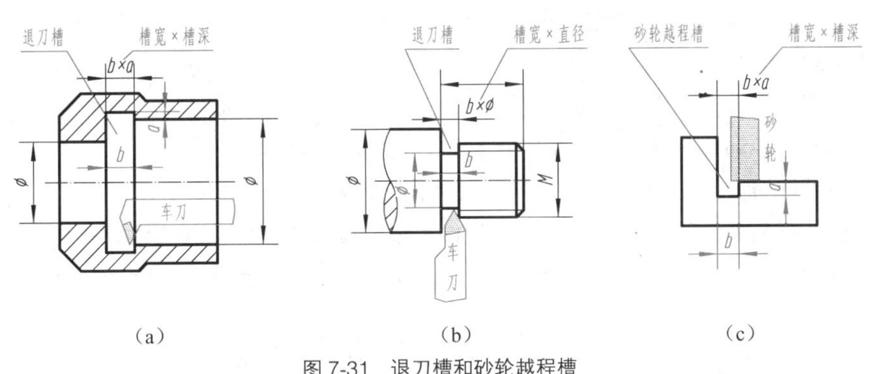

（a）　（b）　（c）

图 7-31　退刀槽和砂轮越程槽

3．钻孔结构

为避免钻孔时钻头因单边受力产生偏斜，造成钻头折断，在孔的外端面应设计成与钻头行进方向垂直的结构，如图 7-32（c）所示。

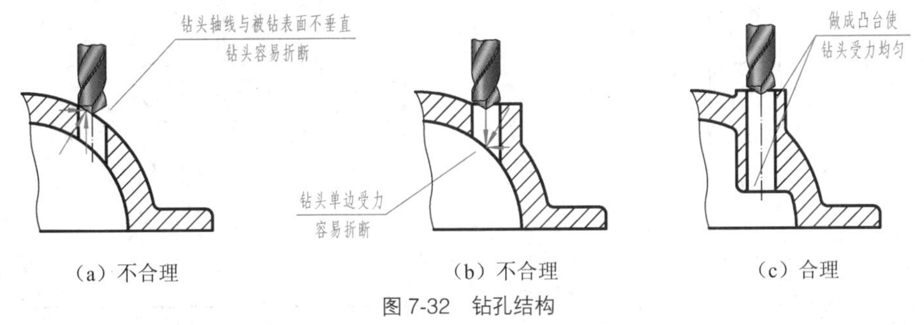

（a）不合理　（b）不合理　（c）合理

图 7-32　钻孔结构

4．凸台和凹坑

为使零件的某些装配表面与相邻零件接触良好，也为了减少加工面积，常在零件加工面处做

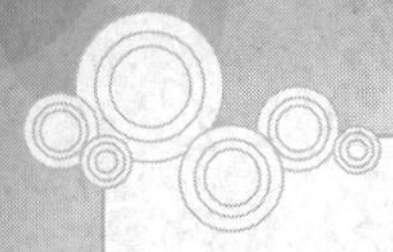

出凸台、锪平成凹坑和凹槽，如图 7-33 所示。

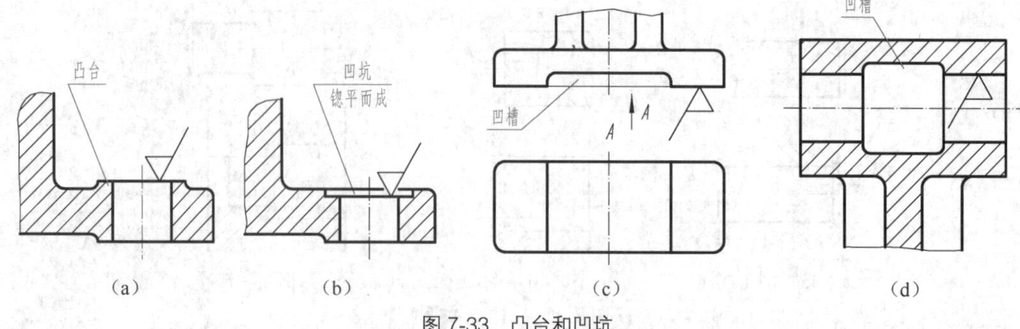

图 7-33　凸台和凹坑

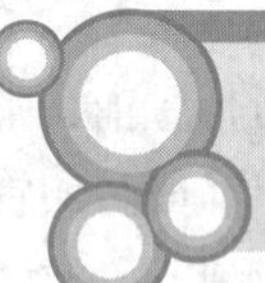

第六节　读零件图

在零件的设计、加工制造以及技术改造过程中，都需要读零件图。因此，准确、熟练地读懂零件图，是工程技术人员必须掌握的基本技能之一。

读零件图的目的是：

（1）了解零件的名称、用途、材料等。

（2）了解零件各部分的结构、形状以及它们之间的相对位置。

（3）了解零件的大小、制造方法和所提出的技术要求。

现以齿轮油泵泵盖零件图（见图 7-34）为例，说明读零件图的一般方法和步骤。

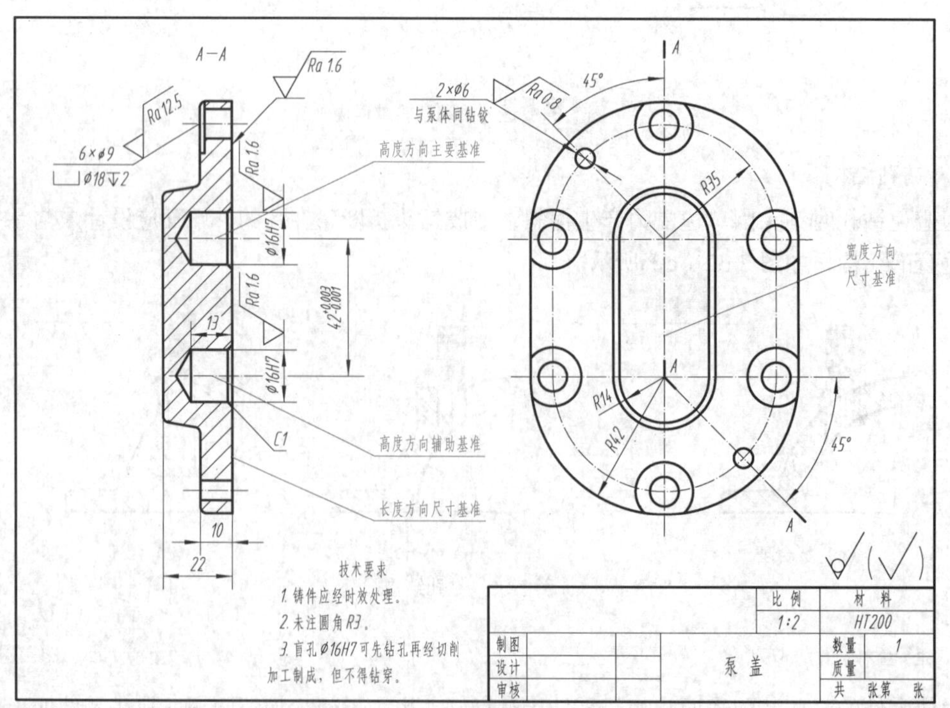

图 7-34　泵盖零件图

一、概括了解

首先看标题栏，了解零件名称、材料、数量和比例等内容。从零件名称可判断该零件属于哪一类零件；从材料可大致了解其加工方法；根据比例可估计零件的实际大小。对不熟悉的比较复杂的零件图，可对照装配图了解该零件在机器或部件中与其他零件的装配关系等，从而对零件有初步了解。

泵盖是齿轮油泵上的主要零件，它在齿轮泵中起支承齿轮轴及密封泵体的作用。零件的材料为灰铸铁，牌号 HT200，说明零件毛坯的制造方法为铸造，因此应具备铸造的一些工艺结构。零件的绘图比例为 1:2，从图形大小，可估计出该零件的真实大小。

二、分析视图

分析视图，首先应找出主视图，再分析零件各视图的配置以及视图之间的关系，进而识别出其他视图的名称及投射方向。若采用剖视或断面的表达方法，还需确定出剖切位置。要运用形体分析法读懂零件各部分结构，想象出零件的结构形状。

零件的结构形状是读零件图的重点，组合体的读图方法仍适用于读零件图。读零件图的一般顺序是先整体，后局部；先主体结构，后局部结构；先读懂简单部分，再分析复杂部分。

泵盖采用了两个基本视图：一个主视图，一个左视图。

主视图的选择符合工作位置原则，其上采用两个相交的剖切平面作全剖视，表达了两齿轮轴轴孔、螺钉孔以及定位销孔的内部结构，其剖切面位置可从左视图中找到。

左视图即反映出泵盖的形状特征（长圆形），又表示出了 6 个螺钉孔和两个定位销孔的分布情况。左视图中间的长圆形粗实线，表达泵盖中部、厚度为 12 mm 的长圆形凸台的形状。为支承齿轮轴，加工出两个 ϕ16H7 轴孔；为与泵体定位和连接，加工出两个定位销孔和 6 个螺钉沉孔；起模斜度、铸造圆角等均为工艺结构。

综合主、左两个视图，按形体分析方法，可知泵盖的主体结构由右侧的长圆形盖板，中间的长圆形凸台所构成，如图 7-35 所示。

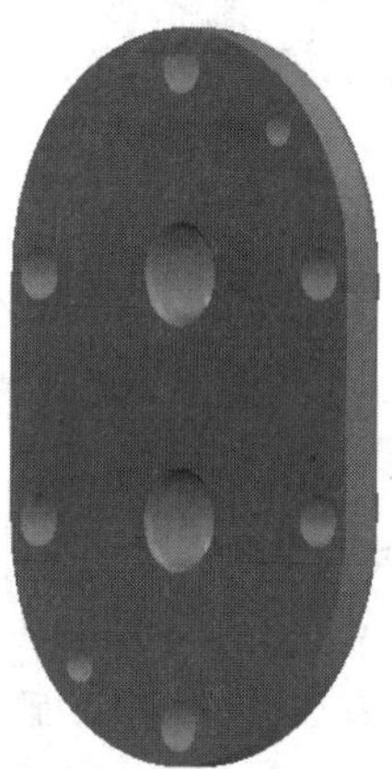

图 7-35　泵盖的结构形状

三、分析尺寸

零件图上的尺寸是制造、检验零件的重要依据。分析尺寸的主要目的是：根据零件的结构特点、设计和制造的工艺要求，找出尺寸基准，分清设计基准和工艺基准，明确尺寸种类和标注形式；分析影响性能的主要尺寸标注是否合理，标准结构要素的尺寸标注是否符合要求，其他尺寸是否满足工艺要求；校核尺寸标注是否完整等。

泵盖长度方向的尺寸基准为右端面，以此来确定下部轴孔深度 13 mm，盖板厚 10 mm、总长 22 mm 等。

宽度方向的尺寸基准为泵盖前后方向的对称面。上部轴孔的轴线和下部轴孔的轴线分别为高度方向的主要基准和辅助基准，螺钉沉孔和定位销孔的中心位置将以此来确定。两轴孔的中心距

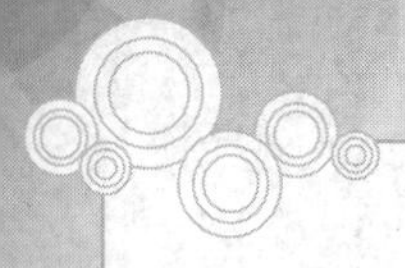

42 mm 是泵盖的重要定位尺寸。

四、了解技术要求

零件图上的技术要求是制造零件的质量指标。读图时应根据零件在机器中的作用，分析配合面或主要加工面的加工精度要求，了解其表面粗糙度、尺寸公差及其代号含义；再分析其余加工面和非加工面的相应要求，了解零件的热处理、表面处理及检验等其他技术要求，以便根据现有的加工条件，确定合理的加工工艺，保证达到这些技术要求。

泵盖有配合要求的加工面为两轴孔，均为 ϕ16H7（基孔制间隙配合），其表面粗糙度 *Ra* 的上限值为 1.6 μm。两轴孔中心距 42 mm 是重要尺寸，它的上极限偏差为 +0.003，下极限偏差为 −0.001，其尺寸公差为 0.004 mm。两个定位销孔与泵体同钻铰，其表面粗糙度参数 *Ra* 的上限值为 0.8 μm。右端面与泵体相接触，其表面粗糙度 *Ra* 的上限值为 1.6 μm。螺钉沉孔 *Ra* 的上限值为 12.5 μm。非加工面为毛坯面，由铸造直接获得。标题栏左侧的技术要求，则用文字说明了零件的热处理要求，铸造圆角的尺寸以及不通孔的加工方法。

通过上述的读图方法和步骤，可对零件有全面的了解，但对某些比较复杂的零件，还需参考有关技术资料和相关的装配图，才能彻底读懂。读图的各个步骤也可视零件的具体情况，灵活运用，交叉进行。

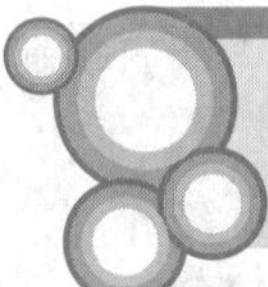

第七节　零件测绘

零件图的来源有两种：一是根据设计装配图拆画零件图，二是根据实物进行测绘得到。零件测绘就是依据实际零件，徒手绘制零件草图（目测比例），测量并标注尺寸及技术要求，经整理画出零件图的过程。零件测绘是工程技术人员必须掌握的基本技能之一。

一、零件测绘的方法和步骤

1. 了解和分析零件

了解零件的名称、用途、材料及其在机器或部件中的位置和作用。对零件的结构形状和制造方法进行分析了解，以便考虑选择零件表达方案和进行尺寸标注。

2. 确定表达方案

先根据零件的形状特征、加工位置、工作位置等情况选择主视图，再按零件内外结构特点选择其他视图和剖视、断面等表达方法。

图 7-36 所示零件为填料压盖，用来压紧填料，主要分为腰圆形板和圆筒两部分。选择其加工位置方向为主视图，并采用全剖视，它表达了填料压盖的轴向板厚、圆筒长度、3 个通孔等内外结构形状。选择“*K* 向”（右）视图，表达填料压盖的腰圆形板结构和三个通孔的相对位置。

图 7-36　填料压盖轴测图

3. 画零件草图

目测比例，徒手画成的图称为草图。零件草图是绘制零件图的依据，必要时还可以直接指导

生产，因此它必须包括零件图的全部内容。绘制零件草图的步骤如下。

① 布置视图，画出主、“*K* 向”（右）视图的定位线，如图 7-37 中的“第一步”所示。

② 目测比例，徒手画出主视图（全剖视）和 *K* 向视图，如图 7-37 中的“第二步”所示。

③ 画剖面线，选定尺寸基准，画出全部尺寸界线、尺寸线和箭头，如图 7-37 中的“第三步”所示。

④ 测量并填写全部尺寸，标注各表面的表面粗糙度代号、确定尺寸公差；填写技术要求和标题栏，如图 7-37 中的“第四步”所示。

4．画零件图

对画好的零件草图进行复核，再根据草图绘制完成填料压盖的零件图。

二、零件尺寸的测量方法

测量尺寸是测绘过程中一个重要步骤，零件上全部尺寸的测量应集中进行，这样可以提高效率，避免错误和遗漏。

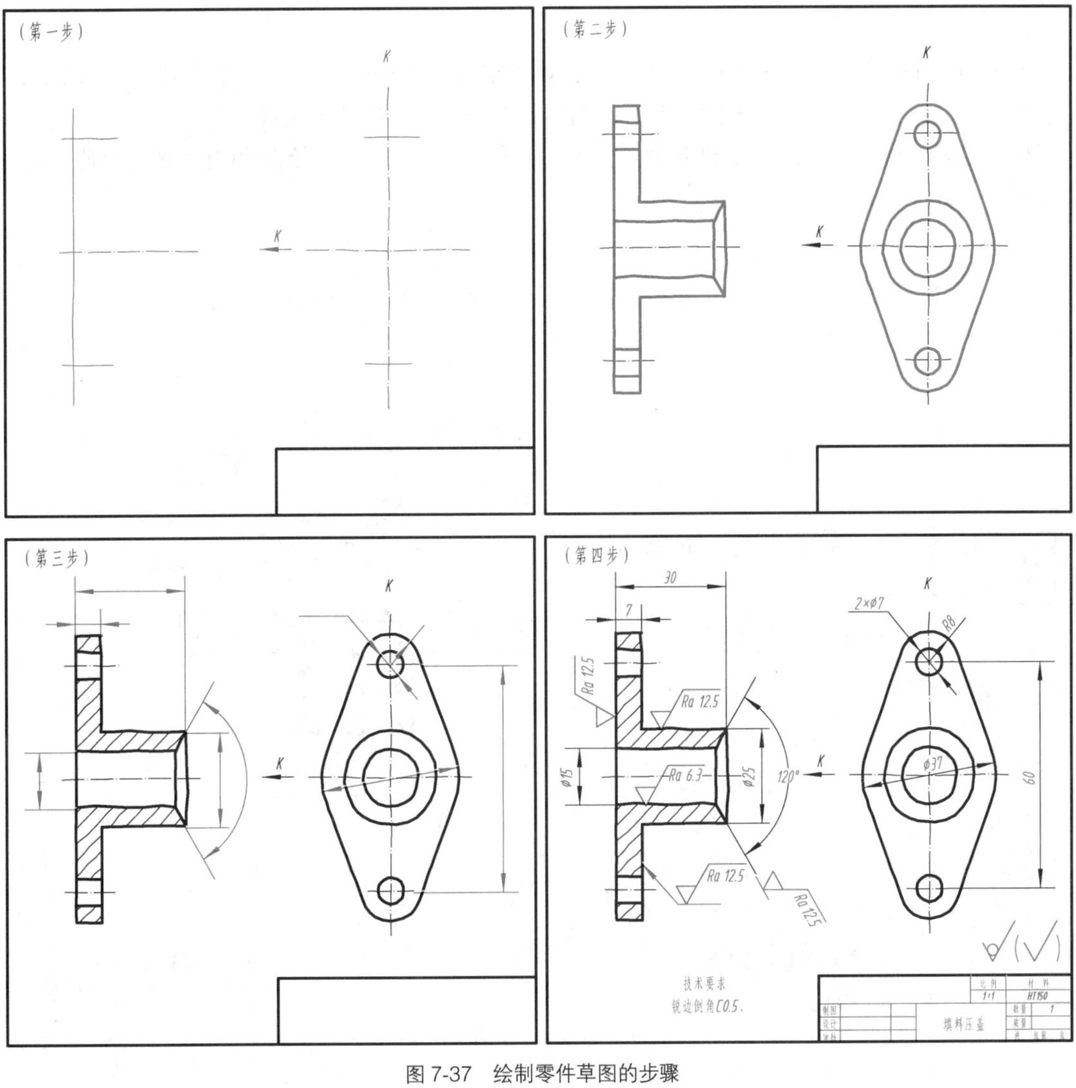

图 7-37　绘制零件草图的步骤

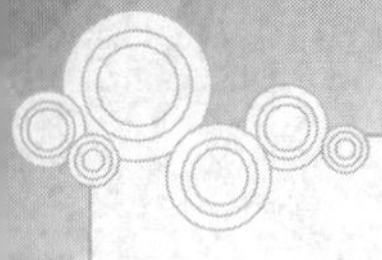

1．测量直线尺寸

线性尺寸一般可直接用钢直尺测量，如图 7-38（a）所示。必要时，也可以用三角板配合测量，如图 7-38（b）中的 L_1、L_2。

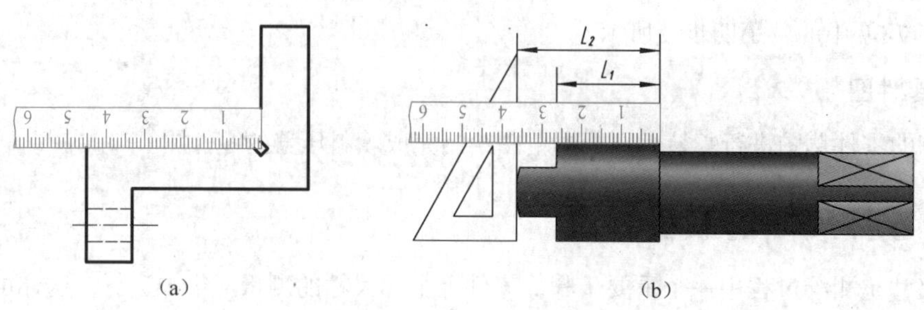

（a）　　（b）

图 7-38　测量直线尺寸

2．测量内、外直径尺寸

外径用外卡钳测量，内径用内卡钳测量，再在钢直尺上读出数值，如图 7-39（a）中的 D_1、D_2。测量时应注意，外（内）卡钳与回转面的接触点应是直径的两个端点。

精度较高的尺寸可用游标卡尺测量。例如，图 7-39（b）中的外径 D 和内径 d 的数值，可在游标卡尺上直接读出。

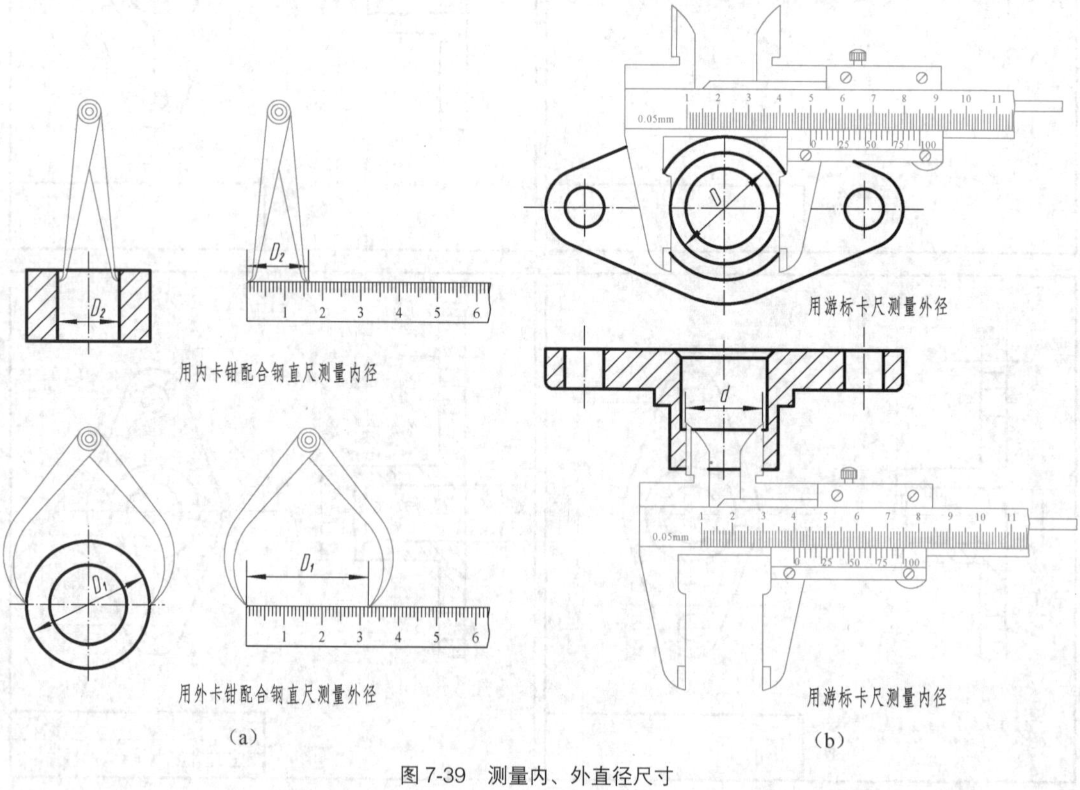

用内卡钳配合钢直尺测量内径

用外卡钳配合钢直尺测量外径

（a）

用游标卡尺测量外径

用游标卡尺测量内径

（b）

图 7-39　测量内、外直径尺寸

3. 测量壁厚

在无法直接测量壁厚时，可把外卡钳和直尺合并使用，将测量分两次完成。例如，在图 7-40（a）中先测量 B，再用外卡钳和直尺测量 A，如图 7-40（b）所示，计算得出 $X=A-B$；或用钢直尺测量两次，如图 7-40（a）中 $Y=C-D$。

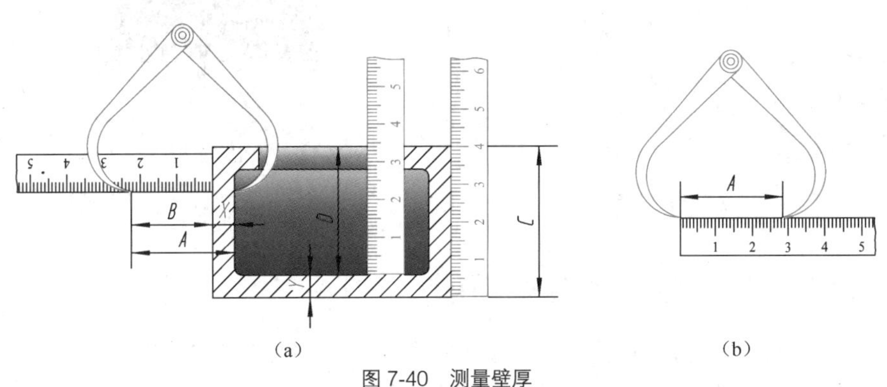

图 7-40　测量壁厚

4. 测量中心距

测量中心高时，一般可用内卡钳配合钢直尺测量，图 7-41（a）中孔的中心高 $H=A+d/2$；测量孔间距时，可用外（内）卡钳配合钢直尺测量。在两孔的直径相等时，其中心距：$L=K+d$，如图 7-41（b）所示；在两孔的孔径不等时，其中心距：$L=K-(D+d)/2$，如图 7-41（c）所示。

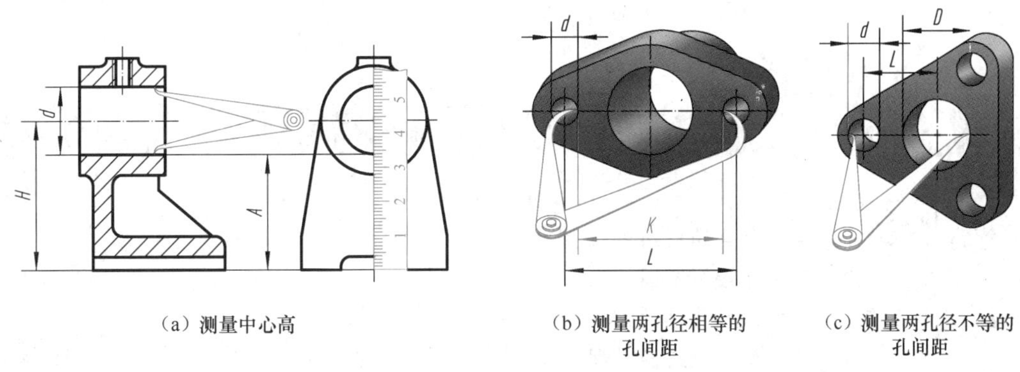

图 7-41　测量中心距

5. 测量圆角

测量圆角半径时，一般采用圆角规。在圆角规中找到与被测部分完全吻合的一片，从该片上的数值可知圆角半径的大小，如图 7-42 所示。

测量螺纹时，用游标卡尺测量大径，用螺纹规测得螺距；或用钢直尺量取几个螺距后，取其平均值；如图 7-43 中钢直尺测得的螺距为 $P=L/6=1.75$，然后根据测得的大径和螺距，查对相应的螺纹标准，最后确定所测螺纹的规格。

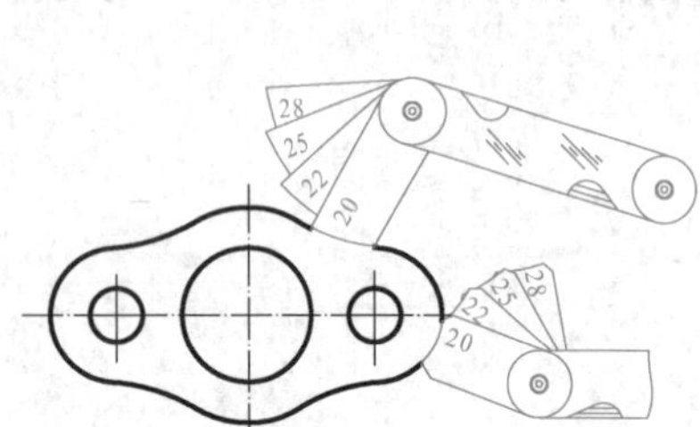

图 7-42 测量圆角半径

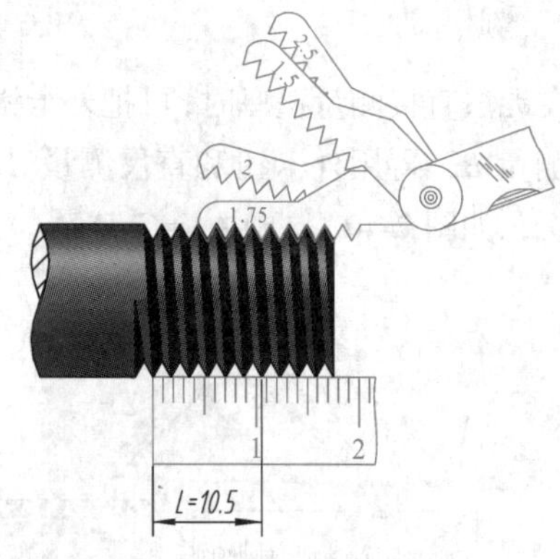

图 7-43 测量螺纹

三、零件测绘应注意的几个问题

零件测绘是一项比较复杂的工作，要认真对待每个环节，测绘时应注意以下几点。

（1）对于零件制造过程中产生的缺陷（如铸造时产生的缩孔、裂纹，以及该对称的而不对称等）和在使用过程中造成的磨损、变形等，画草图时应予以纠正。

（2）零件上的工艺结构，如倒角、圆角、退刀槽等，虽小也应完整表达，不可忽略。

（3）严格检查尺寸是否遗漏或重复，相关零件尺寸是否协调，以保证零件图、装配图顺利绘制。

（4）对于零件上的标准结构要素，如螺纹、键槽、轮齿等尺寸，以及与标准件配合或相关联结构（如轴承孔、螺栓孔、销孔等）的尺寸，应将测量结果与标准核对，圆整成标准数值。

跟我做

【活动内容】1. 学习量具的使用方法。
2. 由零件绘制草图。

【活动目的】1. 掌握常用量具的正确使用方法。
2. 熟悉零件测绘的过程。
3. 能够通过目测比例绘制草图。

【视频播放】1. 通过量具实物的演示，教会学生使用常用量具的方法。
2. 讨论练好绘制草图基本功的实际意义。
3. 根据学校实际情况，选定一个比较简单的零件，如轴或轮或盘，绘制出零件的草图。

第八章

装　配　图

装配图是设计新产品及绘制零件图的主要依据。具有扎实的理论基础并积累了一定工作经验的设计人员，脑子里时常会冒出一些奇思妙想，此时，他会将构思的新产品绘制成装配图，并由装配图拆画成零件图后付诸加工，如图 8-1 所示的齿轮泵及其装配图。负责组装的工人师傅们，则要根据装配图对新产品进行安装与调试。由此可见，装配图也是工厂里必不可少的技术文件。

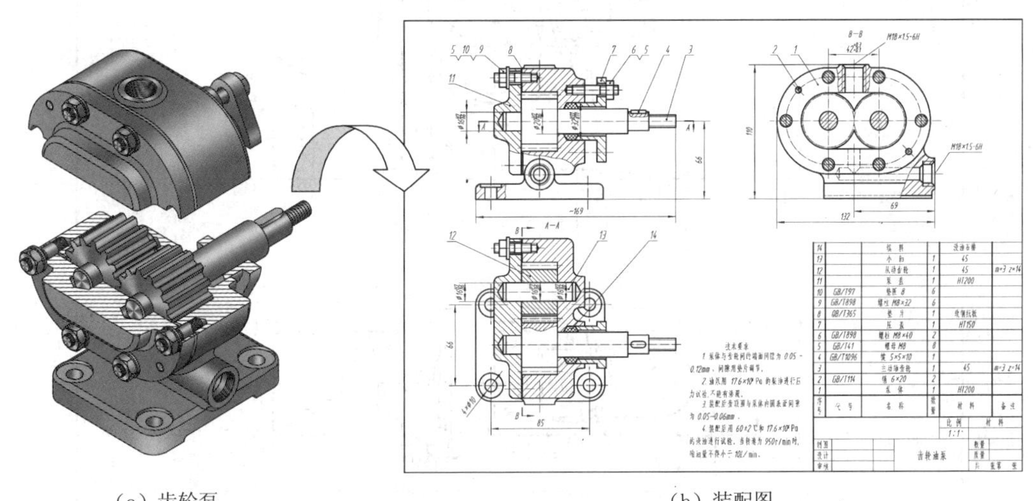

（a）齿轮泵　　（b）装配图

图 8-1　齿轮泵及其装配图

学习目标

- 了解装配图的作用和内容，熟悉装配图的基本画法和简化画法。
- 理解装配图的尺寸标注。
- 熟悉装配图上零件序号的编排和明细栏的使用方法。
- * 熟悉识读装配图的方法和步骤，能识读简单的装配图。

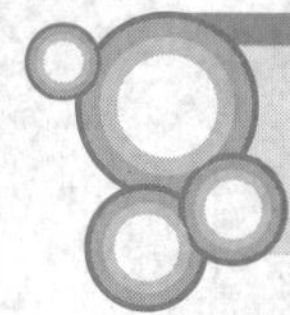

第一节　装配图的表达方法

装配图是用于表示产品及其组成部分的连接、装配关系的图样。装配图的作用主要是反映机器（或部件）的工作原理，各零件之间的装配关系，传动路线和主要零件的结构形状，是设计和绘制零件图的主要依据，也是装配生产过程中调试、安装、维修的主要技术文件。

一、装配图的内容

图 8-2 所示为滑动轴承的装配图，从图中可以看出，一张完整的装配图具备以下内容。

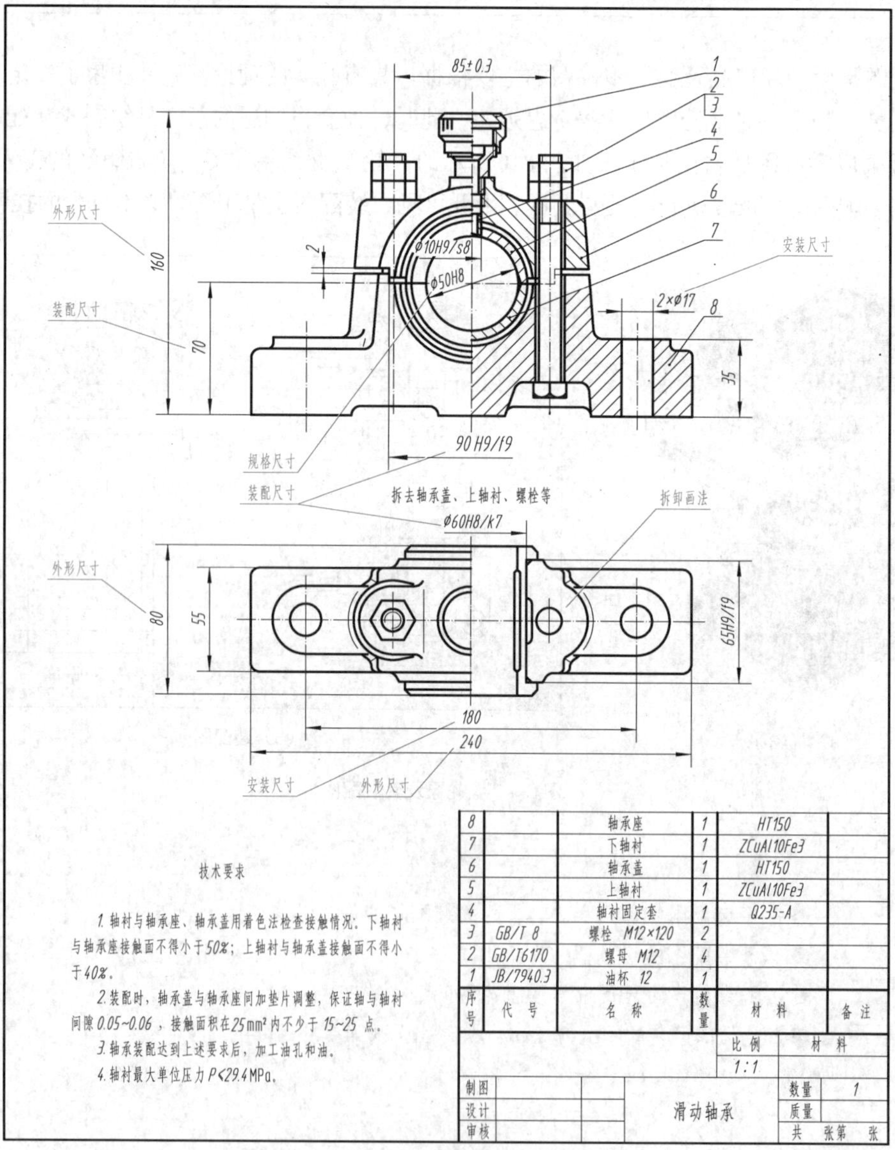

技术要求

1. 轴衬与轴承座、轴承盖用着色法检查接触情况：下轴衬与轴承座接触面不得小于50%；上轴衬与轴承盖接触面不得小于40%。

2. 装配时，轴承盖与轴承座间加垫片调整，保证轴与轴衬间隙0.05~0.06，接触面积在25mm²内不少于15~25点。

3. 轴承装配达到上述要求后，加工油孔和油。

4. 轴衬最大单位压力$P<29.4$MPa。

序号	代号	名称	数量	材料	备注
8		轴承座	1	HT150	
7		下轴衬	1	ZCuAl10Fe3	
6		轴承盖	1	HT150	
5		上轴衬	1	ZCuAl10Fe3	
4		轴衬固定套	1	Q235-A	
3	GB/T 8	螺栓 M12×120	2		
2	GB/T6170	螺母 M12	4		
1	JB/7940.3	油杯 12	1		

		滑动轴承	比例	材料
			1:1	
制图			数量	1
设计			质量	
审核			共 张第 张	

图 8-2　滑动轴承装配图

（1）一组视图。用来表达机器的工作原理、装配关系、传动路线、各零件的相对位置、连接方式和主要零件的结构形状等。

（2）必要的尺寸。装配图中只需注明机器（或部件）规格、性能、装配、检验、安装时所必须的尺寸。

（3）技术要求。用文字说明机器（或部件）在装配、调试、安装和使用中的技术要求。

（4）零件序号和明细栏。为了便于看图和生产管理，在装配图中必须对每种零件进行编号，并在标题栏上方绘制明细栏，明细栏中要按编号填写零件的名称、材料、数量以及标准件的规格尺寸等。

（5）标题栏。装配图标题栏的内容包括机器（或部件）名称、图号、比例、图样的责任者签名等内容。

装配图的表达方法和零件图基本相同，零件图中所应用的各种表达方法，装配图同样适用。此外，根据装配图的特点，还制定了一些规定画法和特殊表达方法。

二、装配图的规定画法

1．相邻两零件的画法

相邻两零件的接触面和配合面，只画一条轮廓线。当相邻两零件有关部分的基本尺寸不同时，即使间隙很小，也要画出两条线。如图 8-3 中，滚动轴承与轴和机座上的孔均为配合面，滚动轴承与轴肩为接触面，只画一条线；轴与填料压盖的孔之间为非接触面，必须画两条线。

2．装配图中剖面线的画法

同一零件在不同的视图中，剖面线的方向和间隔应保持一致；相邻两零件的剖面线，应有明显区别，即倾斜方向相反或间隔不等，以便在装配图中区分不同的零件。如图 8-3 中，机座与轴承盖的剖面线方向相反。

3．螺纹紧固件及实心件的画法

螺纹紧固件及实心的轴、手柄、键、销、连杆、球等零件，若按纵向剖切，即剖切平面通过其轴线或基本对称面时，这些零件均按未剖绘制，如图 8-3 中的螺栓和轴；当剖切平面垂直轴线或基本对称面剖切时，则应按剖开绘制，如图 8-4 中 *A—A* 剖视中的螺栓剖面。

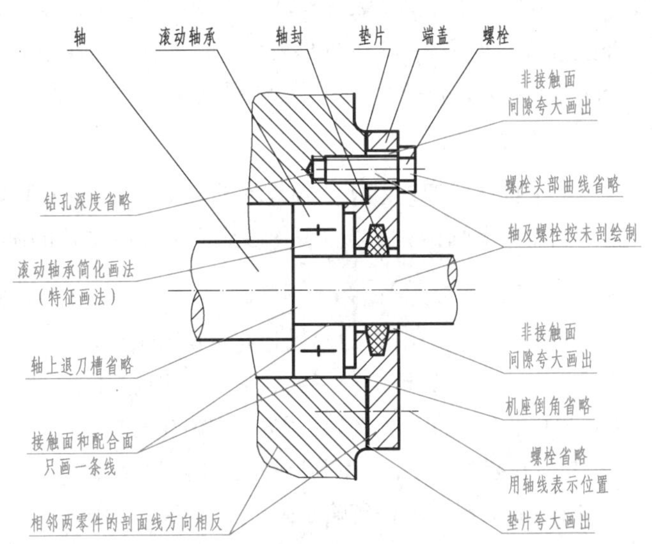

图 8-3　装配图中的规定画法和简化画法

三、装配图的特殊表达方法

1．沿零件结合面剖切和拆卸画法

为了清楚地表达部件的内部结构或被遮挡住的部分结构形状，可假想沿着两个零件的结

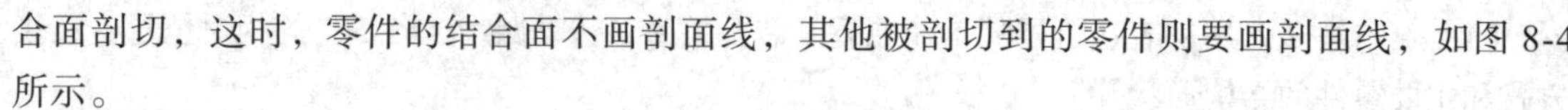
合面剖切，这时，零件的结合面不画剖面线，其他被剖切到的零件则要画剖面线，如图 8-4 所示。

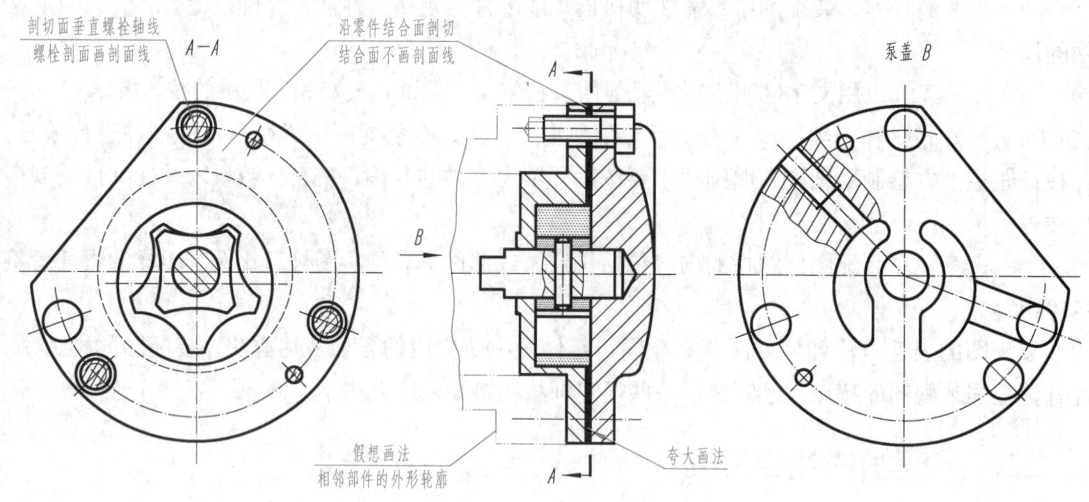

图 8-4 沿零件结合面剖切的画法

也可以假想将某一个或几个零件拆卸后绘制，这种画法称为拆卸画法，这种画法需要加注“拆去 × ×”。如图 8-2 俯视图中的右半部是拆去轴承盖、上轴衬、螺栓等零件绘制的，在俯视图的上方标注“拆去轴承盖、上轴衬、螺栓等”。

2．假想画法

在装配图中，为了表示运动零件的极限位置或本零部件与相邻零部件的相互关系时，可用细双点画线画出该零部件的外形轮廓。例如，图 8-4 中的主视图，用细双点画线表示其相邻部件的局部外形轮廓；在图 8-5 中，用细双点画线表示手柄的另一极限位置。

3．夸大画法

对于直径或厚度小于 2 mm 的孔和薄片，以及画较小的锥度或斜度时，允许将该部分不按原比例而夸大画出。例如，图 8-3 和图 8-4 中垫片的画法。

4．简化画法

（1）对于装配图中的螺栓连接等若干相同零件组，允许仅详细地画出一组，其余用细点画线表示出中心位置即可。例如，图 8-3 中螺栓的画法。

（2）在装配图中，零件上某些较小的工艺结构，如倒角、退刀槽等允许省略不画，如图 8-3 所示。

（3）在装配图中，剖切平面通过某些标准产品组合件（如油杯、油标、管接头等）轴线时，可以只画外形。对于标准件（如滚动轴承、螺栓、螺母等）可采用简化或示意画法，如图 8-3 中滚动轴承的画法。

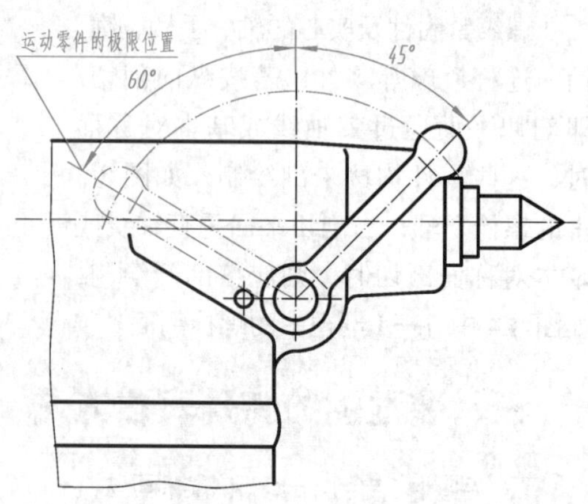

图 8-5 假想画法

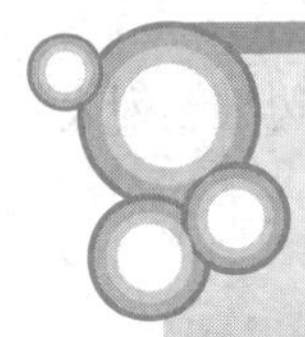

第二节 装配图的尺寸标注、技术要求及零件编号

一、装配图中的尺寸标注

装配图和零件图在生产中的作用不同，因此在图上标注尺寸的要求也不同。在装配图中需注出一些必要的尺寸，这些尺寸按作用不同可分为以下几类（见图 8-2）。

（1）性能（规格）尺寸。表示该机器的性能（规格）尺寸，它是设计产品时的主要依据。如滑动轴承的轴孔直径 ϕ50H8。

（2）装配尺寸。保证机器中各零件装配关系的尺寸。装配尺寸包括配合尺寸和主要零件相对位置的尺寸。如轴承座与下轴衬间的 ϕ60H8/k7、轴承座与轴承盖间的 90H9/f9 和中心高 70。

（3）安装尺寸。机器和部件安装时所需的尺寸。如轴承座安装孔的直径 2×ϕ17 和两孔中心距 180。

（4）外形尺寸。表示机器或部件外形的轮廓尺寸。如总长 240、总宽 80 和总高 160。根据外形尺寸，可考虑机器或部件在包装、运输、安装时所占的空间。

（5）其他重要尺寸。根据装配体特点必须标注的尺寸。如重要的配合尺寸 ϕ10H9/s8、65H9/f9，重要零件间的定位尺寸 80 ± 0.3，主要零件的尺寸 55 等。

装配图上的尺寸要根据情况具体分析，上述 5 类尺寸并不是每一张装配图都必需标注的，有时同一尺寸就兼有几种意义。

二、装配图中的技术要求

装配图上的技术要求，一般包括以下几方面内容。

（1）对机器或部件在装配、调试和检验时的具体要求。

（2）关于机器性能指标方面的要求。

（3）安装、运输以及使用方面的要求。

技术要求一般用文字写在明细栏上方或图样下方的空白处。

三、装配图的零件序号和明细栏

为了便于看图，管理图样，装配图中必须对每种零件进行编号，并根据零件编号绘制相应的明细栏。

（1）装配图中所有零件，应按顺序编写序号，同种零件只编一个序号，一般只注一次。

（2）零件序号应标注在视图周围，按水平或垂直方向排列整齐。应按顺时针或逆时针方向排列。

（3）序号的字号应比图中尺寸数字大一号或大两号，如直接将序号写在指引线附近，这时序号应比图中字号大两号。

（4）零件序号应填写在指引线一端的横线上（或圆圈内），指引线的另一端应从所指零件的可见轮廓内引出，并在末端画一圆点。若所指部分内不宜画圆点（零件很薄或涂黑的剖面）时，可在指引线一端画箭头指向该部分的轮廓，如图 8-6（a）所示。

（5）一组紧固件或装配关系明显的零件组，可采用公共指引线，如图 8-6（b）所示。

（6）零件的明细栏应画在标题栏上方，当标题栏上方位置不够时，可在标题栏左边继续列表。明细栏也可单独编写，明细栏的内容如图 1-5 所示。

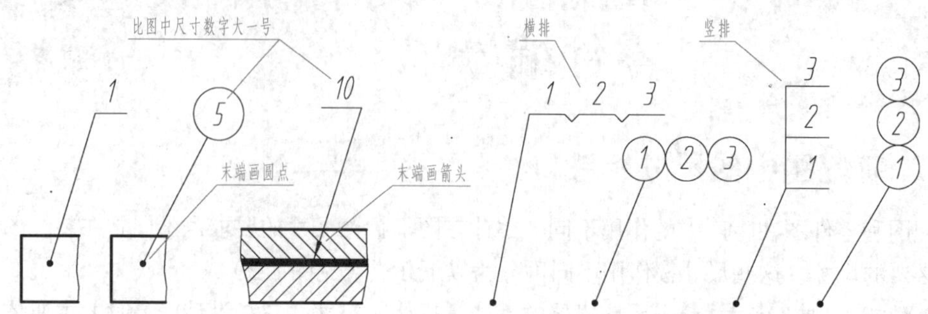

（a）单个指引线的画法　　（b）公共指引线的画法

图 8-6　零件序号的编写形式

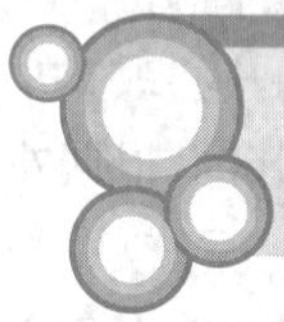

*第三节　装配结构简介

在设计和绘制装配图的过程中，应考虑到装配结构的合理性，以保证机器和部件的性能要求，并给零件的加工和装拆带来方便。下面简要介绍常见的装配结构。

1．接触面的要求

为了避免在装配时不同的表面互相发生干涉，两零件之间在同一个方向上时，一般只宜有一对接触面，否则会给加工和装配带来困难，如图 8-7 所示。

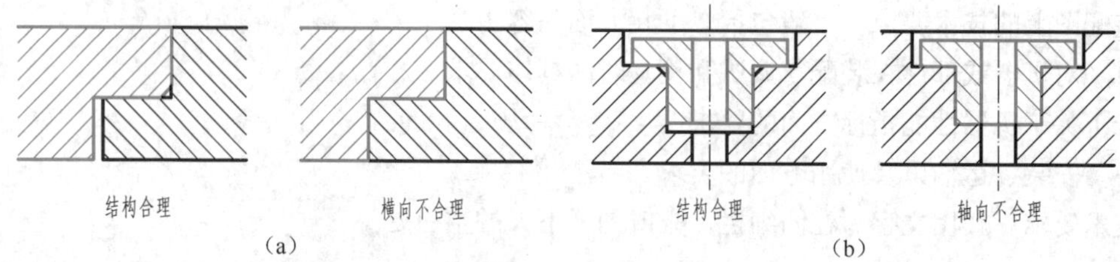

（a）　　（b）

图 8-7　接触面的结构

2．轴与孔的配合

当轴与孔配合且轴肩与端面相互接触时，在两接触面的交角处（孔或轴的根部）应加工出退刀槽、倒角或不同大小的倒圆，以保证两个方向的接触面均接触良好，以保证装配精度，如图 8-8 所示。

注意　在装配图中，退刀槽、倒角、倒圆等允许省略不画，而在零件图中则必须表示出来。

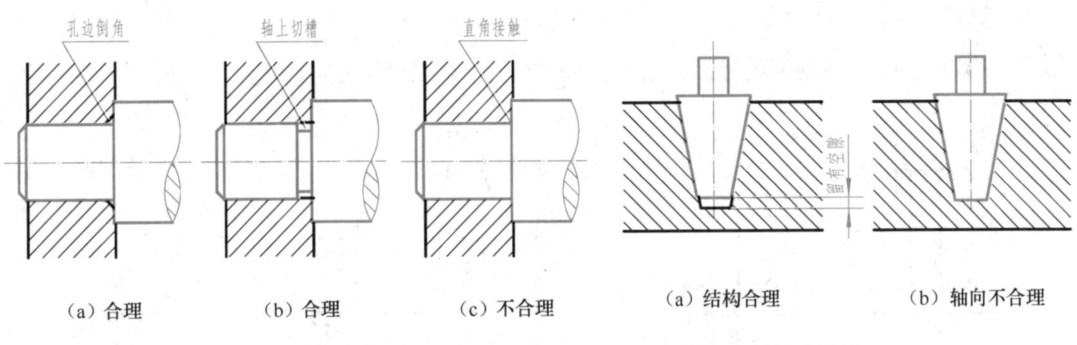

（a）合理　（b）合理　（c）不合理

图 8-8　轴与孔的配合

（a）结构合理　（b）轴向不合理

图 8-9　锥面的配合

3．锥面的配合

由于锥面配合能同时确定轴向和径向的位置，因此当锥孔不通时，锥体顶部与锥孔底部之间必须留有间隙，否则得不到稳定的配合，如图 8-9 所示。

4．滚动轴承的轴向固定结构

为了防止滚动轴承产生轴向窜动，必须采用一定的结构来固定其内、外座圈。常用的轴向固定结构形式有轴肩、弹性挡圈、端盖凸缘、圆螺母和止退垫圈等，如图 8-10（a）和图 8-10（c）所示。若轴肩过大或轴孔直径较小，会给拆卸轴承带来困难，如图 8-10（b）和图 8-10（d）所示。

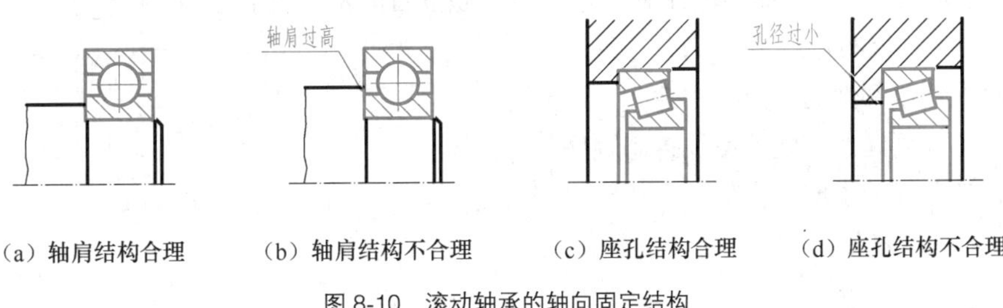

（a）轴肩结构合理　（b）轴肩结构不合理　（c）座孔结构合理　（d）座孔结构不合理

图 8-10　滚动轴承的轴向固定结构

5．螺纹连接防松结构

为了防止机器在工作中由于振动而将螺纹连接松开，常采用螺纹防松装置，其结构形式如图 8-11 所示。

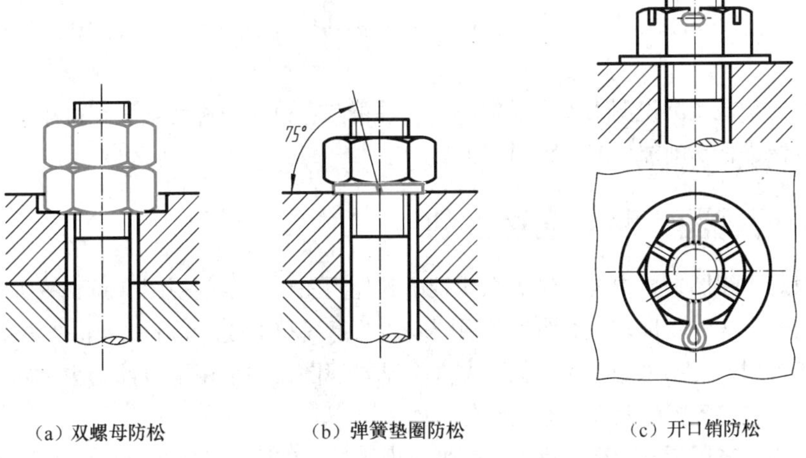

（a）双螺母防松　（b）弹簧垫圈防松　（c）开口销防松

图 8-11　螺纹连接防松结构

6．螺栓连接结构

当用螺栓连接时，孔的位置与箱壁之间应有足够的空间，以保证装配的可能和方便，如图 8-12 所示。

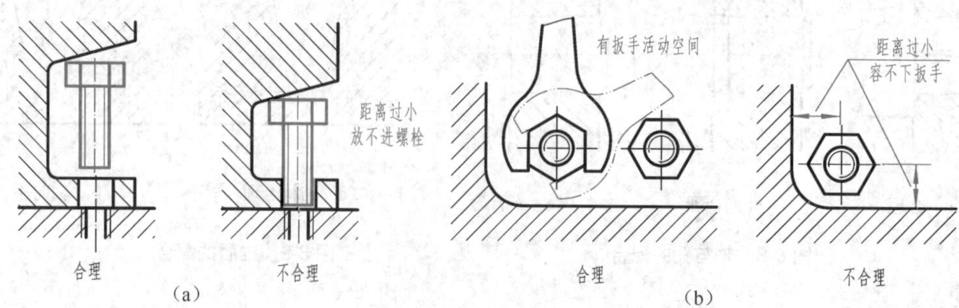

图 8-12　螺栓连接结构

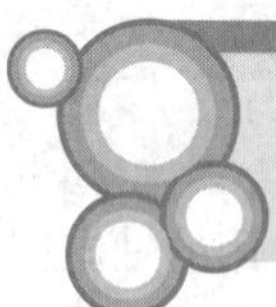

*第四节　读装配图

在机器或部件的设计、装配、检验和维修工作中，在进行技术交流的过程中，都需要读装配图。因此，熟练地识读装配图，是每个工程技术人员必须具备的基本技能之一。

识读装配图的目的是：

① 了解机器或部件的性能、用途和工作原理。

② 了解各零件间的装配关系及拆卸顺序。

③ 了解各零件的主要结构形状和作用。

识读装配图的步骤如下。

一、概括了解

读装配图时，首先要看标题栏、明细栏，从中了解该机器或部件的名称，以及组成该机器或部件的零件的外形尺寸等，对装配体有一个初步印象。

图 8-13 所示为机用平口虎钳装配图。由标题栏可知该部件名称为机用平口虎钳，对照图上的序号和明细栏，可知它由 11 种零件组成，其中垫圈 5、圆锥销 7、螺钉 10 是标准件，其余为非标准件。

根据实践知识或查阅说明书及有关资料，大致可知：机用虎钳是安装在机床工作台上，用于夹紧工件，以便进行切削加工的一种通用工具。

二、分析视图，明确表达目的

要首先找到主视图，再根据投影关系识别出其他视图，找出剖视图、断面图所对应的剖切位置，识别出表达方法的名称，从而明确各视图表达的意图和重点，为下一步深入看图作准备。

机用平口虎钳装配图采用了主、俯、左 3 个基本视图，并采用了单件画法、局部放大图、移出断面等表达方法。各视图及表达方法的分析如下。

（1）主视图。采用了全剖视，反映机用平口虎钳的工作原理和零件间的装配关系。

（2）俯视图。主要显示机用平口虎钳的外形，并通过局部剖视图表达钳口板 2 与固定钳身 1 连接的局部结构。

（3）左视图。采用 *B—B* 半剖视图，表达固定钳身 1、活动钳身 4 和螺母 8 三个零件之间的装配关系。

（4）单件画法。件 2 的 *A* 向视图，用来表达钳口板 2 的形状。

（5）局部放大图。表达螺杆 9 上螺纹（非标准螺纹）的结构和尺寸。

（6）移出断面图。表达螺杆右段的断面形状。

三、分析工作原理和各零件的装配关系

对于比较简单的装配体，可以直接对装配图进行分析。对于比较复杂的装配体，需要借助说明书等技术资料来阅读图样。读图时，可先从反映工作原理、装配关系较明显的视图入手，抓主要装配干线或传动路线，分析研究各相关零件间的连接方式和装配关系，判明固定件与运动件，搞清传动路线和工作原理。

机用平口虎钳的主视图基本上反映出工作原理：旋转螺杆 9，使螺母 8 带动活动钳身 4 在水平方向右、左移动，进而夹紧或松开工件。其最大夹持厚度为 70。

主视图同时反映了机用平口虎钳主要零件间的装配关系：螺母 8 从固定钳身 1 下方的空腔装入工字形槽内，再装入螺杆 9，用垫圈 11、垫圈 5 及挡圈 6 和圆锥销 7 将螺杆轴向固定；螺钉 3 将活动钳身 4 与螺母 8 连接，最后用沉头螺钉 10 将两块钳口板 2 分别与固定钳身 1、活动钳身 4 连接。

四、分析视图，看懂零件的结构形状

在弄清上述内容的基础上，还要看懂每一个零件的形状。读图时，借助序号指引的零件上的剖面线，利用同一零件在不同视图上的剖面线方向与间隔一致的规定，对照投影关系以及与相邻零件的装配情况，逐步想象出各零件的主要结构形状。分析时，一般先从主要零件着手，然后是次要零件。有些零件具体形状可能表达不够清楚，这时需要根据该零件的作用及与相邻零件的装配关系进行推想，完整地构思出零件的结构形状。

固定钳身、活动钳身、螺杆、螺母是机用平口虎钳的主要零件，它们在结构和尺寸上都有非常密切的联系，要读懂装配图，必须看懂它们的结构形状。

（1）固定钳身。根据主、俯、左视图，可知其结构为左低右高，下部有一空腔，且有一工字形槽（因矩形槽的前后各凸起一个长方形而形成）。空腔的作用是放置螺杆和螺母，工字形槽的作用是使螺母带动活动钳身做水平方向的左右移动。

（2）活动钳身。由 3 个基本视图可知其主体左侧为阶梯半圆柱，右侧为长方体，前后向下探出的部分包住固定钳身，二者的结合面采用基孔制、间隙配合（80H9/f9）。中部的阶梯孔与螺母的结合面采用基孔制、间隙配合（ϕ20H8/f8）。

（3）螺杆。由主视图、俯视图、断面图和局部放大图可知，螺杆的中部为矩形螺纹，两端轴径与固定钳身两端的圆孔采用基孔制、间隙配合（ϕ12H8/f9、ϕ18H8/f9），左端加工出锥销孔，右端加工出矩形平面。

（4）螺母。由主、左视图可知，其结构为上圆下方，上部圆柱与活动钳身相配合，并通过螺钉调节松紧度；下部方形内的螺孔旋入螺杆，将螺杆的旋转运动转变为螺母的左右水平移动；底部凸台的上表面与固定钳身工字形槽的下导面相接触，应有较高的表面粗糙度要求。

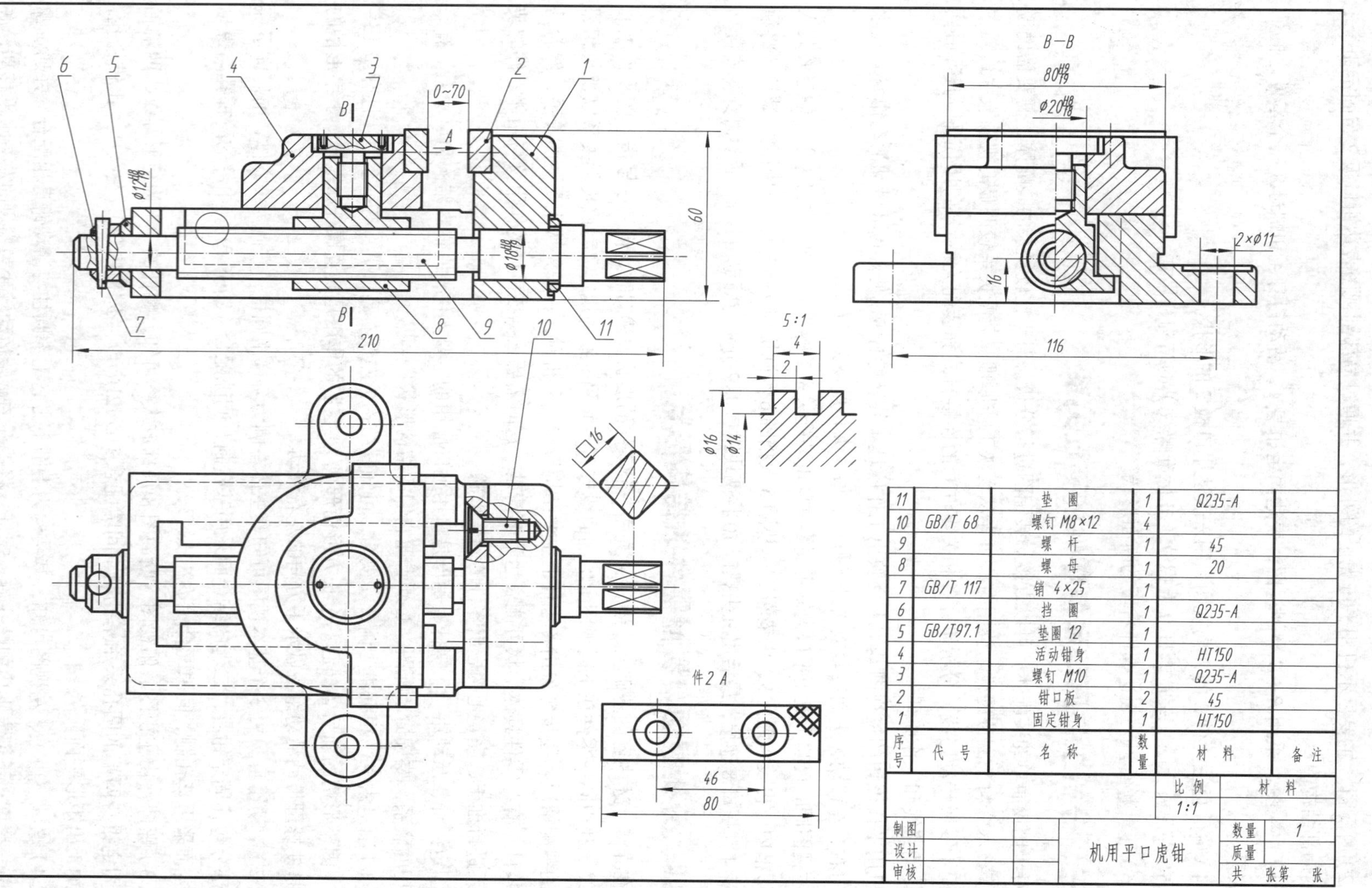

序号	代号	名称	数量	材料	备注
11		垫圈	1	Q235-A	
10	GB/T 68	螺钉 M8×12	4		
9		螺杆	1	45	
8		螺母	1	20	
7	GB/T 117	销 4×25	1		
6		挡圈	1	Q235-A	
5	GB/T97.1	垫圈 12	1		
4		活动钳身	1	HT150	
3		螺钉 M10	1	Q235-A	
2		钳口板	2	45	
1		固定钳身	1	HT150	

		比例	材料
		1:1	
制图	机用平口虎钳	数量	1
设计		质量	
审核		共 张第 张	

图 8-13 机用平口虎钳装配图

当把机用平口虎钳中每个零件的结构形状都看清楚之后，将各个零件联系起来，便可想象出其完整的形状，如图 8-14 所示。

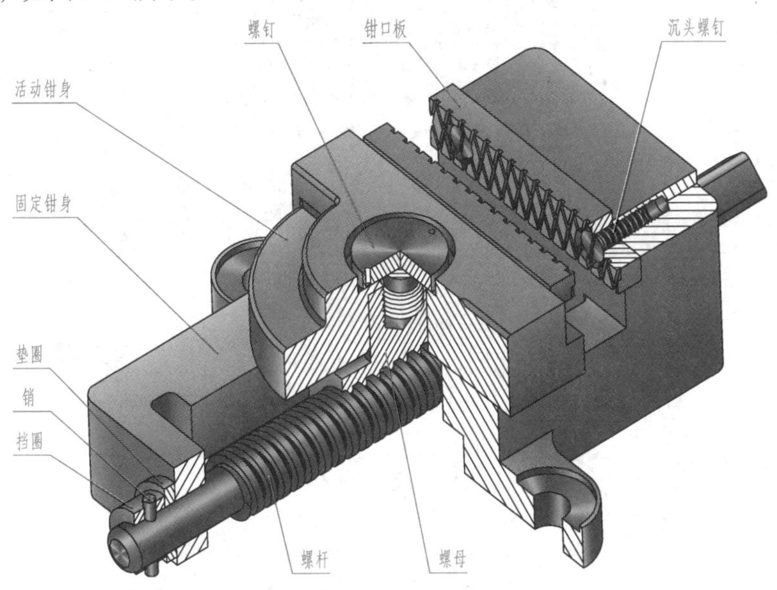

图 8-14　机用平口虎钳轴测剖视图

五、归纳总结

在以上分析的基础上，还要对技术要求、尺寸等进行研究，并综合分析总体结构，从而对装配体有一个全面的了解。

看图填空

【活动内容】读装配图。

【活动目的】1. 熟悉装配图的规定画法及特殊表达方法。

2. 掌握装配图的尺寸类别。

3. 能读懂简单的装配图。

【视频播放】利用“机械制图解题指导”多媒体课件，对配套习题集中习题 8-4、习题 8-6 所示装配体依次进行动态仿真、装配、拆卸等操作，使学生直观地了解各装配体的工作原理及装配连接关系。

【活动方法】1. 阅读配套习题集中习题 8-4、习题 8-6 中的装配图。

2. 学生间开展讨论并完成填空。

3. 鼓励学生说出自己的答案，并评定成绩。

【集体讨论】围绕“如何根据装配图绘制某零件的视图”的问题进行课堂讨论。

1. 如何从装配图中分离零件？

2. 怎样选择零件的表达方案？

附　　录

一、螺纹

附表 1　普通螺纹直径、螺距与公差带（摘自 GB/T 192、193、196、197—2003）　单位：mm

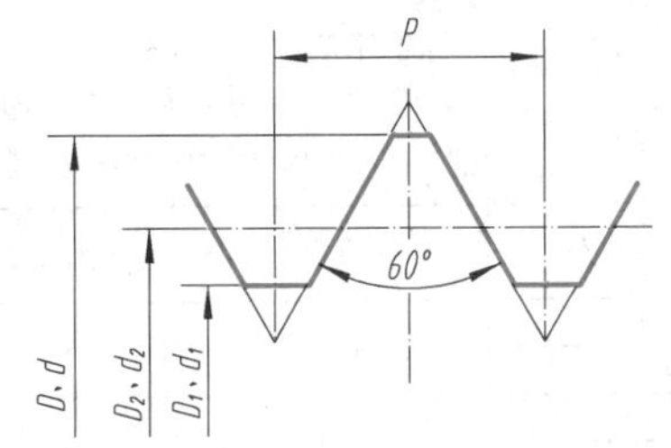

D—— 内螺纹大径
d—— 外螺纹大径
D_2——内螺纹中径
d_2——外螺纹中径
D_1——内螺纹小径
d_1——外螺纹小径
P—— 螺距

标记示例：

M10（粗牙普通外螺纹、公称直径 d=M10、中径及大径公差带均为 6g、中等旋合长度、右旋）

M10×1-6g-LH（细牙普通内螺纹、公称直径 D=M10、螺距 P=1、中径及小径公差带均为 6g、中等旋合长度、左旋）

公称直径 D、d			螺　　距 P	
第一系列	第二系列	第三系列	粗　牙	细　牙
4	—	—	0.7	0.5
5	—	—	0.8	
6	—	—	1	0.75
—	7	—		
8	—	—	1.25	1、0.75
10	—	—	1.5	1.25、1、0.75
12	—	—	1.75	1.25、1
—	14	—	2	1.5、1.25、1
—	—	15	—	1.5、1
16	—	—	2	
—	18	—	2.5	2、1.5、1
20	—	—		
—	22	—		
24	—	—	3	
—	—	25	—	
—	27	—	3	
30	—	—	3.5	(3)、2、1.5、1
—	33	—		(3)、2、1.5
—	—	35	—	1.5
36	—	—	4	3、2、1.5
—	39	—		

螺纹种类	精度	外螺纹公差带			内螺纹公差带		
		S	N	L	S	N	L
普通螺纹	中等	(5g6g) (5h6h)	*6g，*6e 6h，*6f	(7e6e) (7g6g) (7h6h)	*5H (5G)	*6H *6G	*7H (7G)
	粗糙	—	8g，(8e)	(9e8e) (9g8g)	—	7H，(7G)	8H (8G)

注：1. 优先选用第一系列，其次是第二系列，第三系列尽可能不用；括号内尺寸尽可能不用。

2. 大量生产的紧固件螺纹，推荐采用带方框的公差带；带 * 的公差带优先选用，括号内的公差带尽可能不用。

3. 两种精度选用原则：中等——一般用途；粗糙——对精度要求不高时采用。

4. M14×1.25 仅用于火花塞；M35×1.5 仅用于滚动轴承锁紧螺母。

附表 2 　　　　　　　　　　　　**管螺纹** 　　　　　　　　　　　　单位：mm

55° 密封管螺纹（摘自 GB/T 7306.1、7306.2—2000）

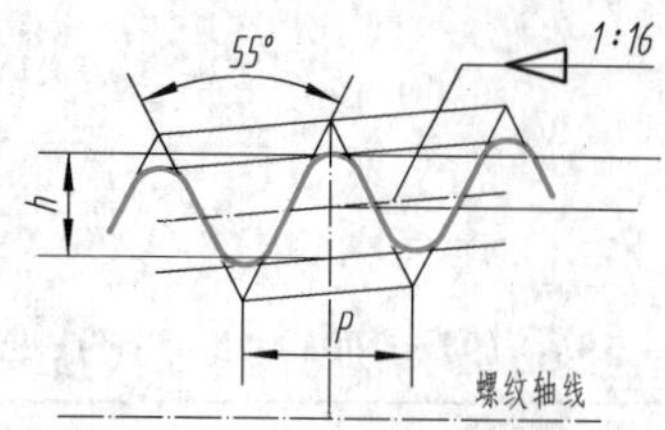

55° 非密封管螺纹（摘自 GB/T 7307—2001）

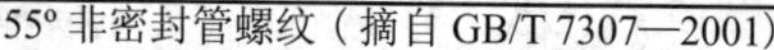

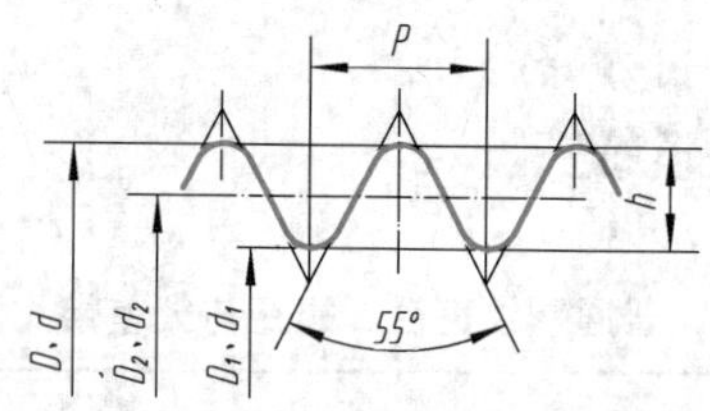

标记示例：

R1/2（尺寸代号 1/2，右旋圆锥外螺纹）

Rc1/2LH（尺寸代号 1/2，左旋圆锥内螺纹）

标记示例：

G1/2LH（尺寸代号 1/2，左旋内螺纹）

G1/2A（尺寸代号 1/2，A 级右旋外螺纹）

尺寸代号	大径 d、D	中径 d_2、D_2	小径 d_1、D_1	螺距 P	牙高 h	每 25.4 mm 内的牙数 n
1/4	13.157	12.301	11.445	1.337	0.856	19
3/8	16.662	15.806	14.950			
1/2	20.955	19.793	18.631	1.814	1.162	14
3/4	26.441	25.279	24.117			
1	33.249	31.770	30.291	2.309	1.479	11
1¼	41.910	40.431	38.952			
1½	47.803	46.324	44.845			
2	59.614	58.135	56.656			
2½	75.184	73.705	72.226			
3	87.884	86.405	84.926			

注：大径、中径、小径值，对于 GB/T 7306.1—2000、GB/T 7306.2—2000 为基准平面内的基本直径，对于 GB/T 7307—2001 为基本直径。

二、常用的标准件

附表 3 　　　　　　　　　　　　**六角头螺栓** 　　　　　　　　　　　　单位：mm

六角头螺栓　C 级（摘自 GB/T 5780—2000）　　　六角头螺栓　全螺纹　C 级（摘自 GB/T 5781—2000）

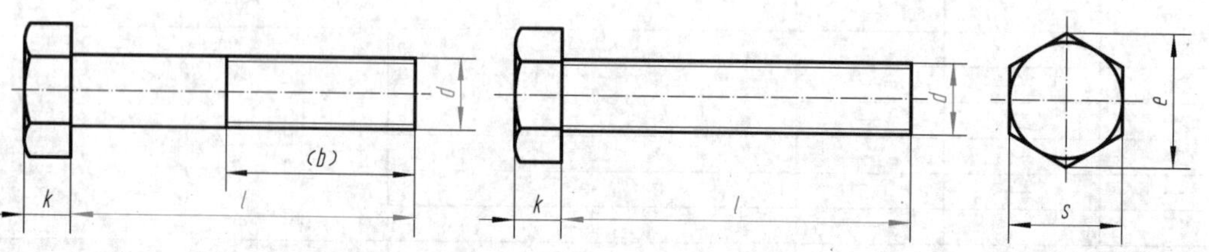

标记示例：

螺栓　GB/T 5780　M20×100（螺纹规格 d=M20、公称长度 l=100、性能等级为 4.8 级、不经表面处理、杆身半螺纹、产品等级为 C 级的六角头螺栓）

螺纹规格 d		M5	M6	M8	M10	M12	M16	M20	M24	M30	M36	M42
$b_{参考}$	$l_{公称} \leqslant 125$	16	18	22	26	30	38	46	54	66	—	—
	$125 < l_{公称} \leqslant 200$	22	24	28	32	36	44	52	60	72	84	96
	$l_{公称} > 200$	35	37	41	45	49	57	65	73	85	97	109
$k_{公称}$		3.5	4.0	5.3	6.4	7.5	10	12.5	15	18.7	22.5	26
s_{max}		8	10	13	16	18	24	30	36	46	55	65
e_{min}		8.63	10.9	14.2	17.6	19.9	26.2	33.0	39.6	50.9	60.8	71.3
$l_{范围}$	GB/T 5780	25 ～ 50	30 ～ 60	35 ～ 80	40 ～ 100	45 ～ 120	55 ～ 160	65 ～ 200	80 ～ 240	90 ～ 300	110 ～ 300	160 ～ 420
	GB/T 5781	10 ～ 40	12 ～ 50	16 ～ 65	20 ～ 80	25 ～ 100	35 ～ 100	40 ～ 100	50 ～ 100	60 ～ 100	70 ～ 100	80 ～ 420
$l_{公称}$		10、12、16、20 ～ 50（5 进位）、（55）、60、（65）、70 ～ 160（10 进位）、180、220 ～ 500（20 进位）										

附表 4　　六角螺母　C 级（摘自 GB/T 41—2000）　　单位：mm

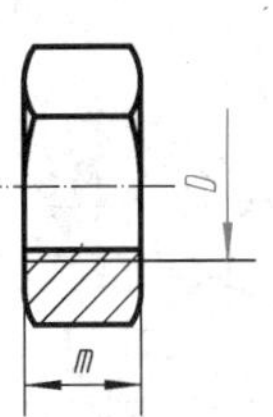

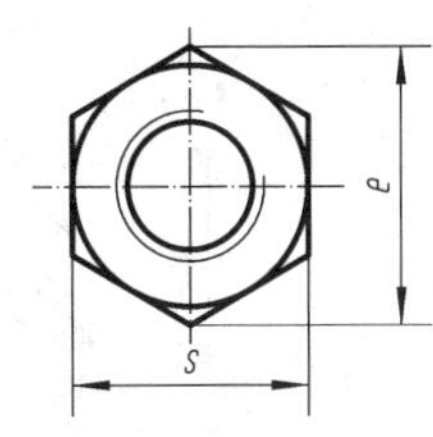

标记示例：

螺母　GB/T 41　M10

（螺纹规格 D=M10、性能等级为 5 级、不经表面处理、产品等级为 C 级的六角螺母）

螺纹规格 D	M5	M6	M8	M10	M12	M16	M20	M24	M30	M36	M42	M48	M56
s_{max}	8	10	13	16	18	24	30	36	46	55	65	75	85
e_{min}	8.63	10.89	14.20	17.59	19.85	26.17	32.95	39.55	50.85	60.79	71.3	82.6	93.56
m_{max}	5.6	6.4	7.9	9.5	12.2	15.9	19	22.3	26.4	31.9	34.9	38.9	45.9

附表 5　　平垫圈　　单位：mm

平垫圈　A 级（GB/T 97.1—2002）　平垫圈　C 级（GB/T 95—2002）　平垫圈　倒角型　A 级（GB/T 97.2—2002）

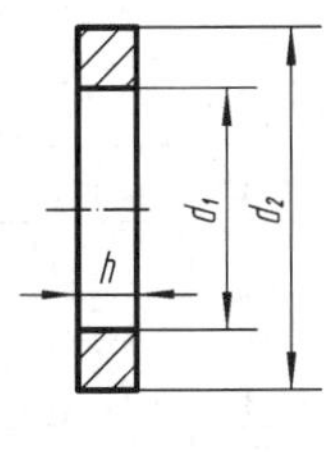

平垫圈

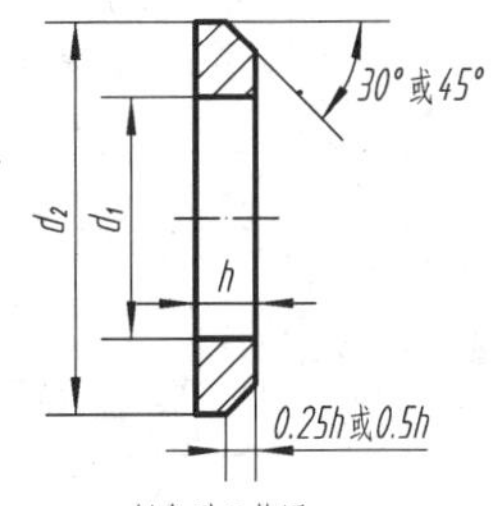

倒角型平垫圈

标记示例：

垫圈　GB/T 95　8（标准系列、规格 8、性能等级为 100HV 级、不经表面处理、产品等级为 C 级的平垫圈）

垫圈　GB/T 97.2　10（标准系列、规格 10、性能等级为 140HV 级、倒角型、不经表面处理、产品等级为 A 级的平垫圈）

公称规格（螺纹大径 d）		4	5	6	8	10	12	16	20	24	30	36	42	48
GB/T 97.1（A 级）	d_1	4.3	5.3	6.4	8.4	10.5	13.0	17	21	25	31	37	45	52
	d_2	9	10	12	16	20	24	30	37	44	56	66	78	92
	h	0.8	1	1.6	1.6	2	2.5	3	3	4	4	5	8	8
GB/T 97.2（A 级）	d_1	—	5.3	6.4	8.4	10.5	13	17	21	25	31	37	45	52
	d_2	—	10	12	16	20	24	30	37	44	56	66	78	92
	h	—	1	1.6	1.6	2	2.5	3	3	4	4	5	8	8
GB/T 95（C 级）	d_1	4.5	5.5	6.6	9	11	13.5	17.5	22	26	33	39	45	52
	d_2	9	10	12	16	20	24	30	37	44	56	66	78	92
	h	0.8	1	1.6	1.6	2	2.5	3	3	4	4	5	8	8

注：A 级适用于精装配系列，C 级适用于中等装配系列。

附表 6　　　　平键及键槽各部尺寸（摘自 GB/T 1095、1096—2003）　　单位：mm

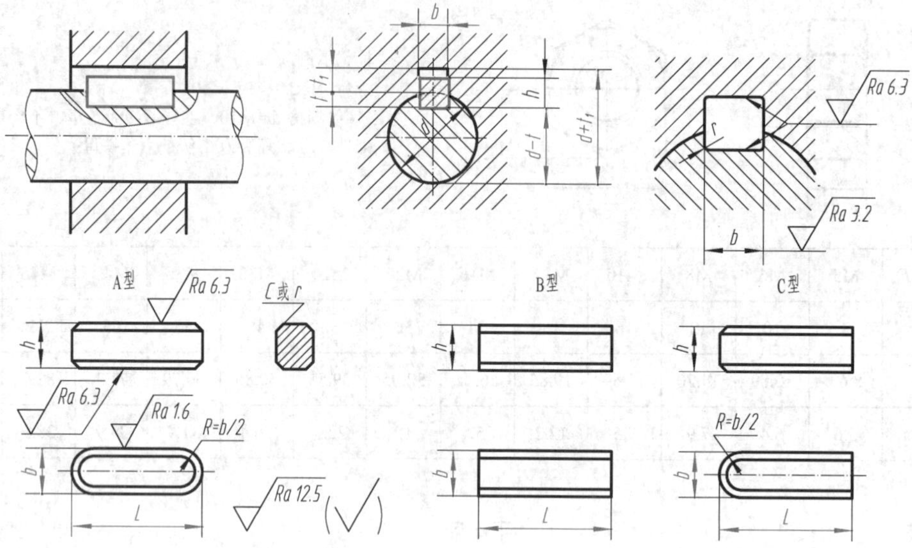

标记示例：

GB/T 1096　键 16×10×100（普通 A 型平键、*b*=16、*h*=10、*L*=100）

GB/T 1096　键 B16×10×100（普通 B 型平键、*b*=16、*h*=10、*L*=100）

GB/T 1096　键 C16×10×100（普通 C 型平键、*b*=16、*h*=10、*L*=100）

轴	键		键槽											
公称直径 *d*	公称尺寸 *b*×*h*	长度 *L*	宽度 *b*						深度				半径 *r*	
			公称尺寸 *b*	极限偏差					轴 *t*		毂 t_1			
				松连接		正常连接		紧密连接	公称尺寸	极限偏差	公称尺寸	极限偏差		
				轴 H9	毂 D10	轴 N9	毂 JS9	轴和毂 P9					最小	最大
＞10～12	4×4	8～45	4	+0.030 0	+0.078 +0.030	0 -0.030	±0.015	-0.012 -0.042	2.5	+0.1 0	1.8	+0.1 0	0.08	0.16
＞12～17	5×5	10～56	5						3.0		2.3		0.16	0.25
＞17～22	6×6	14～70	6						3.5		2.8			
＞22～30	8×7	18～90	8	+0.036 0	+0.098 +0.040	0 -0.036	±0.018	-0.015 -0.051	4.0	+0.2 0	3.3	+0.2 0		
＞30～38	10×8	22～110	10						5.0		3.3		0.25	0.40
＞38～44	12×8	28～140	12	+0.043 0	+0.120 +0.050	0 -0.043	±0.0215	-0.018 -0.061	5.0		3.3			
＞44～50	14×9	36～160	14						5.5		3.8			
＞50～58	16×10	45～180	16						6.0		4.3			
＞58～65	18×11	50～200	18						7.0		4.4			
＞65～75	20×12	56～220	20	+0.052 0	+0.149 +0.065	0 －0.052	±0.026	-0.022 -0.074	7.5		4.9		0.40	0.60
＞75～85	22×14	63～250	22						9.0		5.4			
＞85～95	25×14	70～280	25						9.0		5.4			
＞95～110	28×16	80～320	28						10		6.4			
$L_{系列}$	6～22（2 进位）、25、28、32、36、40、45、50、56、63、70、80、90、100、110、125、140、160、180、200、220、250、280、320、360、400、450、500													

注：1.（*d*-*t*）和（$d+t_1$）两组组合尺寸的极限偏差按相应的 *t* 和 t_1 的极限偏差选取，但（*d*-*t*）极限偏差应取负号（-）。

2. 键 *b* 的极限偏差为 h_8；键 *h* 的极限偏差矩形为 h11，方形为 h8；键长 *L* 的极限偏差为 h14。

附表 7　　　　圆柱销　不淬硬钢和奥氏体不锈钢（摘自 GB/T 119.1—2000）　　　　单位：mm

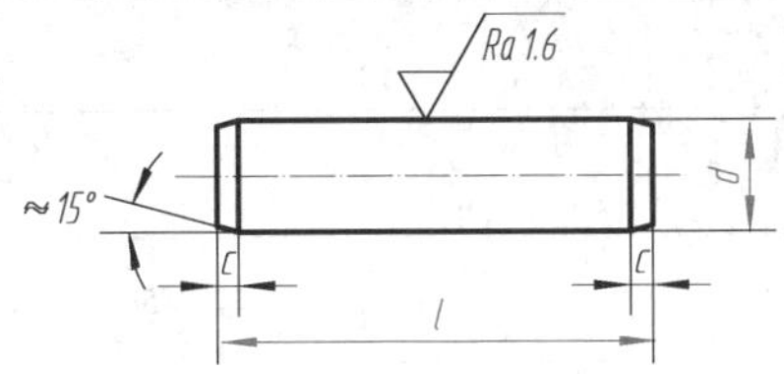

标记示例：

销　GB/T 119.1　10m6×90（公称直径 d=10、公差为 m6、公称长度 l=90、材料为钢、不经淬火、不经表面处理的圆柱销）

销　GB/T 119.1　10m6×90-A1（公称直径 d=10、公差为 m6、公称长度 l=90、材料为 A1 组奥氏体不锈钢、表面简单处理的圆柱销）

$d_{公称}$	2	2.5	3	4	5	6	8	10	12	16	20	25
$c\approx$	0.35	0.4	0.5	0.63	0.8	1.2	1.6	2.0	2.5	3.0	3.5	4.0
$l_{范围}$	6～20	6～24	8～30	8～40	10～50	12～60	14～80	18～95	22～140	26～180	35～200	50～200
$l_{公称}$	2、3、4、5、6～32（2 进位）、35～100（5 进位）、120～200（20 进位）（公称长度大于 200，按 20 递增）											

附表 8　　　　圆锥销（摘自 GB/T 117—2000）　　　　单位：mm

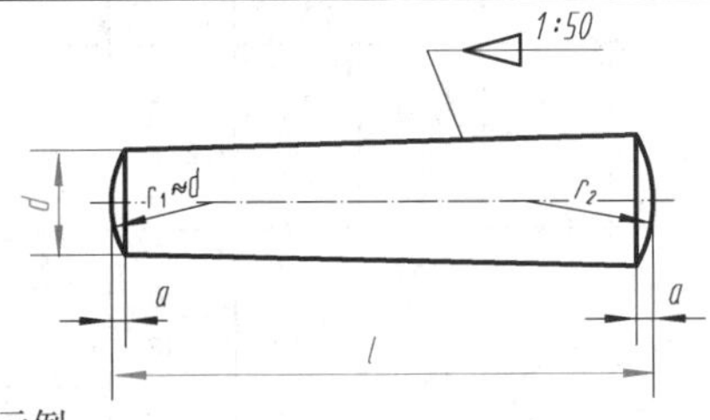

A 型（磨削）：锥面表面粗糙度 Ra=0.8 μm

B 型（切削或冷镦）：锥面表面粗糙度 Ra=3.2 μm

$$r_2 \approx \frac{a}{2}+d+\frac{(0.02l)^2}{8a}$$

标记示例：

销　GB/T 117　6×30（公称直径 d=6、公称长度 l=30、材料为 35 钢、热处理硬度 28 ~ 38HRC、表面氧化处理的 A 型圆锥销

$d_{公称}$	2	2.5	3	4	5	6	8	10	12	16	20	25
$a\approx$	0.25	0.3	0.4	0.5	0.63	0.8	1.0	1.2	1.6	2.0	2.5	3.0
$l_{范围}$	10～35	10～35	12～45	14～55	18～60	22～90	22～120	26～160	32～180	40～200	45～200	50～200
$l_{公称}$	2、3、4、5、6～32（2 进位）、35～100（5 进位）、120～200（20 进位）（公称长度大于 200，按 20 递增）											

附表 9　　　　深沟球轴承（摘自 GB/T 276—1994）　　　　单位：mm

轴承代号	d	D	B	轴承代号	d	D	B	轴承代号	d	D	B
尺寸系列〔（0）2〕				尺寸系列〔（0）3〕				尺寸系列〔（0）4〕			
6202	15	35	11	6302	15	42	13	6403	17	62	17
6203	17	40	12	6303	17	47	14	6404	20	72	19
6204	20	47	14	6304	20	52	15	6405	25	80	21
6205	25	52	15	6305	25	62	17	6406	30	90	23
6206	30	62	16	6306	30	72	19	6407	35	100	25
6207	35	72	17	6307	35	80	21	6408	40	110	27
6208	40	80	18	6308	40	90	23	6409	45	120	29
6209	45	85	19	6309	45	100	25	6410	50	130	31
6210	50	90	20	6310	50	110	27	6411	55	140	33
6211	55	100	21	6311	55	120	29	6412	60	150	35
6212	60	110	22	6312	60	130	31	6413	65	160	37

标记示例：

滚动轴承　6310　GB/T 276

注：圆括号中的尺寸系列代号在轴承型号中省略。

三、极限与配合

附表 10　　轴的常用公差带及其极限

代号		a	b	c	d	e	f	g	h					
公称尺寸（mm）		公差												
大于	至	11	11	11	9	8	7	6	5	6	7	8	9	10
—	3	−270 −330	−140 −200	−60 −120	−20 −45	−14 −28	−6 −16	−2 −8	0 −4	0 −6	0 −10	0 −14	0 −25	0 −40
3	6	−270 −345	−140 −215	−70 −145	−30 −60	−20 −38	−10 −22	−4 −12	0 −5	0 −8	0 −12	0 −18	0 −30	0 −48
6	10	−280 −370	−150 −240	−80 −170	−40 −76	−25 −47	−13 −28	−5 −14	0 −6	0 −9	0 −15	0 −22	0 −36	0 −58
10	14	−290 −400	−150 −260	−95 −205	−50 −93	−32 −59	−16 −34	−6 −17	0 −8	0 −11	0 −18	0 −27	0 −43	0 −70
14	18													
18	24	−300 −430	−160 −290	−110 −240	−65 −117	−40 −73	−20 −41	−7 −20	0 −9	0 −13	0 −21	0 −33	0 −52	0 −84
24	30													
30	40	−310 −470	−170 −330	−120 −280	−80 −142	−50 −89	−25 −50	−9 −25	0 −11	0 −16	0 −25	0 −39	0 −62	0 −100
40	50	−320 −480	−180 −340	−130 −290										
50	65	−340 −530	−190 −380	−140 −330	−100 −174	−60 −106	−30 −60	−10 −29	0 −13	0 −19	0 −30	0 −46	0 −74	0 −120
65	80	−360 −550	−200 −390	−150 −340										
80	100	−380 −600	−220 −440	−170 −390	−120 −207	−72 −126	−36 −71	−12 −34	0 −15	0 −22	0 −35	0 −54	0 −87	0 −140
100	120	−410 −630	−240 −460	−180 −400										
120	140	−460 −710	−260 −510	−200 −450	−145 −245	−85 −148	−43 −83	−14 −39	0 −18	0 −25	0 −40	0 −63	0 −100	0 −160
140	160	−520 −770	−280 −530	−210 −460										
160	180	−580 −830	−310 −560	−230 −480										
180	200	−660 −950	−340 −630	−240 −530	−170 −285	−100 −172	−50 −96	−15 −44	0 −20	0 −29	0 −46	0 −72	0 −115	0 −185
200	225	−740 −1030	−380 −670	−260 −550										
225	250	−820 −1110	−420 −710	−280 −570										
250	280	−920 −1240	−480 −800	−300 −620	−190 −320	−110 −191	−56 −108	−17 −49	0 −23	0 −32	0 −52	0 −81	0 −130	0 −210
280	315	−1050 −1370	−540 −860	−330 −650										
315	355	−1200 −1560	−600 −960	−360 −720	−210 −350	−125 −214	−62 −119	−18 −54	0 −25	0 −36	0 −57	0 −89	0 −140	0 −230
355	400	−1350 −1710	−680 −1040	−400 −760										
400	450	−1500 −1900	−760 −1160	−440 −840	−230 −385	−135 −232	−68 −131	−20 −60	0 −27	0 −40	0 −63	0 −97	0 −155	0 −250
450	500	−1650 −2050	−840 −1240	−480 −880										

偏差（摘自 GB/T 1800.2—2009）　　单位：μm

		js	k	m	n	p	r	s	t	u	v	x	y	z
等级														
11	12	6	6	6	6	6	6	6	6	6	6	6	6	6
0 -60	0 -100	±3	+6 0	+8 +2	+10 +4	+12 +6	+16 +10	+20 +14	—	+24 +18	—	+26 +20	—	+32 +26
0 -75	0 -120	±4	+9 +1	+12 +4	+16 +8	+20 +12	+23 +15	+27 +19	—	+31 +23	—	+36 +28	—	+43 +35
0 -90	0 -150	±4.5	+10 +1	+15 +6	+19 +10	+24 +15	+28 +19	+32 +23	—	+37 +28	—	+43 +34	—	+51 +42
0 -110	0 -180	±5.5	+12 +1	+18 +7	+23 +12	+29 +18	+34 +23	+39 +28	—	+44 +33	—	+51 +40	—	+61 +50
									—		+50 +39	+56 +45	—	+71 +60
0 -130	0 -210	±6.5	+15 +2	+21 +8	+28 +15	+35 +22	+41 +28	+48 +35	—	+54 +41	+60 +47	+67 +54	+76 +63	+86 +73
									+54 +41	+61 +48	+68 +55	+77 +64	+88 +75	+101 +88
0 -160	0 -250	±8	+18 +2	+25 +9	+33 +17	+42 +26	+50 +34	+59 +43	+64 +48	+76 +60	+84 +68	+96 +80	+110 +94	+128 +112
									+70 +54	+86 +70	+97 +81	+113 +97	+130 +114	+152 +136
0 -190	0 -300	±9.5	+21 +2	+30 +11	+39 +20	+51 +32	+60 +41	+72 +53	+85 +66	+106 +87	+121 +102	+141 +122	+163 +144	+191 +172
							+62 +43	+78 +59	+94 +75	+121 +102	+139 +120	+165 +146	+193 +174	+229 +210
0 -220	0 -350	±11	+25 +3	+35 +13	+45 +23	+59 +37	+73 +51	+93 +71	+113 +91	+146 +124	+168 +146	+200 +178	+236 +214	+280 +258
							+76 +54	+101 +79	+126 +104	+166 +144	+194 +172	+232 +210	+276 +254	+332 +310
0 -250	0 -400	±12.5	+28 +3	+40 +15	+52 +27	+68 +43	+88 +63	+117 +92	+147 +122	+195 +170	+227 +202	+273 +248	+325 +300	+390 +365
							+90 +65	+125 +100	+159 +134	+215 +190	+253 +228	+305 +280	+365 +340	+440 +415
							+93 +68	+133 +108	+171 +146	+235 +210	+277 +252	+335 +310	+405 +380	+490 +465
0 -290	0 -460	±14.5	+33 +4	+46 +17	+60 +31	+79 +50	+106 +77	+151 +122	+195 +166	+265 +236	+313 +284	+379 +350	+454 +425	+549 +520
							+109 +80	+159 +130	+209 +180	+287 +258	+339 +310	+414 +385	+499 +470	+604 +575
							+113 +84	+169 +140	+225 +196	+313 +284	+369 +340	+454 +425	+549 +520	+669 +640
0 -320	0 -520	±16	+36 +4	+52 +20	+66 +34	+88 +56	+126 +94	+190 +158	+250 +218	+347 +315	+417 +385	+507 +475	+612 +580	+742 +710
							+130 +98	+202 +170	+272 +240	+382 +350	+457 +425	+557 +525	+682 +650	+822 +790
0 -360	0 -570	±18	+40 +4	+57 +21	+73 +37	+98 +62	+144 +108	+226 +190	+304 +268	+426 +390	+511 +475	+626 +590	+766 +730	+936 +900
							+150 +114	+244 +208	+330 +294	+471 +435	+566 +530	+696 +660	+856 +820	+1036 +1000
0 -400	0 -630	±20	+45 +5	+63 +23	+80 +40	+108 +68	+166 +126	+272 +232	+370 +330	+530 +490	+635 +595	+780 +740	+960 +920	+1140 +1100
							+172 +132	+292 +252	+400 +360	+580 +540	+700 +660	+860 +820	+1040 +1000	+1290 +1250

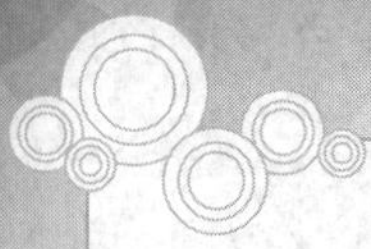

附表 11 孔的常用公差带及其极限

代号		A	B	C	D	E	F	G	H						
公称尺寸（mm）		公差													
大于	至	11	11	11	9	8	8	7	6	7	8	9	10	11
—	3	+330 +270	+200 +140	+120 + 60	+45 +20	+28 +14	+20 + 6	+12 + 2	+6 0	+10 0	+14 0	+25 0	+40 0	+60 0
3	6	+345 +270	+215 +140	+145 +70	+60 +30	+38 +20	+28 +10	+16 +4	+8 0	+12 0	+18 0	+30 0	+48 0	+75 0
6	10	+370 +280	+240 +150	+170 +80	+76 +40	+47 +25	+35 +13	+20 +5	+9 0	+15 0	+22 0	+36 0	+58 0	+90 0
10	14	+400 +290	+260 +150	+205 +95	+93 +50	+59 +32	+43 +16	+24 +6	+11 0	+18 0	+27 0	+43 0	+70 0	+110 0
14	18													
18	24	+430 +300	+290 +160	+240 +110	+117 +65	+73 +40	+53 +20	+28 +7	+13 0	+21 0	+33 0	+52 0	+84 0	+130 0
24	30													
30	40	+470 +310	+330 +170	+280 +120	+142 +80	+89 +50	+64 +25	+34 +9	+16 0	+25 0	+39 0	+62 0	+100 0	+160 0
40	50	+480 +320	+340 +180	+290 +130										
50	65	+530 +340	+380 +190	+330 +140	+174 +100	+106 +60	+76 +30	+40 +10	+19 0	+30 0	+46 0	+74 0	+120 0	+190 0
65	80	+550 +360	+390 +200	+340 +150										
80	100	+600 +380	+440 +220	+390 +170	+207 +120	+125 +72	+90 +36	+47 +12	+22 0	+35 0	+54 0	+87 0	+140 0	+220 0
100	120	+630 +410	+460 +240	+400 +180										
120	140	+710 +460	+510 +260	+450 +200	+245 +145	+148 +85	+106 +43	+54 +14	+25 0	+40 0	+63 0	+100 0	+160 0	+250 0
140	160	+770 +520	+530 +280	+460 +210										
160	180	+830 +580	+560 +310	+480 +230										
180	200	+950 +660	+630 +340	+530 +240	+285 +170	+172 +100	+122 +50	+61 +15	+29 0	+46 0	+72 0	+115 0	+185 0	+290 0
200	225	+1030 +740	+670 +380	+550 +260										
225	250	+1110 +820	+710 +420	+570 +280										
250	280	+1240 +920	+800 +480	+620 +300	+320 +190	+191 +110	+137 +56	+69 +17	+32 0	+52 0	+81 0	+130 0	+210 0	+320 0
280	315	+1370 +1050	+860 +540	+650 +330										
315	355	+1560 +1200	+960 +600	+720 +360	+350 +210	+214 +125	+151 +62	+75 +18	+36 0	+57 0	+89 0	+140 0	+230 0	+360 0
355	400	+1710 +1350	+1040 +680	+760 +400										
400	450	+1900 +1500	+1160 +760	+840 +440	+385 +230	+232 +135	+165 +68	+83 +20	+40 0	+63 0	+97 0	+155 0	+250 0	+400 0
450	500	+2050 +1650	+1240 +840	+880 +480										

偏差（摘自 GB/T 1800.2—2009）　　单位：μm

	JS		K			M	N		P		R	S	T	U
等级														
12	6	7	6	7	8	7	6	7	6	7	7	7	7	7
+100 0	±3	±5	0 −6	0 −10	0 −14	−2 −12	−4 −10	−4 −14	−6 −12	−6 −16	−10 −20	−14 −24	—	−18 −28
+120 0	±4	±6	+2 −6	+3 −9	+5 −13	0 −12	−5 −13	−4 −16	−9 −17	−8 −20	−11 −23	−15 −27	—	−19 −31
+150 0	±4.5	±7	+2 −7	+5 −10	+6 −16	0 −15	−7 −16	−4 −19	−12 −21	−9 −24	−13 −28	−17 −32	—	−22 −37
+180 0	±5.5	±9	+2 −9	+6 −12	+8 −19	0 −18	−9 −20	−5 −23	−15 −26	−11 −29	−16 −34	−21 −39	—	−26 −44
+210 0	±6.5	±10	+2 −11	+6 −15	+10 −23	0 −21	−11 −24	−7 −28	−18 −31	−14 −35	−20 −41	−27 −48	— −33 −54	−33 −54 −40 −61
+250 0	±8	±12	+3 −13	+7 −18	+12 −27	0 −25	−12 −28	−8 −33	−21 −37	−17 −42	−25 −50	−34 −59	−39 −64 −45 −70	−51 −76 −61 −86
+300 0	±9.5	±15	+4 −15	+9 −21	+14 −32	0 −30	−14 −33	−9 −39	−26 −45	−21 −51	−30 −60 −32 −62	−42 −72 −48 −78	−55 −85 −64 −94	−76 −106 −91 −121
+350 0	±11	±17	+4 −18	+10 −25	+16 −38	0 −35	−16 −38	−10 −45	−30 −52	−24 −59	−38 −73 −41 −76	−58 −93 −66 −101	−78 −113 −91 −126	−111 −146 −131 −166
+400 0	±12.5	±20	+4 −21	+12 −28	+20 −43	0 −40	−20 −45	−12 −52	−36 −61	−28 −68	−48 −88 −50 −90 −53 −93	−77 −117 −85 −125 −93 −133	−107 −147 −119 −159 −131 −171	−155 −195 −175 −215 −195 −235
+460 0	±14.5	±23	+5 −24	+13 −33	+22 −50	0 −46	−22 −51	−14 −60	−41 −70	−33 −79	−60 −106 −63 −109 −67 −113	−105 −151 −113 −159 −123 −169	−149 −195 −163 −209 −179 −225	−219 −265 −241 −287 −267 −313
+520 0	±16	±26	+5 −27	+16 −36	+25 −56	0 −52	−25 −57	−14 −66	−47 −79	−36 −88	−74 −126 −78 −130	−138 −190 −150 −202	−198 −250 −220 −272	−295 −347 −330 −382
+570 0	±18	±28	+7 −29	+17 −40	+28 −61	0 −57	−26 −62	−16 −73	−51 −87	−41 −98	−87 −144 −93 −150	−169 −226 −187 −244	−247 −304 −273 −330	−369 −426 −414 −471
+630 0	±20	±31	+8 −32	+18 −45	+29 −68	0 −63	−27 −67	−17 −80	−55 −95	−45 −108	−103 −166 −109 −172	−209 −272 −229 −292	−307 −370 −337 −400	−467 −530 −517 −580

参考文献

[1] 成大先. 机械设计手册 [M]. 第5版. 北京：化学工业出版社，2008.

[2] 梁德本，叶玉驹. 机械制图手册 [M]. 第3版. 北京：机械工业出版社，2002.

[3] 胡建生. 工程制图 [M]. 第3版. 北京：化学工业出版社，2006.

[4] 钱可强. 机械制图 [M]. 第2版. 北京：高等教育出版社，2007.

[5] 胡建生. 机械制图 [M]. 北京：机械工业出版社，2009.